Laurenz Rinder

Schraubenverdichter

Springer-Verlag
Wien New York

Doz. Dipl.-Ing. Dr. techn. Laurenz Rinder

Institut für Maschinenelemente
Technische Universität Wien, Österreich

Mit 114 Abbildungen

CIP-Kurztitelaufnahme der Deutschen Bibliothek

Rinder, Laurenz:
Schraubenverdichter / Laurenz Rinder. —
Wien, New York: Springer, 1979.
ISBN-13:978-3-211-81535-9

ISBN-13:978-3-211-81535-9 e-ISBN-13:978-3-7091-8554-4
DOI: 10.1007/978-3-7091-8554-4

Vorwort

Schraubenverdichter sind eine sehr junge Verdichterbauart. Sie haben in den letzten Jahren eine weite Verbreitung gefunden. Dennoch sind Wirkungsweise, Einsatzgebiet, Berechnung und Konstruktion von Schraubenkompressoren auch bei Technikern oft wenig bekannt.

Ein Grund dafür mag sein, daß Schraubenverdichter bis vor einigen Jahren nur von wenigen Unternehmen hergestellt wurden und auch die Forschung auf dem Schraubenverdichtersektor bei diesen Firmen lag.

Heute wächst die Zahl der Schraubenverdichterhersteller und -anwender stark. Im zunehmenden Maße beschäftigen sich auch Technische Universitäten und Hochschulen mit dieser noch entwicklungsfähigen Maschinentype.

In der technischen Fachliteratur sind Bücher über Schraubenverdichter kaum zu finden bzw. schwer zugänglich. In den wenigen Fachbüchern über Verdrängerkompressoren werden hauptsächlich Kolbenverdichter behandelt, dem Schraubenverdichter wird im allgemeinen zu wenig oder gar kein Platz eingeräumt. Das vorliegende Buch widmet sich deshalb ausschließlich dem Schraubenkompressor und seiner besonderen Problematik.

Es wendet sich an die Studierenden, aber auch an die Ingenieure, die mit der Herstellung und dem Betrieb von Schraubenkompressoren und Schraubenkompressoranlagen befaßt sind.

Das Herzstück des Schraubenverdichters ist das Läuferpaar mit seiner Sonderverzahnung. Die Konstruktion und Berechnung der Läuferverzahnung wird deshalb ausführlich besprochen. Dabei wird in erster Linie das heute übliche asymmetrische SRM-Profil behandelt. Alle Ableitungen und Probleme werden jedoch so allgemein dargestellt, daß auch die Anwendung auf andere Läuferverzahnungen jederzeit möglich wird. Dies ist besonders deshalb notwendig, weil die Entwicklung bei der Gestaltung der Läuferverzahnung heute noch nicht abgeschlossen ist. Ein weiterer Abschnitt ist der thermodynamischen Berechnung der Schraubenverdichter gewidmet. Neben der Theorie der verlustfreien, idealen Maschine wird auch auf die inneren Leckmengen und auf die Problematik der Öleinspritzung eingegangen. Eine allgemeine Berechnung der Lagerbelastungen und Drehmomente, Probleme der Regelung sowie konstruktive Hinweise und einige charakteristische Ausführungsbeispiele beschließen das Buch.

Die Berechnung der Verzahnungsgeometrie, des Fördervolumens, des Leistungsbedarfes und der Lagerlasten erfordert einen beträchtlichen numerischen Rechenaufwand und damit den Einsatz von Rechenanlagen. Wo es notwendig schien, wurden neben dem Formelapparat auch Hinweise auf eine numerische Berechnung eingefügt. Angeführte numerische Ergebnisse für gängige Verdichterausführungen sollen dem Leser auch dann, wenn er nicht unmittelbar den Rechnungsgang nachvollziehen will, ein abgerundetes Bild und die Möglichkeit einer unmittelbaren praktischen Anwendung verschaffen. Wo heute der Theorie noch Grenzen gesetzt sind, wurde auf zahlreiche Versuchsergebnisse zurückgegriffen.

Mein Dank gilt an dieser Stelle dem Vorstand des Institutes für Maschinenelemente an der TU Wien, Herrn Dekan o.Prof. Dr.H.Kazda, der mich vor einigen Jahren auf dieses interessante Fachgebiet hingeführt hat und meine Arbeiten stets unterstützte. Weiters möchte ich den Verdichterherstellerfirmen für ihre Hilfe mit Unterlagen, Bild- und Prospektmaterial herzlich danken, sowie all jenen, die durch ihre Mitarbeit zur Entstehung des vorliegenden Buches beigetragen haben. Mein Dank gilt aber auch, nicht zuletzt dem Springer-Verlag Wien.

Wien, im Dezember 1978 L. Rinder

Inhaltsverzeichnis

Wichtige Formelzeichen

A, AZ	Lagerkräfte
a	Achsabstand der Läufer
$\tilde{a}$	Schallgeschwindigkeit
B, BZ	Lagerkräfte
C_1, C_2	Konstante zur Berechnung des Fördervolumens
c_p, $c_{Öl}$, c_{pm}	Spezifische Wärmen
D, D_1, D_2, D_2'	Läuferaußendurchmesser
D_{w1}, D_{w2}	Wälzkreisdurchmesser
d	Strecke im Verzahnungsbild
e	Strecke im Verzahnungsbild
F_1, F_2, $F(\alpha)$	Zahnlückenflächen
F_{Bl}	Blaslochfläche
F_S, F_D, F_B	Spaltflächen
$f_{x,y}$	Schnittkräfte je Läuferlängeneinheit
g	Strecke im Verzahnungsbild
h_1	Hauptläufersteigung
i	Getriebeübersetzung
K	Gütekennzahl
L	Läuferlänge
l_{B-Lin}	Berührungslinienlänge
l_{KD1}, l_{KD2}, l_{KS1}	Kopfspaltlängen
l_S, l_{SS}, l_{SD}	Stirnspaltlängen
M, M_H, M_N	Drehmomente
M_{OP}	Funktion zur Leistungsberechnung
$m(\alpha)$	Gasmasse in einem Zahnlückenraum
m_V	Gesamte rückströmende Gasmasse
Δm	Masseverlust beim Durchströmen der Verzahnung
$\dot{m}$, $\dot{m}_B$, $\dot{m}_D$, $\dot{m}_S$	Leckspaltmengen je Zeiteinheit
$m_v(\alpha)$	Rückstrommasse je Zeiteinheit
n	Mittlerer Polytropenexponent
n_1	Drehzahl des Hauptläufers

P, P_t, P_{to}	Antriebsleistungen des Verdichters
P_{dyn}	Dynamische Verlustleistung
P_{is}	Isentrope Verdichterleistung
P_{iso}	Isotherme Verdichterleistung
P_L	Wärmeinhalt der Luft
$P_{Öl}$	Kühlerleistung
p_1	Ansaugdruck
p_2	Verdichtungsenddruck
$p(\alpha)$	Druckverlauf im Läufer
p_i	Druck an der Steuerkante
Q_1	Ansaugvolumen
Q_{th}	Theoretisches Fördervolumen
Q_i	Fördervolumen bezogen auf Gaszustand an der Steuerkante
$Q_{Öl}$	Ölvolumenstrom
$Q_{Öl}^x$	Spezifisches Ölvolumen
R	Gaskonstante
r_1, r_2, r_3, r_1'	Rundungsradien der Läuferverzahnung
S_1, S_2	Funktionen zur Leistungsberechnung
T_1	Absolute Ansaugtemperatur
T_2	Absolute Verdichtungsendtemperatur
$T(\alpha)$	Absoluter Temperaturverlauf im Verdichter
t_1	Ansaugtemperatur
t_2	Verdichtungsendtemperatur
$t_{Öl}$	Öleinspritztemperatur
t_j	Parameter in den Flankengleichungen des Nebenläufers
u_j	Parameter in den Flankengleichungen des Hauptläufers
V_1	Ansaugvolumen der Zahnlücken
V_i	Zahnlückenvolumen an der Steuerkante
$V(\alpha)$	Zahnlückenvolumen für den Drehwinkel α
v	Umfangsgeschwindigkeit
W	Verdichtungsarbeit
$w_{H,N}$	Schnittmomente je Läuferlängeneinheit
x_1, x_2, x_E; y_1, y_2, y_E; z_1, z_2, z_E	Haupt- und Nebenläuferkoordinaten, Berührungslinienkoordinaten
$\bar{z}_1$, $\bar{z}_2$	Zähnezahlen
$Z_{H,N}$	Läuferlängskräfte

$\alpha, \bar{\alpha}, \alpha_{min}, \alpha_{VB}$	Drehwinkel des Hauptläufers
α_N, α_H	Drehwinkel, bei dem ein Haupt- und Nebenläuferflankenpunkt Eingriffspunkt wird
$\tilde{\alpha}$	Steigungswinkel der Leistungsgeraden
γ_1, γ_2	Verschraubungswinkel
δ	Hilfsgröße
ζ	Hilfsgröße
η_{mech}	Mechanischer Wirkungsgrad
$\eta_{is}, \eta_{iso}, \eta_{pol}$	Isentroper, isothermer, polytroper Wirkungsgrad
η^x	Blaslochkoordinaten
Θ	Eingebautes Volumsverhältnis
$\varkappa$	Isentropenexponent
λ_v	Volumetrischer Wirkungsgrad
ξ, ξ^x	Blaslochkoordinate
Π_{tg}, Π, Π_i	Tangentiales Druckverhältnis, Arbeitsdruckverhältnis, eingebautes Druckverhältnis
ρ, ρ^x	Flankenradien
ρ	Dichte
$\sigma, \sigma_N, \sigma_A$	Nebenläuferzahnstärken
τ, τ^x	Toleranzen
Φ_B, Φ_M, Φ_S	Spaltdurchflußfunktionen
φ_H	Verschraubungswinkel des Hauptläufers
φ_j	Hauptläuferwinkel im Verzahnungsbild
φ_G	Gehäusewinkel
Ψ, Ψ_{max}	Ausflußfunktion
ψ_j	Nebenläuferwinkel im Verzahnungsbild
ψ_G	Gehäusewinkel
ω_1, ω_2	Winkelgeschwindigkeiten

1. Einführung

1.1 Wirkungsweise und Aufbau von Schraubenverdichtern

Schraubenverdichter sind zweiwellige Rotationskolbenverdichter, die nach dem Verdrängerprinzip arbeiten.

Sie funktionieren vom Prinzip her ähnlich wie die allgemein bekannten Kolbenverdichter. Das zu komprimierende Gas wird in einem Arbeitsraum eingesaugt, der Arbeitsraum wird darauf folgend abgeschlossen und verkleinert. Dabei erfolgt im allgemeinen eine polytropische Verdichtung des zu fördernden Mediums.

Sobald im Arbeitsraum der gewünschte Verdichtungsenddruck herrscht, wird der Arbeitsraum mit der Druckleitung verbunden und das komprimierte Gas wird durch weitere Verkleinerung desselben in die Druckleitung ausgeschoben.

Der Arbeitsraum wird beim Kolbenverdichter durch einen Zylinder, in dem ein Kolben hin und her bewegt wird, gebildet. Beim Schraubenverdichter hingegen sind die Arbeitsräume die Zahnlücken eines schrägverzahnten Läuferpaares, das in einem das Läuferpaar eng umschließenden Gehäuse läuft.

Wird ein schrägverzahntes Zahnradpaar gedreht, so wandern die Berührungslinien, entlang deren die Zahnflanken der beiden Räder einander berühren, in axialer Richtung. Werden die Zahnlücken stirn- und mantelseitig durch ein Gehäuse abgedeckt, wird damit das in den Zahnlücken transportierte Gasvolumen beim Drehen der Läufer verkleinert und kann theoretisch, je nach Lage der Auslaßsteuerkante im Gehäuse, beliebig hoch verdichtet werden.

Der Verdichtungsvorgang in einem Zahnlückenpaar erfolgt kontinuierlich und ohne jeden Schadraum, da sich das Zahnlückenvolumen bis auf Null verkleinern läßt.

In den Abbildungen 1 bis 4 ist an einem Läuferpaar mit besonders hervorgehobenen Zahnlücken der Verdichtungsvorgang veranschaulicht.

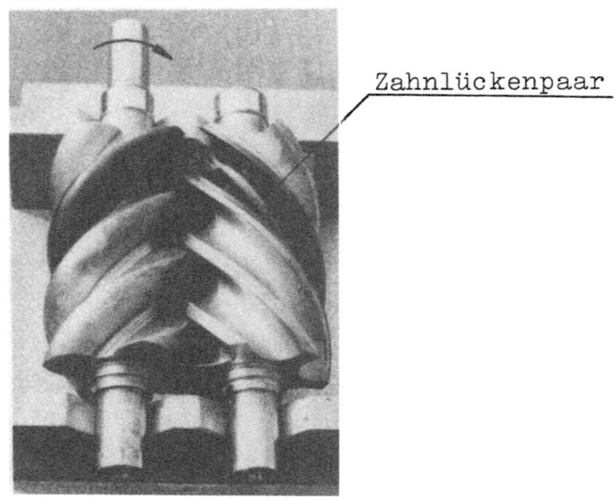

Abb. 1. Verdichtungsvorgang beim Schraubenverdichter in einem Zahnlückenpaar. Stellung des hervorgehobenen Lückenpaares auf Verdichtungsbeginn.

Abbildung 1 zeigt das betrachtete Zahnlückenpaar der Läufer in der Stellung des Verdichtungsbeginns. In dieser Stellung erfolgt erstmals das vollständige Abschließen der vorher an der Läuferunterseite über die Saugleitung mit Gas gefüllten Zahnlücken im Gehäuse.

Wird nun der linke Läufer weiter im Uhrzeigersinn gedreht, verkleinert sich das Zahnlückenvolumen des hervorgehobenen Lückenpaares (Abb.2) und das in den Zahnlücken eingeschlossene Gas wird verdichtet.

In der in Abb.3 gezeigten Läuferstellung überfahren die das Zahnlückenpaar begrenzenden Zahnköpfe eine im Gehäuse eingearbeitete Ausnehmung, die sogenannte Steuerkante, sodaß das Zahnlückenvolumen bei einer weiteren Läuferdrehung mit der Druckleitung verbunden wird und der Ausschiebevorgang einsetzt.

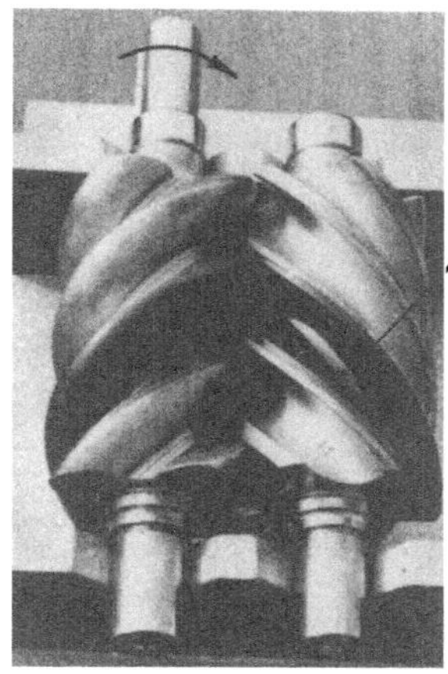

Abb. 2. Verdichtungsvorgang beim Schraubenverdichter in einem Zahnlückenpaar. Der Hauptläufer wurde gegenüber Abb. 1 um 90° weitergedreht. Das Zahnlückenvolumen des hervorgehobenen Lükkenpaares hat sich verkleinert.

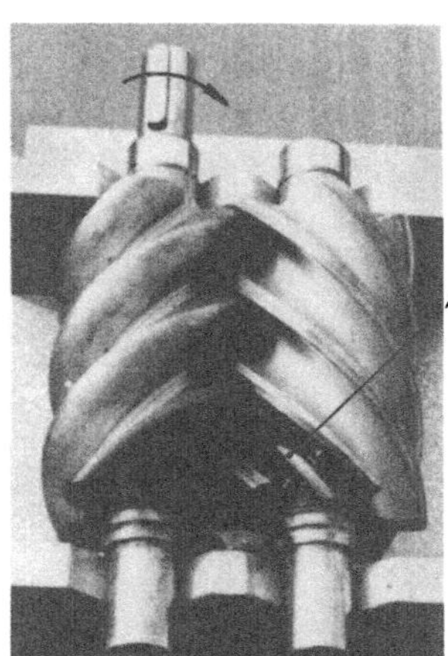

Abb. 3. Verdichtungsvorgang beim Schraubenverdichter in einem Zahnlückenpaar. Das hervorgehobene Zahnlückenpaar befindet sich in der Stellung des Ausschubbeginns.

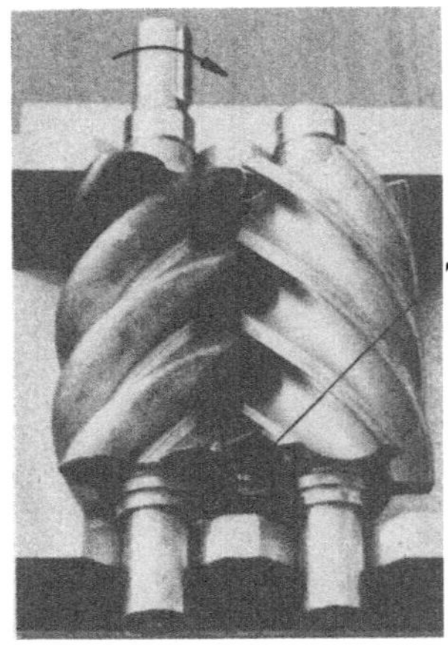

Abb. 4. Verdichtungsvorgang beim Schraubenverdichter in einem Zahnlückenpaar. Durch weitere Drehung hat sich das Volumen des hervorgehobenen Zahnlückenpaares noch weiter verkleinert - Ausschiebevorgang.

Abb. 4 zeigt schließlich das vorne an der Druckseite der Läufer fast zu Null gewordene Lückenvolumen während des Ausschiebens. Die jenseits der Berührungslinien gelegene Zahnlücke wird bereits wieder mit Gas gefüllt und befindet sich somit beim Ansaugvorgang. Damit unterscheidet sich der Schraubenverdichter sehr wesentlich von den konstruktiv ähnlich aufgebauten Rootesgebläsen und Zahnradpumpen, die auf Grund ihrer geradverzahnten Läufer keine innere Verdichtung des zu fördernden Mediums ermöglichen, sondern es lediglich weiterschieben.

1.2 Geschichtlicher Rückblick zur Entwicklung der Schraubenverdichter

Schraubenverdichter stellen eine sehr junge Verdichterbauart dar. Ihre Entwicklung zur Serienreife erfolgte in den letzten 25 Jahren. Dennoch sind sie heute sehr weit verbreitet und verdrängen in ihrem Einsatzgebiet die Kolbenverdichter in zunehmendem Maße.

Obwohl das Arbeitsprinzip des Schraubenverdichters seit ca. 100 Jahren bekannt ist, kann die Geburtsstunde des Schraubenverdichters, wie er heute eingesetzt wird, mit der Erteilung des ersten Patents im Jahre 1934 an den Chefingenieur bei SRM (Svenska Rotor Maskiner) A. Lysholm angesetzt werden /1,2,3/.

Der erste Prototyp eines Schraubenverdichters wurde 1943 als "Trockenläufer" mit berührungslos laufendem, durch ein Koppelgetriebe gleicher Übersetzung geführtem Läuferpaar gebaut /4,5/. Die großen Anfangsschwierigkeiten dieser Konstruktion lagen in der erforderlichen Genauigkeit der Läuferherstellung und Läuferführung. Sobald ein Berühren der Läuferflanken auftrat, kam es zum Fressen der Verzahnung. Außerdem benötigte man zur Herstellung eines einigermaßen genauen Läuferpaares von etwa 150 mm Durchmesser ca. 200 Arbeitsstunden.

1946 wurden von SRM Untersuchungen über verschiedene andere Zahnprofile durchgeführt. Das ursprünglich vorgesehene, an den Berührungslinien geschlossene Läuferprofil von A. Lysholm wurde ersetzt durch das 1947 von H.R. Nilsson patentierte symmetrische Kreisprofil mit nicht vollkommen dichten Berührungslinien /6/ (Abb.5).

Auf Grund des relativ einfachen Aufbaues der Verzahnung unternahm die Firma Holroyd um 1950 die ersten Versuche, die Läufer ohne händische Nacharbeitung auf einer Schneckenfräsmaschine herzustellen. 1955 lieferte Holroyd die erste komplette Fräsausrüstung zur Läuferherstellung, auf der die Verdichterläufer ohne Nacharbeitung gefertigt werden konnten. Damit wurden Schraubenverdichter erstmals mit vertretbarem Aufwand hergestellt, sodaß in der ersten Hälfte der fünfziger Jahre die ersten betriebssicheren trockenlaufenden Schraubenverdichter entstanden. 1964 baute die Firma Holroyd die erste vollautomatische Läuferfräsmaschine, welche nach einem Einzelzahn-Formfräsverfahren ein Läuferpaar mittlerer Größe in etwa 6 Stunden herzustellen gestattete. Maschinen dieses Typs werden auch heute noch für größere Läufer mit Durchmessern bis zu 630 mm verwendet.

Ein Hauptproblem der Verdichter liegt in der unvollkommenen Abdichtung der Zahnlückenvolumina. Um die Leckgasmengen, bezogen auf die geförderte Menge, in Grenzen zu halten, muß man extrem genau fertigen und weiters die Drehzahlen der Verdichter sehr hoch ansetzen (ca. 80 bis 100 m/s Umfangsgeschwindigkeit an den Läuferzahnköpfen bei Luft als Fördermedium) /7/.

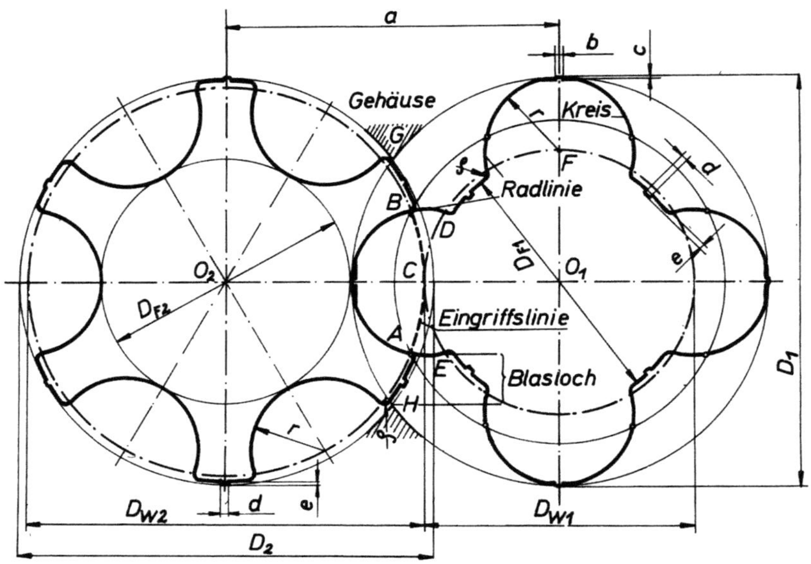

Abb. 5. Stirnschnitt des symmetrischen SRM - Profils für Verdichterläufer.

1960 bis 1961 wurden Versuche unternommen, eine bessere Läuferabdichtung, verbunden mit einer intensiven Kühlung des Gases, dadurch zu erreichen, daß in die Zahnlücken während des Verdichtungsvorganges Öl eingespritzt wurde. Ihren Ursprung hatte diese Einspritztechnik schon um 1955, wo für die Verdichtung ungereinigter, explosiver Gase in Trockenlaufverdichtern Kühl-, Spül- oder Lösungsflüssigkeiten in die Kompressionsräume der Läufer eingespritzt wurden. Bei den daraus entwickelten einspritzölgekühlten Verdichtern kann auf ein Koppelgetriebe verzichtet werden, da die Läufer wegen der Schmierwirkung des eingespritzten Öls nicht berührungslos laufen müssen.

Einspritzölgekühlte oder ölüberflutete Schraubenverdichter haben ihren optimalen Betriebspunkt bei wesentlich reduzierten

Umfangsgeschwindigkeiten der Läufer (ca. 20 bis 40 m/s). Damit können für die Läuferlagerungen problemlos Wälzlager verwendet werden, was zu sehr einfachen robusten Verdichtern führt (Abb. 6).

Abb. 6. Einspritzölgekühlter Schraubenverdichter, mit abgenommenem, druckseitigen Stirndeckel.

Auf Grund der intensiven Innenkühlung durch das eingespritzte Öl werden einstufig Druckverhältnisse bis 1:15 bei Verdichtungsendtemperaturen von ca. 80 bis 90° C realisierbar.

Zu Beginn der sechziger Jahre entstanden so die ersten einstufigen Hochdruckverdichter für Luft, mit Öleinspritzkühlung und einer Umfangsgeschwindigkeit von ca. 40 m/s. Ein wesentlicher Nachteil der Schraubenverdichter gegenüber den Kolbenverdichtern blieb jedoch immer noch ihr schlechter Wirkungsgrad, verursacht durch Undichtheitsverluste und Planschverluste in der Verzahnung. Man begann daher das einfache symmetrische Kreisbogenprofil mit auch theoretisch nicht völlig dichtem Abschluß der Zahnlücken an den Berührungslinien zu modifizieren. Dies führte um 1970 zur Entwicklung des asymmetrischen SRM-Profils mit verringerten Undichtheiten an den Berührungslinien der Verzahnung, jedoch relativ kompliziertem Aufbau. Die Einführung des asymmetrischen SRM - Profils brachte eine Wirkungsgradsteigerung von etwa 10 % und eine erhöhte Betriebssicherheit. Das Profil kommt vorwiegend bei ölüberfluteten, aber auch im zunehmenden Maß bei trockenlaufenden Anlagen zum Einsatz. Seit 1970 ist die Umstellung auf das asymmetrische Profil im Gange. Besonders die kleinen ölüberfluteten Anlagen arbeiten heute bis auf wenige Ausnahmen mit Läufern, die das asymmetrische SRM - Profil aufweisen. Das symmetrische Profil wird aber weiterhin meist bei trockenlaufenden Verdichtern großer Fördermenge verwendet.

Eine weitere Genauigkeitssteigerung in der Läuferherstellung brachte schließlich die Einführung von Wälzfräsmaschinen. Heute werden die Läufer bis etwa 200 mm Durchmesser abwälzgefräst. Die dazu notwendigen Spezialwerkzeuge und Maschinen sind sehr teuer. So kostet ein Fräsersatz für ein Läuferpaar von ca. 100 mm Durchmesser etwa 210.000 öS bzw. 30.000 DM.

Für die Wälzfräsbarkeit eines Profiles ist es notwendig, daß es frei von Hinterschnitten ist. Das heute fast ausschließlich verwendete asymmetrische SRM - Profil ist trotz einiger inzwischen vorgenommener Modifikationen nicht besonders wälzfräsfreundlich. In letzter Zeit wurden jedoch fallweise neue Läuferprofile eingesetzt, die die Eigenschaften guter Wälzfräsbarkeit zusammen mit verbesserten Wirkungsgraden in sich vereinen (z.B. Sigma - Profil der Fa. Kaeser).

1.3 Vor- und Nachteile von Schraubenverdichtern und ihr Einsatzgebiet

1.3.1 Vorteile der Schraubenverdichter gegenüber anderen Verdichterbauarten

Schraubenverdichter besitzen gegenüber Kolbenverdichtern einige entscheidende Vorteile, die zur raschen Verbreitung dieser Verdichterbauart geführt haben.

Keine freien Massenkräfte:

Dies ermöglicht einen ruhigen schwingungs- und erschütterungsarmen Lauf sowie die Realisierung hoher Betriebsdrehzahlen. Bei Schraubenverdichtern kann im allgemeinen auf ein besonderes Fundament verzichtet werden, was diese Bauart für Fahranlagen auch größerer Leistung geeignet macht.

Hohe Drehzahlen:

Die hohen Läuferdrehzahlen bewirken ein geringes Bauvolumen und Maschinengewicht. So wiegt ein Schraubenverdichter nur etwa 1/7 bis 1/13 eines Kolbenverdichters vergleichbarer Leistung /7/. Dies ermöglichte die Schaffung von kleinen Kompaktanlagen hoher Leistungsfähigkeit. Wegen der hohen Betriebsdrehzahlen können oft billige raschlaufende Antriebsmotoren ohne Zwischengetriebe eingesetzt werden.

Kein Verschleiß:

Der berührungsfreie Lauf der Rotoren bei trockenlaufenden Anlagen garantiert Verschleißfreiheit und damit hohe Lebensdauer der Verdichter sowie eine konstante Leistung während der gesamten Lebensdauer. Die Lebensdauer wird lediglich durch die Lagerhaltbarkeit beschränkt. Aber auch ölüberflutete Verdichterläufer arbeiten praktisch verschleißfrei. Die nominellen Lagerlebensdauern der Wälzlager liegen heute bei 20.000 bis 50.000 Betriebsstunden.

Einfacher robuster Aufbau:

Schraubenverdichter besitzen nur wenige Teile und keine Teile aus besonderen oder teuren Werkstoffen. Sie haben keine störungsanfälligen Ventile oder Dichtungen, sodaß Schraubenverdichter im allgemeinen sehr betriebssichere Maschinen sind und nur geringer Wartung bedürfen. Schraubenverdichter sind unempfindlich gegenüber aggressiven Gasen und Schmutz. Staub- und Schmutzablagerungen verbessern in der Regel die Dichtheit der Läufer und führen damit zu einer Wirkungsgradverbesserung, welche sich bei Trockenläufern in einem Absinken der Verdichtungsendtemperatur bemerkbar macht /8/.

Gute Regelbarkeit:

Schraubenverdichter können sehr vielseitig den Betriebserfordernissen angepaßt werden. Als Regelungen kommen in Frage: Drehzahlregelung, Drosselregelung am Einlaß, Ein-Aus-Regelung bei elektrischem Antrieb, Bypaßregelung sowie eine Schieberegelung besonders für Kälteverdichter.

Absolut ölfreie Verdichtung:

Trockenlaufende Schraubenverdichteranlagen verdichten im Gegensatz zu den meisten anderen Verdichterbauarten absolut ölfrei. Damit können auch ölaggressive Gase gefördert werden.

Schraubenverdichter besitzen aber auch Vorteile gegenüber den Rootesgebläsen und Zahnradpumpen durch ihre innere Verdichtung, ihren nahezu kontinuierlichen Förderstrom und ihren geringen Energiebedarf. Gegenüber den Turboverdichtern haben Schraubenverdichter den Vorteil der starren Kennlinie und des Wegfalls der Pumpgrenze.

1.3.2 Vorteile der einspritzölgekühlten Verdichter gegenüber den trockenlaufenden Schraubenverdichtern

Bei einspritzölgekühlten Schraubenverdichtern kommen folgende Vorteile zum Tragen:

Wesentlich einfacherer Aufbau:

Es entfällt das Koppelgetriebe und es entfallen die Wellenabdichtungen an der Druckseite. Durch die Verwendung von Wälzlagern erübrigt sich das komplizierte Schmierungssystem für die bei großen Trockenlaufverdichtern üblichen Gleitlager.

Annähernd isotherme Verdichtung:

Durch das Einspritzen von beträchtlichen Mengen von Öl in die Verdichtungsräume (Masseverhältnis Öl - Gas ca. 5:1 bis 10:1) wird die Verdichtungswärme des Gases vom Öl ohne wesentliche Temperatursteigerung aufgenommen. Daher sind einstufig Verdichtungsverhältnisse bis 1:15 zu bewältigen, ohne daß die Verdichtungsendtemperatur über 100° C ansteigt. Somit können die Läufer und das Gehäuse dieser Maschinen mit sehr engen Passungen ausgeführt werden, da die Wärmedehnung von Läufer und Gehäuse annähernd gleichmäßig erfolgt und geringer ist als bei trockenlaufenden Anlagen.

Geringe Lärmentwicklung:

Auf Grund der niederen Umfangsgeschwindigkeiten und der dämpfenden Wirkung des eingespritzten Öles bleibt die Lärmentwicklung einspritzölgekühlter Verdichter weit unter jener von trockenlaufenden Schraubenkompressoren.

1.3.3 Nachteile der Schraubenverdichter gegenüber den Kolbenverdichtern

Schlechter Wirkungsgrad:

Schraubenverdichter haben auch heute noch trotz vieler Verbesserungen auf Grund der inneren Undichtheiten und der hohen Strömungsgeschwindigkeiten schlechtere isotherme Wirkungsgrade als Kolbenverdichter gleicher Leistung. Zunehmende Undichtheiten der Läuferverzahnung führen bei Trockenlaufverdichtern zu starken Temperaturanstiegen. Da nur raschlaufende Schraubenverdichter hohe relative Dichtheit aufweisen, sind auch nur raschlaufende Trockenlaufverdichter betriebssicher.

Empfindliche Läuferlagerung:

Sowohl Wälzlager bei ölüberfluteten Anlagen als auch die Gleitlager bei großen Trockenläufern müssen auf Grund der hohen Wellendrehzahlen und engen Spiele sehr sorgfältig ausgelegt werden. Die auftretenden Achsschübe der Läufer werden bei einspritzölgekühlten Anlagen manchmal durch druckölbeaufschlagte Ausgleichskolben teilweise kompensiert.

Große Lärmentwicklung:

Trockenlaufende Schraubenverdichter sind laut. Spezielle Ansaug-und Auslaßdämpfer sind in der Regel erforderlich, um die Schallemission in erträglichen Grenzen zu halten. Durch schallisolierende Kapselung der Maschinen kann das Lärmproblem bei Schraubenverdichtern auf Grund der Beschaffenheit des Frequenzspektrums (hohe Frequenzen vorherrschend) im allgemeinen besser beherrscht werden, als dies bei Kolbenverdichtern der Fall ist.

Teure und komplizierte Rotorherstellung:

Schraubenverdichterläufer müssen mit größter Präzision hergestellt werden. Die dafür notwendigen Werkzeuge und Werkzeugmaschinen sind sehr teuer. Auf Grund der komplizierten Gestaltung der Verzahnung sind für jeden der beiden Läufer eigene Fräser erforderlich. Die Läufer sind überdies nicht uneingeschränkt kombinierbar, sondern es werden in der Regel gut passende Läuferpaare ausgesucht, sodaß schadhafte Verdichterläufer immer nur paarweise ausgetauscht werden können. Überdies sind die Läufer empfindlich auf Wärmedehnungen und Biegeverformungen.

Komplizierte Überholungs- und Zusammenbauarbeiten:

Die Überholungs- und Zusammenbauarbeiten an Schraubenverdichtern erfordern große Sorgfalt. Sie können in der Regel nur von besonders geschulten Fachkräften durchgeführt werden. Dies führt dazu, daß schadhafte Verdichter oft als ganze Einheiten ausgetauscht werden.

1.3.4 Spezielle Nachteile ölüberfluteter Schraubenverdichter

Ölüberflutete Schraubenverdichter sind wegen der kleineren gefahrenen Umfangsgeschwindigkeiten größer und schwerer als trockenlaufende Verdichter. Ein besonderes Problem entsteht durch die Abscheidung des eingespritzten Öles aus dem zu fördernden Medium. Mittels Grob- und Feinabscheider kann der Restölgehalt des geförderten Gases heute bis auf 5 - 10 mg/m^3 herabgedrückt werden. Dennoch bedeutet dies bei Großanlagen einen erheblichen Ölverbrauch.

Weiters ist der Ölkreislauf eines einspritzölgekühlten Schraubenverdichters relativ kompliziert. Es werden für eine ordnungsgemäße Funktion mehrere Servo- und Rückschlagventile benötigt, die etwa ein Überfüllen des Verdichters mit Öl beim Abstellen verhindern, oder den bei Luftverdichtern meist ohne Pumpe funktionierenden Ölkreislauf auch bei Förderung der Druckluft ins Freie, ohne Gegendruck, aufrecht erhalten helfen.

Schließlich muß noch erwähnt werden, daß einspritzölgekühlte Schraubenverdichter zur Förderung von Luft aus Sicherheitsgründen wegen der Gefahr der Ölkoksbildung und der damit verbundenen Möglichkeit der Selbstentzündung des Öl-Luftgemisches mit Verdichtungsendtemperaturen von weniger als 100° C arbeiten müssen.

Die von einspritzölgekühlten Luftverdichtern gelieferte Druckluft ist nicht mehr ölfrei, wie dies bei Trockenlaufverdichtern der Fall ist. Einspritzölgekühlte Schraubenverdichter können deshalb nicht in allen Fällen verwendet werden (Lebensmittelindustrie u.s.w.). In ca. 85 % aller Fälle stört jedoch das Restöl in der Druckluft nicht. Aus diesem Grund stellen heute einspritzölgekühlte Schraubenverdichter den Hauptanteil der Schraubenverdichterproduktion dar.

1.3.5 Einsatzgebiet der Schraubenverdichter

Auf Grund der in den vorigen Abschnitten aufgezählten Vor- und Nachteile der Schraubenverdichter kann ihr derzeitiges Einsatzgebiet abgegrenzt werden.

Mengen- und Druckbereich:

Einstufige trockenlaufende Schraubenverdichter werden heute im allgemeinen für Druckverhältnisse von 1:3 bis 1:5 ausgeführt. Bei der Verdichtung von explosiven Gasen kann auch bei den "Trockenläufern" mit Koppelgetriebe durch Wassereinspritzung ein Druckverhältnis, einstufig bis 1:11, bei Verdichtungsendtemperaturen von nur 65° C angewendet werden.

Mehrstufige trockenlaufende Schraubenverdichter werden heute bis zu Enddrücken von ca. 40 bar ausgeführt (dreistufige Anlagen mit Zwischenkühlung). Liefermengenmäßig dringen Schraubenverdichter bis in den Bereich von Radialturbomaschinen vor. Die größten trockenlaufenden Schraubenverdichter mit Läuferdurchmessern von 630 mm fördern etwa 500 m^3/min bei Umfangsgeschwindigkeiten von 80 - 100 m/s.

Die kleinsten trockenlaufenden Anlagen liefern hingegen nur ca. 5 m^3/min. Einspritzölgekühlte Verdichter werden mit Stufendruckverhältnissen bis 1:15 gebaut. Zweistufig werden hier ohne Zwischenkühlung Enddrücke bis ca. 22 bar erreicht.

Die größten ausgeführten einspritzölgekühlten Schraubenverdichter liefern heute 75 - 80 m^3/min, die kleinsten Anlagen ca. 2 bis 2,5 m^3/min. In Extremfällen wurden auch Verdichter mit Fördermengen von nur 0,2 bis 1 m^3/min gebaut.

Der vorwiegende Verwendungszweck der Schraubenkompressoren liegt auf folgenden Gebieten:

Fahranlagen zur Verdichtung von Luft, trockenlaufend und ölüberflutet als Baustellenverdichter u.dgl. zum Betreiben von Druckluftwerkzeugen.

Siloverdichter als Trockenlaufverdichter zur Füllung und Entleerung von Silos und Silofahrzeugen.

Stationäre Verdichteranlagen in der Chemie und Verfahrenstechnik, als Trockenläufer zum Teil mit Wassereinspritzung, Verdichteranlagen der Holz- und Papierindustrie, Anlagen in der Lebensmittel- und Getränkeindustrie, an Erdölbohrstellen u.dgl. sowie stationäre Luftverdichteranlagen zur Versorgung von Werkstätten mit Druckluft.

Kältemittelverdichter:

Kältemittelverdichter werden im allgemeinen mit Öleinspritzung ausgeführt und besitzen meist eine Schieberregulierung zur Regelung der Kälteleistung. Dabei werden durch einen im Verdichtergehäuse beweglichen Kolbenschieber Verdichtungsbeginn und Ausschubbeginn im Verdichter verstellt.(Siehe dazu /9,10,11, 12,13/).

1.4 Derzeitiger Entwicklungsstand bei Schraubenverdichtern - Tendenzen der heutigen Entwicklung

1.4.1 Technologie und Konstruktion

Durch die heute verwendeten Wälzfräsmaschinen ist es möglich, Schraubenverdichterläufer sehr genau und mit relativ geringem Zeitaufwand herzustellen. Wichtig ist aber, daß die Läuferprofile gut abwälzfräsbar sein müssen. Als Läuferwerkstoffe werden Kugelgraphitguß, Stahl, rostbeständiger Stahl, Bronzen u. dgl. verwendet. Neuerdings werden Läufer für Trockenlaufverdichter auch mit Teflon beschichtet.

Der allgemeine Trend geht heute zu immer größerer Genauigkeit in der Herstellung bzw. zu immer kleineren Gehäusespielen. So brachte etwa das Verlegen der Führungslager von der Saugseite zur Druckseite der Läufer die Möglichkeit,das druckseitige Stirnspiel der Läufer zu verkleinern, da die Wärmedehnung der Läufer bei dieser Konstruktion das Stirnspiel nicht beeinflußt. Das dadurch bedingte vergrößerte saugseitige Stirnspiel ist unwesentlich für den Wirkungsgrad der Maschine.

1.4.2 Versuche zur Wirkungsgradverbesserung

Versuche, den Wirkungsgrad von einspritzölgekühlten Schraubenverdichtern zu erhöhen, werden in mehreren Richtungen unternommen.

Übergang zu zweistufigen Anlagen, auch bei einspritzölgekühlten Verdichtern, mit kleineren Druckverhältnissen je Stufe. Solche Verdichter arbeiten im allgemeinen ohne Zwischenkühlung. Wegen der kleineren Druckdifferenzen in den Zahnlücken der Läufer kann durch Öleinspritzung eine bessere Abdichtung bei optimaler Läuferumfangsgeschwindigkeit erzielt werden. Der Nachteil dieser Anlagen liegt im hohen Preis, mit dem die Wirkungsgradverbesserung erkauft wird.

Ein Vergleich von ein- und zweistufigen einspritzölgekühlten Schraubenverdichtern bei gleichem Ansaug- und Verdichtungsendzustand des Fördermediums sowie bei gleichen Fördermengen ergibt bei den zweistufigen Anlagen Verbesserungen im spezifischen Leistungsbedarf (kW je m^3/min geförderten Gases) von etwa 7 - 8 %. Zweistufige einspritzölgekühlte Schraubenverdichter erreichen damit etwa den gleichen Wirkungsgrad wie zweistufige Trockenlaufverdichter vergleichbarer Leistungsdaten.

Suche nach einer optimalen Läuferverzahnung.

Verzahnungen sind umso besser, je geringer die Leckspaltmengen, bezogen auf das geförderte Volumen, sind. Konstruktive Größen wie Zähnezahlen, Verschraubungswinkel, Läuferlänge und Läuferdurchmesser beeinflussen das Verhältnis Leckspaltflächen zu Zahnlückenvolumen.

Es ist daher anzustreben, all diese Größen so zu wählen, daß der optimale Dichtheitsgrad der Verzahnung unter Beachtung von Nebenbedingungen wie Läuferdurchbiegung u.s.w. erreicht wird /14/.

Untersuchung anderer Profilformen im Hinblick auf eine Wirkungsgradverbesserung.

Das asymmetrische SRM - Profil ist in seiner heutigen Form durch Abänderung des ursprünglich symmetrischen Profils entstanden. Es ist jedoch einleuchtend, daß es darüberhinaus eine große Vielzahl von Flankenformen gibt, die ebenfalls für Verdichterläufer in Frage kommen. Einen ersten Schritt zur Abkehr vom heute überwiegend verwendeten asymmetrischen SRM - Profil stellt das sogenannte Sigma - Profil der Firma Kaeser dar, welches gut abwälzfräsbar ist und außerdem einen sehr guten Wirkungsgrad aufweist.

Versuche zur Optimierung der Betriebsparameter bei ölüberfluteten Schraubenverdichteranlagen.

Die wichtigsten Betriebsparameter bei einspritzölgekühlten

Schraubenverdichtern sind die Läuferdrehzahl, die eingespritzte Ölmenge und Ölsorte, die Verdichtungsendtemperatur und der Verdichtungsenddruck. All diese Größen beeinflussen den Wirkungsgrad der Maschine. Gelingt es eine im Hinblick auf den Wirkungsgrad des Verdichters optimale Kombination dieser Betriebsparameter zu finden, so kann damit mit geringem Aufwand eine Wirkungsgradverbesserung erzielt werden /14,15/.

Randmaßnahmen.

Hiezu zählen Versuche zur Verwertung der im Kühlöl abtransportierten Verdichtungsabwärme zu Heizzwecken und die heute immer mehr an Bedeutung gewinnenden Schalldämmaßnahmen an Schraubenverdichtern. So gelingt es bereits kleinere und mittlere Fahranlagen in ihrem Emissionsschallpegel durch geeignete Kapselungen bis auf 60 dB(A), gemessen in 1 m Entfernung, herabzudrücken /16/.

Auf Grund ihrer zahlreichen Vorteile verdrängen Schraubenverdichter in ihrem Einsatzgebiet die Kolbenverdichter in zunehmendem Maße. Die größten Produktionszahlen erreichen dabei die billigeren, einfachen und robusten Luftverdichter mit Öleinspritzkühlung, da in ca. 85 % aller Fälle auf eine völlige Ölfreiheit der Druckluft verzichtet werden kann, ja vielfach ein gewisser Ölgehalt in der Arbeitsluft sogar erwünscht ist.

Von 1960 bis 1975 ist die Produktion an Schraubenverdichtern auf das 30-fache gestiegen.

Der Anteil der Schraubenverdichter an allen erzeugten Kompressoren beträgt heute über 25 % /17/, (Abb. 7).

Abb. 7 zeigt sehr anschaulich, wie rasant die Stückzahlen in der Schraubenverdichterproduktion in den letzten 15 Jahren gewachsen sind. Zu dieser Entwicklung haben vor allem die einspritzölgekühlten Luft- und Kälteverdichter geführt, während die Produktionszahlen an trockenlaufenden Schraubenverdichtern im großen und ganzen gleichgeblieben sind (Abb. 7).

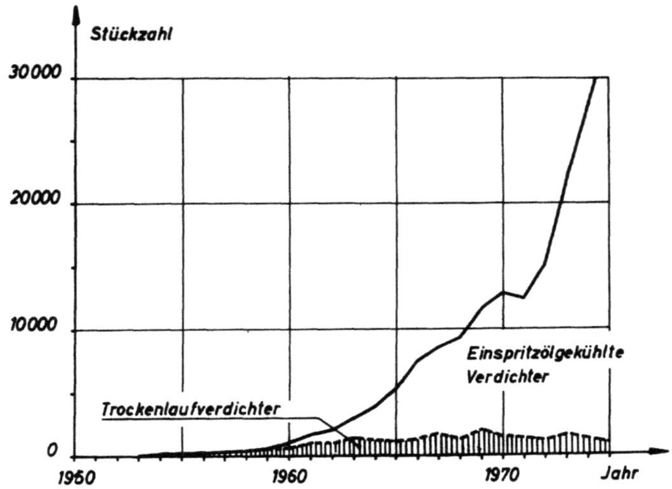

Abb. 7. Weltproduktion an Schraubenverdichtern (nach /17/).

2. Die Ausbildung von Schraubenverdichterläufern

2.1 Läufergeometrie und Verzahnungsgesetze

2.1.1 Allgemeines

Die Läufer der Schraubenverdichter sind schrägverzahnte Stirnzahnräder. Die Läuferzahnflanken entstehen durch Verschraubung der Flanken des Stirnschnittes.

Während die Hauptaufgabe von Stirnzahnrädern des allgemeinen Maschinenbaues darin besteht, eine zwangläufige Drehzahl - Drehmomenten - und Leistungsübertragung zwischen zwei parallelen Wellen im allgemeinen für beliebige Drehrichtung zu ermöglichen, sind die Anforderungen an die Läuferverzahnungen von Schraubenverdichtern vollkommen anders geartet.

Bei Schraubenverdichterläufern spielt die Kraftübertragung zwischen dem angetriebenen sogenannten Hauptläufer und dem mitgenommenen Nebenläufer und die damit verbundene Flankenbeanspruchung durch Hertzsche Pressung nur eine untergeordnete Rolle. Überdies geschieht diese Kraftübertragung stets nur für eine Drehrichtung über eine Zahnflankenseite eines Läuferzahnes, sodaß die beiden Zahnflanken eines Läuferzahnes nicht unbedingt symmetrisch zu sein brauchen. Die Hauptanforderung an die Ausbildung der Läuferzähne von Schraubenverdichtern ist jene nach einem möglichst vollständigen Abschluß der zwischen den Zähnen liegenden Zahnlücken, die ja als Arbeitsräume das zu verdichtende Gas transportieren. Es ist daher notwendig, daß die Verzahnung weder am Zahnkopf noch am Zahnfuß Spiel aufweist. Außerdem müssen die Berührungslinien, entlang denen zwei im Eingriff stehende Zahnflanken von Haupt- und Nebenläufer aneinander liegen, einen durchgehenden, nicht unterbrochenen Linienzug vom Fußkreis bis zum Kopfkreis der Läuferverzahnung bilden.

Diese Forderung nach vollständiger Abdichtung der Zahnlücken einer ideal spielfreien Verzahnung kann nicht immer voll erfüllt werden. Reichen die Flankenberührungslinien nicht bis zum Kopfkreis der Läuferzähne, entsteht zwischen dem äußersten Flankenberührpunkt und den Gehäusebohrungen, in denen sich die Läufer drehen, eine Öffnung, durch die Gas von den Zahnlücken mit höherem Gasdruck in die benachbarten Zahnlücken niedereren Druckes rückströmen kann. Diese Öffnung heißt das Blasloch der Verzahnung.

Um die Läuferverzahnung eines Schraubenverdichters optimal auszunutzen, muß bei gegebenem Läuferaußendurchmesser und bei gegebener Läuferlänge bei einer bestimmten Läuferdrehzahl möglichst viel Gas gefördert werden. Es ist daher anzustreben, möglichst große, tief eingeschnittene Zahnlücken vorzusehen. Dies bedingt, daß Verdichterläufer in der Regel geringe Zähnezahlen aufweisen (drei bis sieben Zähne).

Aus den oben erwähnten Anforderungen wird ersichtlich, daß die zur Kraftübertragung allgemein verwendete, genormte Evolventenverzahnung mit ihren zahlreichen Vorteilen hinsichtlich Herstellung, Genauigkeit und Unempfindlichkeit auf Achsabstandsfehler für Verdichterläufer ungeeignet ist.

Schraubenverdichter benötigen eine Sonderverzahnung, die naturgemäß hinsichtlich Fertigung, Herstellungskosten und Toleranzen stets Erschwernisse gegenüber einer konventionellen Evolventenverzahnung bringt.

2.1.2 Allgemeine Gesichtspunkte zur Läuferausbildung

Die Kraftübertragung erfolgt bei den Verdichterläufern nur über eine Zahnflankenseite. Dieses Zahnflankenpaar - die Triebflanken - muß vorerst die Verzahnungsgesetze im Stirnschnitt der Läufer voll erfüllen. Diese seien hier kurz zusammengestellt.

1. Die Bewegungsübertragung soll bei Zahnrädern wie bei Reibrädern erfolgen. Das heißt, daß es stets zwei Kreise im Stirnschnitt der Verzahnung geben muß, die bei der Bewegung aneinander abrollen (Wälzkreise). Ihr gemeinsamer Berührpunkt ist das Momentanzentrum der Wälzbewegung und heißt Wälzpunkt. Die Umfangsgeschwindigkeiten in den Wälzkreisen sind für beide Räder gleich groß, ihre Winkelgeschwindigkeiten verhalten sich umgekehrt wie die Wälzkreisdurchmesser.

2. Die technische Realisierung dieses Bewegungsablaufes geschieht bei Zahnrädern so, daß eine am Rad 1 als Kurvenstück gegebene Zahnflanke eine entsprechende Flanke am Gegenrad 2 vor sich herschiebt. Beide Flanken berühren einander in einer bestimmten Stellung, im sogenannten Eingriffspunkt (Punkt P in Abb. 8). Im Eingriffspunkt müssen die Tangenten und Kurvennormalen beider Flanken zusammenfallen. Der geometrische Ort aller Eingriffspunkte beim Abwälzen beider Zahnräder, bezogen auf das Ruhesystem, heißt Eingriffslinie. Weist eine Flanke unstetige erste Ableitungen auf (Spitzen , Ecken u.dgl.), so besitzt sie in diesen Punkten keine definierten Flankennormalen. Die Flanke ist dort zur Kraftübertragung ungeeignet (Hertzsche Pressung).

3. Für einen infinitesimal kleinen Bewegungsabschnitt kann das Zahnradpaar stets durch ein Gelenkviereck ersetzt werden (Abb.8) Die Schwingen oder Kurbeln dieses Gelenkvierecks liegen zwischen den Raddrehpunkten O_1 und O_2 und den Krümmungsmittelpunkten Ω_1 und Ω_2 der Flankenkrümmungskreise im jeweiligen Eingriffspunkt. Die Koppel des Ersatzgelenkvierecks wird durch die Verbindungslinie der beiden Krümmungsmittelpunkte gebildet. Sie muß wegen des zweiten Verzahnungsgesetzes durch den Eingriffspunkt gehen und weiters mit der gemeinsamen Flankennormalen zusammenfallen.

Wird die Koppellänge zu Null, sperrt das zum Stabpaar gewordene Gelenkviereck (Abb. 8) und die Verzahnung klemmt. Dies tritt nach der Abb. 8 (mittleres Bild) dann ein, wenn die beiden Krümmungsmittelpunkte der Flanken zusammenfallen. Die Verzahnung wird demnach bis auf eine Ausnahme dann unbrauchbar, wenn die Krümmungsmittelpunkte der Flanken in einer Stellung der Räder zusammenfallen. Die einzige Ausnahme liegt vor, wenn Krümmungsmittelpunkt und Wälzpunkt identisch sind (rechtes Teilbild in Abb. 8). Das zum wackeligen Stabpaar entartete Ersatzgelenkviereck ermöglicht eine infinitesimale Beweglichkeit. Genau auf diesen Sonderfall wurde in der Ausbildung des symmetrischen Läuferprofils zurückgegriffen (Abb. 5).

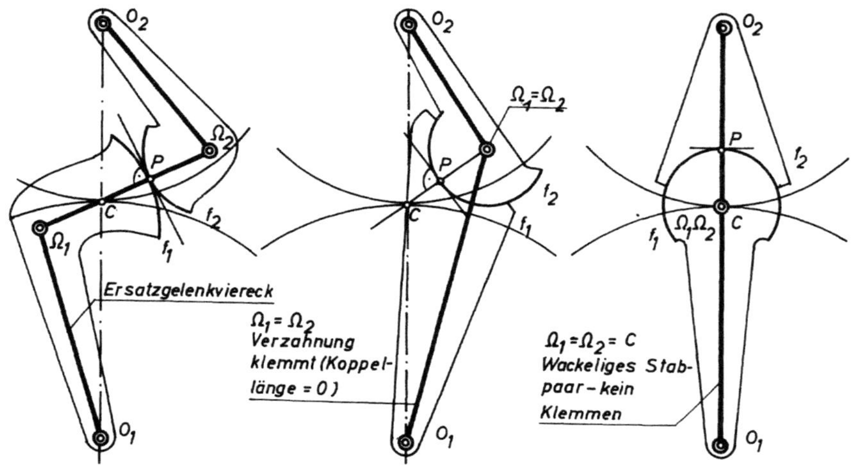

Abb. 8. Zwei im Eingriff befindliche Zahnflanken eines Radpaares und das Ersatzgelenkviereck.

4. Auf Grund der Forderungen nach 1. und 2. muß die zu einer Flanke des Rades 2 passende Gegenflanke am Rad 1 als deren Hüllbahn beim Abrollen des Wälzkreises des Rades 2 am festgehalten gedachten Wälzkreis des Rades 1 entstehen. Daher muß die gemeinsame Flankennormale im jeweiligen Eingriffspunkt stets durch das Momentanzentrum der Rollbewegung, also durch den Wälzpunkt C gehen (Abb. 9).

2.2 Konstruktion des Gegenprofils und der Eingriffslinie eines Radpaares

Auf Grund der Verzahnungsgesetze 1. bis 4. läßt sich in bekannter Weise, wie in Abb. 9 gezeichnet, eine Verzahnung und deren Eingriffslinie konstruieren (Verfahren von Reuleaux).

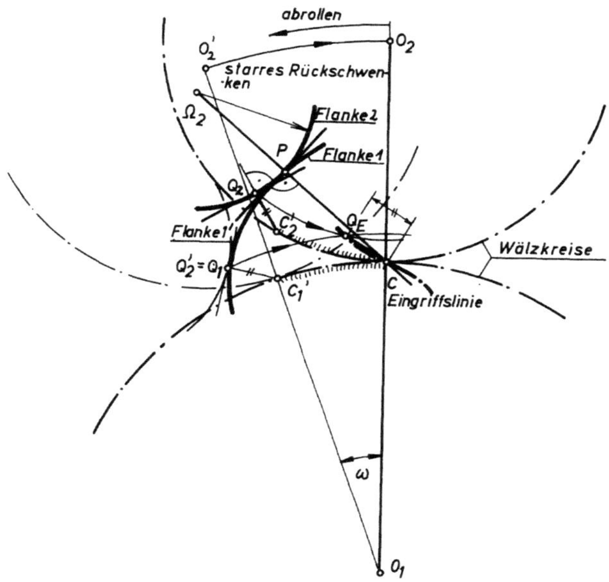

Abb. 9. Konstruktion der Gegenradflanke und der Eingriffslinie einer Verzahnung.

Gegeben seien die beiden Drehpunkte O_1 und O_2 der Zahnräder, die beiden Wälzkreise und die Zahnflanke eines Rades (Flanke 2 in Abb. 9). Gesucht ist die zur Zahnflanke 2 gehörende Gegenflanke am Rad 1 und die Eingriffslinie, als Ort aller Eingriffspunkte im Ruhesystem. Für die gezeichnete Flankenstellung kann entsprechend dem vierten Verzahnungsgesetz sofort der Eingriffspunkt angegeben werden.

Zeichnet man eine Kurvennormale der Flanke 2 durch den Wälzpunkt C, erhält man auf der Flanke 2 den Punkt P_2. Dieser Punkt ist Eingriffspunkt und gehört somit auch der Gegenflanke am Rad 1 an ($P_1 = P_2$). P_1 ist überdies auch ein Punkt der Eingriffslinie. Will man nun für einen beliebig herausgegriffenen Punkt der Flanke 2 (Q_2 in Abb. 9) den zugehörigen Flankenpunkt der Radflanke 1 und den entsprechenden Punkt der Eingriffslinie konstruieren, benutzt man ebenfalls das vierte Verzahnungsgesetz.

Der Punkt Q_2 wird dann Eingriffspunkt und damit mit dem zugehörigen, zu suchenden Punkt der Gegenflanke Q_1 zusammenfallen, sobald die Kurvennormale in Q_2 durch den Wälzpunkt der Räder geht. Die Kurvennormale durch Q_2 schneidet den Wälzkreis im Punkt C_2. C_2 wird aber dann Wälzpunkt, wenn die beiden Räder um das Bogenstück C C_2' bzw. nach dem ersten Verzahnungsgesetz auch um C C_1' gegeneinander verdreht werden.

Hält man das Rad 1 gegenüber dem Ruhesystem fest, gelangt bei der Relativdrehung der Radmittelpunkt des Rades 2 von 0_2 nach $0_2'$ und die Punkte der Wälzkreise C_2' und C_1' bilden den Wälzpunkt in der verdrehten Lage. Bei dieser Bewegung kommt der Punkt Q_2 nach Q_1 und markiert damit den gesuchten Punkt Q_1 der Gegenflanke.

Die Lage von Q_1 kann etwa durch Übertragen der Strecken Q_2 C_2' und Q_2 0_2 in die verdrehte Radstellung mit $0_2'$ als Radmitte und C_1' als Wälzpunkt erhalten werden (Abb. 9).

Denkt man sich nun die beiden Räder ohne Relativbewegung in die Ausgangslage zurückgeschwenkt, gelangt $0_2'$ wieder nach 0_2, C_1' und C_2' kommen nach C und die im Eingriff befindlichen Flankenpunkte Q_1 und Q_2 wandern nach Q_E. In dieser so erhaltenen verdrehten Radstellung ist der Eingriffspunkt Q gleichzeitig ein Punkt der Eingriffslinie.

Führt man diese Konstruktion nun für eine Folge von Flankenpunkten der gegebenen Radflanke 2 aus, erhält man punktweise die zugehörige Gegenflanke und die Eingriffslinie der Verzahnung. Diese Konstruktion kann auch für eine analytisch - rechnerische Behandlung verwendet werden. Eine analytische Behandlung der Verzahnung ist besonders für Schraubenverdichterläufer vorteilhaft, da über die reine Verzahnungskonstruktion hinausgehend noch der für die Liefermenge des Verdichters und für die Auslegung der Steuerkanten wichtige Zusammenhang zwischen Drehwinkelstellung der Läufer und der Größe des Zahnlückenvolumens einer Zahnlücke der verschraubten Läuferzähne benötigt wird. Will man überdies Aussagen über die Größe der Leckspaltflächen und damit der Undichtheiten eines Zahnlückenpaares, benötigt man noch die Bogenlänge der Berührungslinien, der Kopf- und Stirnspalte der Läufer gegenüber dem Gehäuse und die wirksame Spaltfläche eines eventuell vorhandenen Blaslochs.

All diese Größen können praktisch nur mit einer analytisch - rechnerischen Behandlung der Läuferverzahnung und einer Auswertung an einer Rechenanlage mit erträglichem Zeitaufwand erhalten werden.

Die zweite Zahnflanke einer Verdichterverzahnung wird nicht zur Kraftübertragung benötigt. Daher muß das zweite Verzahnungsgesetz für diese Flanke nicht unbedingt erfüllt werden. Es können daher auch Flankenteile, die als Punktbahnen einer Ecke in der Gegenradflanke entstehen, verwendet werden. Hauptaufgabe der zweiten Zahnflanke ist das möglichst vollständige Abdichten der Zahnlückenräume vom Fußkreis bis zum Kopfkreis der Verzahnung. Daher muß die Eingriffslinie als Ort aller Berührpunkte beider Zahnflanken im Stirnschnitt bei einer guten Verdichterverzahnung möglichst bis zum Schnittpunkt der Läuferkopfkreise reichen. Ist dies nicht der Fall, verbleibt zwischen den Kopfkreisen und dem letzten benutzten Eingriffspunkt der Eingriffslinie eine Blaslochöffnung.

2.3 Allgemeine Anforderungen an die Läuferprofile

Die Zahnlücken von Schraubenverdichterläufern müssen, um Verluste klein zu halten, möglichst dicht sein, das heißt, daß bei möglichst großem Zahnlückenvolumen die Gesamtheit aller Leckspaltflächen, durch die Gas abströmen kann, möglichst klein sein soll.

Überdies muß die Läuferdurchbiegung klein gehalten werden, um die Spiele der Verzahnung eng halten zu können und um ein Fressen der Läufer zu verhindern. Diese Anforderung hat zur Folge, daß die Längen-Durchmesserverhältnisse der Läufer nicht zu groß werden dürfen. Läufer mit geringen Zähnezahlen und tiefen Zahnlücken weisen eine größere Durchbiegung auf als Läufer mit großen Zähnezahlen. Kurze Läufer mit großem Außendurchmesser haben zufolge der großen Zahnlückenflächen und den damit verbundenen größeren Ein- und Auslaßquerschnitten geringere Strömungsverluste als lange Läufer mit kleineren Außendurchmessern, aber gleichem Zahnlückenvolumen.

Überdies soll die Läuferverzahnung mit hoher Genauigkeit durch Abwälzfräsen herstellbar sein und gute Laufeigenschaften bei hohen Drehzahlen aufweisen.

Aus diesen Anforderungen haben sich die heute in der überwiegenden Mehrzahl aller Verdichter verwendeten Standardläufer herausgebildet. Sie besitzen das sogenannte asymmetrische SRM-Profil (Svenska Rotor Maskiner). Der angetriebene Hauptläufer weist in der Regel vier Zähne, der Nebenläufer sechs Zähne auf. Die üblichen Längen-Durchmesserverhältnisse liegen bei 1, 1,5 und 1,65. Der Verschraubungswinkel der Läuferzähne beträgt über die gesamte Läuferlänge um 300°, gemessen am Hauptläufer.

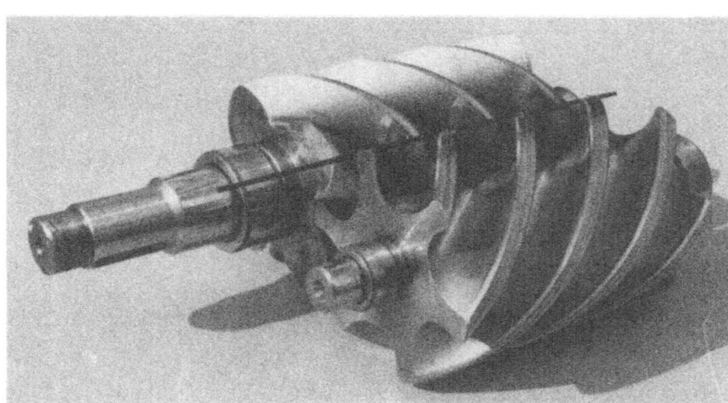

Abb. 10. Läuferpaar eines Schraubenverdichters mit asymmetrischem SRM-Profil.

3. Das asymmetrische SRM-Profil

3.1 Allgemeiner Aufbau und Flankenkonstruktion

In Abb. 11 ist der Aufbau des asymmetrischen SRM-Läuferprofils im Stirnschnitt wiedergegeben.

Vorgegeben seien: Der Achsabstand der beiden Läufer a, die Zähnezahlen von Haupt- und Nebenläufer $\bar{z}_1$ und $\bar{z}_2$ sowie die Läuferaußendurchmesser D_1 und D_2 bzw. D_2'.

Auf Grund des Zähnezahlverhältnisses erhält man die Wälzkreise mit den Durchmessern D_{w1} und D_{w2} (Abb. 11) zu:

$$D_{w1} = 2\ \bar{z}_1\ a\ (1/(\bar{z}_1+\bar{z}_2)) \qquad (1)$$

$$D_{w2} = 2\ a - D_{w1} \qquad (2)$$

Die Läuferflanken sind aus mehreren Kurvenstücken zusammengesetzt. Vorgegeben wird die Flankenform am Nebenläufer für spielfreien Gang. Die zugehörigen Hauptläuferflanken erhält man aus den Verzahnungsgesetzen. Die Verzahnung ist für Hauptläuferantrieb entworfen. Auf Grund der in Abb. 11 eingezeichneten Drehrichtung erfolgt die Kraftübertragung über die obere Zahnflanke A_2 K_2. Sie stellt die Antriebsflanke dar. In der unteren Bildhälfte liegt die Druckseite,in der oberen Bildhälfte die Saugseite des Verdichters (Abb. 6).

Die Nebenläuferflanke ist folgendermaßen zu konstruieren (Abb. 11):

1. Der Flankenteil A_2 B_2 ist ein Kreisbogen. Sein Mittelpunkt liegt am Wälzkreis in C. Der Radius r_1 ergibt sich aus der Strecke zwischen C und dem Schnittpunkt des vorgegebenen Kopf-

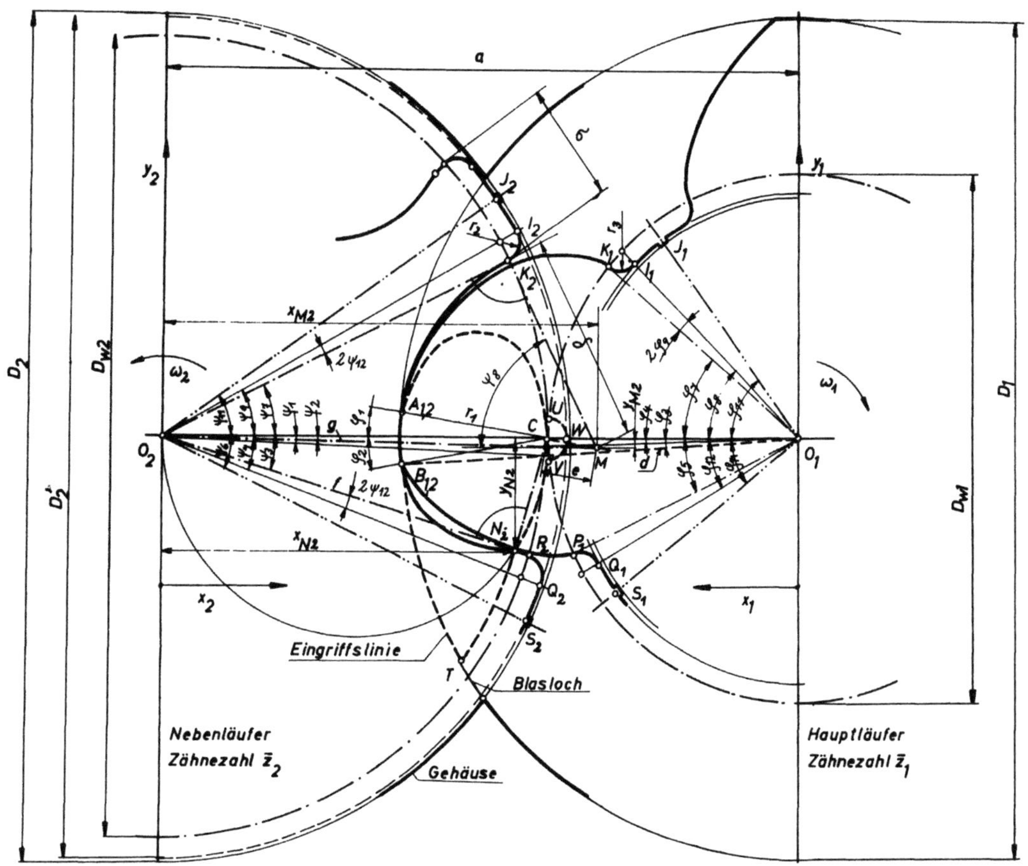

Abb. 11. Konstruktion und Aufbau des asymmetrischen SRM-Läuferprofils (nach /24/).

kreises des Hauptläufers mit der Strecke O_1 O_2. Begrenzt wird dieser Flankenteil durch den Sektor zwischen den vorzugebenden Winkeln φ_1 und φ_2 (Abb. 11).

2. Der Flankenteil A_2 K_2 ist ebenfalls ein Kreisbogen, welcher tangential an den Flankenbogen A_2 B_2 in A_2 anschließt. Sein Mittelpunkt M muß daher auf der Verbindungslinie A_2 C liegen. Der Abstand der Mittelpunkte C M = e ist so zu bestimmen, daß der Radiusvektor der Flanke M K_2 im Schnittpunkt der Flanke mit dem Wälzkreis des Nebenläufers und der Radiusvektor O_2 K_2 einen rechten Winkel bilden (Abb. 11). Mit dem Mittelpunkt M dieses Flankenteiles ist auch der Radius des Kreisbogens $\rho = A_2$ M bestimmt. Damit kann ein hinterschnittfreies Flankenprofil erreicht werden.

3. Der Flankenteil K_2 I_2 ist der Rundungskreis zum Kopfkreis. Er schließt an die Flanke A_2 K_2 an, sein Mittelpunkt liegt am Wälzkreis des Nebenläufers. Der Radius r_2 des Rundungskreises wird aus der Differenz

$$r_2 = (D_2'/2) - (D_{w2}/2)$$

erhalten.

4. An den Rundungskreis schließt bei I_2 der Kopfkreis des Nebenläufers mit dem Mittelpunkt in O_2 und dem Durchmesser D_2' an. Den Endpunkt bildet die Dichtkante bei J_2. Die unteren Flankenteile der Nebenläuferflanke werden folgendermaßen erhalten:

5. Die Flanke B_2 N_2 wird als Punktbahn des Punktes B_1 des Hauptläufers beim Abrollen der Wälzkreise erhalten. Sie ist somit eine verschlungene Epitrochoide. Sie beginnt bei B_2 und endet bei N_2. Der Endpunkt N_2 wird dabei aus der Bedingung erhalten, daß zwischen O_2 N_2 und N_2 C ein rechter Winkel herrschen soll.

6. Das Flankenstück N_2 P_2 ist eine Gerade durch O_2. Wegen des rechten Winkels bei N_2 wird in der gezeichneten Zahnstellung (Abb. 11) N_2 der letzte Eingriffspunkt an der Geradflanke N_2 P_2. Die Geradflanke endet am Wälzkreis.

7. Unmittelbar an die Geradflanke schließt der Kopfrundungs-

kreis P_2 Q_2 mit dem Radius r_2 und dem Mittelpunkt auf dem Wälzkreis an.

8. Das letzte Flankenteilstück der Nebenläuferflanke bildet der Kopfkreis Q_2 S_2 mit dem Mittelpunkt in O_2. Der Punkt S_2 fällt mit dem Punkt J_2 des nächstfolgenden Zahnes zusammen. Der Abstand I_2 J_2 ist gleich dem Abstand Q_2 S_2.

Die Hauptläuferflanken ergeben sich nun auf Grund der Verzahnungsgesetze.

1. Bei der Flanke A_2 B_2 gehen alle Flankennormalen gleichzeitig durch den Wälzpunkt C. Es sind demnach alle Flankenpunkte in der gezeichneten Stellung (Abb. 11) gleichzeitig Eingriffspunkte. Die Gegenflanke A_1 B_1 ist in der in Abb. 11 gezeichneten Stellung identisch mit der Flanke A_2 B_2 und der zugehörigen Eingriffslinie. Hier liegt der Ausnahmefall im dritten Verzahnungsgesetz vor (Abb. 8).

2. Die Gegenflanke A_1 K_1 zur Kreisbogenflanke A_2 K_2 erhält man durch folgende Überlegung. Der Mittelpunkt der Kreisflanke M erzeugt beim Abrollen des Wälzkreises des Nebenläufers am Hauptläuferwälzkreis im Hauptläufersystem eine verschlungene Epitrochoide. Die Gegenflanke A_1 K_1 muß daher als Parallelkurve mit dem Abstand ρ des Flankenhalbmessers zu dieser Epitrochoide entstehen.

3. Die Gegenflanke K_1 I_1 zum Rundungskreis K_2 I_2 ist aus gleichen Überlegungen wie bei der Flanke A_1 B_1 ebenfalls ein Kreis mit dem Radius r_2, der dann, wenn die beiden auf den Wälzkreisen liegenden Rundungskreismittelpunkte in C zusammenfallen, mit dem Kreis K_2 I_2 gleichzeitig linienhaft zum Eingriff kommt.

4. Die "Gegenflanke" zum Kopfkreis I_2 J_2 bildet der Fußkreis des Hauptläufers I_1 J_1.

5. Die Hauptläuferflanke B_1 N_1 wird durch die Punktbahn von N_2 beim Abrollen des Nebenläuferwälzkreises am festgehalten gedachten Hauptläuferwälzkreis gebildet. Der Flankenteil B_1 N_1 ist demnach eine gestreckte Epitrochoide.

6. Die Gegenflanke zur Geradflanke N_2 P_2 entsteht als Hüllbahn des Durchmessers O_2 P_2 beim Abrollen des Nebenläuferwälzkreises am Hauptläuferwälzkreis. Nach einem Satz der ebenen Kinematik sind Durchmesserhüllbahnen einer Planetenbewegung ebenfalls Radlinien /18/. Die Flanke N_1 P_1 ist eine Radlinie, die als Punktbahn eines Umfangspunktes des Hilfsrollkreises mit dem Durchmesser O_2 C entsteht (Abb. 11).

7. Die Gegenflanke zu P_2 Q_2 entsteht analog zu K_2 I_2 als Rundungskreis P_1 Q_1.

8. Der Flankenteil Q_1 S_1 stellt analog zu I_1 J_1 den Fußkreis dar.

Abb. 11 zeigt, daß die Verzahnung in der gezeichneten "Nullstellung" zwischen AB und bei N Eingriffspunkte besitzt. Die Verzahnungsgesetze werden lediglich in den Flankenstücken B A K in der einen Drehrichtung und an der Geradflanke N P in der umgekehrten Drehrichtung exakt erfüllt. Die Geradflanke dient dazu, daß bei falscher Verdichterdrehrichtung oder beim Abstellen des Verdichters, bei dem es unter Umständen zu einem Tragen der unteren Flankenteile in Abb. 11 kommen kann, keine Schäden an den Läufern auftreten. Versuchsweise wurde das Profil auch für Nebenläuferantrieb mit gutem Erfolg eingesetzt. Die Kraftübertragung erfolgt dann über das Flankenstück N P.

Die Eingriffslinie ist in Abb. 11 strichliert eingetragen. Sie besteht zunächst aus einer allgemeinen Kurve zwischen A und C. Daran schließt sich der Kreisbogen des Hilfsrollkreises mit dem Durchmesser O_2 C, auf dem sich der die Flanke N_1 P_1 erzeugende Punkt im Ruhesystem bewegen muß. Dieser Kreisbogen endet in Punkt N. Daran schließt entsprechend der Nebenläuferpunktbahn von N_2 ein Kreisbogen mit dem Mittelpunkt in O_2. Denkt man sich die Verzahnung in Abb. 11 entgegen der eingezeichneten Drehrichtung gedreht, so wandert der die Nebenläuferflanke erzeugende Punkt B_1 auf einem Kreis mit dem Mittelpunkt in O_1. Gleichzeitig durchwandert der die Hauptläuferflanke B_1 N_1 erzeugende Nebenläuferpunkt N_2 den Kreis N_2 T. Beide Eingriffslinienstücke treffen im Punkt T zusammen. Der Punkt T ist also der am weitesten außen liegende Flankenberührpunkt. Da T nicht im Schnittpunkt der Kopfkreise bzw. der Gehäusebohrungen zu liegen kommt, bleibt zwischen T und dem Schnittpunkt der Kopfkreise druckseitig eine Blaslochöffnung.

Die Rundungsradien werden dann Eingriffspunkte, wenn ihre Mittelpunkte in C zu liegen kommen. Dies ergibt die Eingriffslinienstücke U W und V W in Abb. 11. Die Eingriffslinienpunkte der Kopf- und Fußkreise (I_2 J_2 und I_1 J_1) liegen durchwegs im Punkt W.

Zwischen C und U bzw. C und V ist die Eingriffslinie unterbrochen. Hier entsteht ebenfalls eine, wenn auch nur geringfügige Undichtheit in den Zahnflanken. Bei der Darstellung der Eingriffslinie wurden auch jene Punkte, für die das zweite Verzahnungsgesetz nicht erfüllt ist, als Eingriffspunkte bezeichnet. Um die Übersichtlichkeit für die weitere Rechnung zu erhalten, wurden die einzelnen jeweils zusammengehörenden Flankenstücke mit Nummern versehen. Die Nummern für die einzelnen Flankenteile sind aus Abb. 12 zu entnehmen.

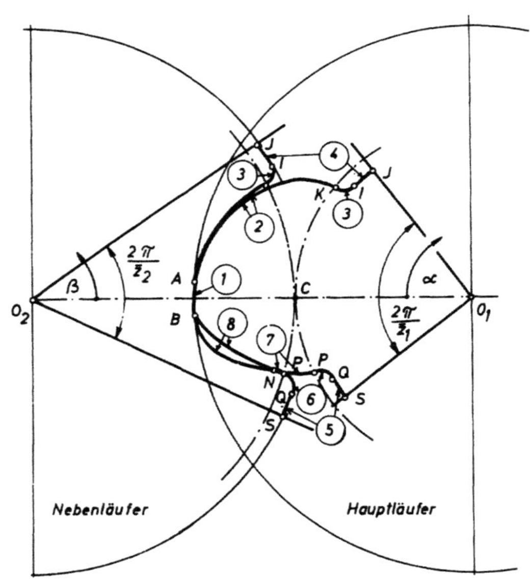

Abb. 12. Bezeichnung der einzelnen Flankenteile beim asymmetrischen SRM-Profil.

Aus Abb. 11 ist bereits zu ersehen, daß die Durchmesser D_1 und

D_2 der Läufer nur in engen Grenzen variiert werden können. D_2 muß jedenfalls größer als D_{w2} sein, da sonst der Rundungsradius r_2 negativ wird. D_2 darf aber auch nicht wesentlich größer als D_{w2} gewählt werden, da sonst der Rundungsradius r_2 zu groß würde und damit auch das Blasloch unnötig vergrößert wäre. Der Durchmesser D_1 beeinflußt die Tiefe der Zahnlücke im Nebenläufer und auch die Zahnkopfbreite des Nebenläufers. Zu groß gewählte Durchmesser D_1 ergeben zu dünne Nebenläuferzähne. Die tatsächlich erzeugten Verzahnungen sind nicht, wie in Abb. 11 gezeichnet, spielfrei. Das notwendige Flankenspiel wird dadurch erzeugt, daß die tatsächlichen Nebenläuferflanken um die Toleranz im Stirnschnitt τ als Parallelkurve gegenüber den theoretischen Flanken in Richtung O_2 zurückversetzt werden.

3.2 Analytische Behandlung der Läuferverzahnung

3.2.1 Koordinatensysteme, Winkel- und Längenbeziehungen

Zur analytischen Beschreibung der Läuferverzahnung werden raumfeste, kartesische Koordinatensysteme verwendet. Jeder Läufer erhält ein eigenes Koordinatensystem mit der x-y-Ebene in der druckseitigen Stirnfläche. Die positiven z-Achsen liegen in den Drehachsen der Läufer und weisen zur Saugseite. Aus Abb. 11 ist die Lage der beiden Koordinatensysteme im Stirnschnitt zu ersehen. Zwischen dem Hauptläufersystem x_1, y_1, z_1 und dem Nebenläufersystem x_2, y_2, z_2 gelten die Beziehungen:

$$x_1 + x_2 = a$$
$$y_1 = y_2$$
$$z_1 = z_2 \qquad (3)$$

Alle Winkel werden von den positiven x-Achsen aus in Richtung positive y-Achsen als positiv gezählt. Alle Winkel-Längen- und Flankenbeziehungen werden vorerst für die in Abb. 11 gezeichnete Nullstellung der Zähne abgeleitet. Beliebige Läuferstellungen sind durch Koordinatendrehungen jederzeit zu erhalten. Mit Hilfe von Abb. 11 können nun die für die Verzahnungskonstruktion wichtigen Längen und Winkel berechnet werden. Die Beziehungen gelten allgemein für Verzahnungen mit dem Flankenspiel τ.

Flankenradius r_1:

$$r_1 = (D_1/2) - (D_{w1}/2) \tag{4}$$

Der entsprechende Radius am Nebenläufer r_1' wird bei nicht spielfreier Verzahnung

$$r_1' = r_1 + \tau \tag{5}$$

Aus dem Dreieck O_2 M K_2 erhält man für die Hypotenuse g

$$g = \sqrt{(D_{w2}/2)^2 + \rho^2} \tag{6}$$

Ebenso folgt die Strecke g aus dem Kosinussatz für das Dreieck O_2 M C

$$g^2 = (D_{w2}/2)^2 + e^2 - D_{w2}\, e \cos(\pi - \varphi_1) \tag{7}$$

Bei Betrachtung der Strecke A_1 C M erhält man für

$$\rho = e + r_1 \tag{8}$$

Gleichsetzen von Gl.(6) und Gl.(7) liefert mit Gl.(8) die Bestimmungsgleichung für die Strecke e:

$$(e + r_1)^2 = e^2 + D_{w2}\, e \cos \varphi_1$$

und daraus

$$e = \frac{r_1^{\,2}}{D_{w2} \cos \varphi_1 - 2\, r_1} \tag{9}$$

Die Mittelpunktskoordinaten von M folgen dann im Koordinatensystem des Nebenläufers zu

$$x_{2M} = (D_{w2}/2) + e \cos \varphi_1$$
$$y_{2M} = \quad - e \sin \varphi_1 \tag{10}$$

Ist die Verzahnung nicht spielfrei, muß der Flankenradius um die Toleranz vergrößert werden auf:

$$\rho' = e + r_1 + \tau \tag{11}$$

Das Dreieck O_2 M K_2 ist bei nicht spielfreiem Gang nicht mehr rechtwinkelig. Die Strecke O_1 B_1 = d kann aus dem Kosinussatz des Dreiecks O_1 B_1 C berechnet werden.

$$d = \sqrt{(D_{w1}/2)^2 + r_1^2 - D_{w1}\, r_1 \cos(\pi - \varphi_2)} \tag{12}$$

Für die noch verbleibenden Rundungsradien r_2 folgt:

$$r_2 = (D_2'/2) - (D_{w2}/2) \tag{13}$$

Die Hauptläuferrundungsradien r_3 sind bei nicht spielfreiem Gang zu vergrößern auf:

$$r_3 = r_2 + \tau \tag{14}$$

Die noch verbleibende Strecke O_2 N_2 = f kann aus den noch zu bestimmenden Punktkoordinaten von N_2 ermittelt werden.

$$f = \sqrt{x_{2N}^2 + y_{2N}^2} \tag{15}$$

Damit können vorerst alle für die Verzahnungskonstruktion notwendigen Längen berechnet werden.

Für die in Abb. 11 eingetragenen Winkel folgt einmal für den Winkel φ_3 aus dem Sinussatz am Dreieck O_1 B_1 C

$$\varphi_3 = -\arcsin((r_1/d)\sin\varphi_2) \tag{16}$$

Der zugehörige Nebenläuferwinkel ψ_1 folgt aus der Rollbedingung an den Wälzkreisen.

$$\psi_1 = (\bar{z}_1/\bar{z}_2)\,\varphi_3 \tag{17}$$

Aus den Mittelpunktskoordinaten von M (Gl. (10)) wird

$$\psi_2 = \operatorname{arctg}(y_{2M}/x_{2M}) = -\operatorname{arctg}\left[\frac{e \sin\varphi_1}{(D_{w2}/2) + e\cos\varphi_1}\right] \tag{18}$$

Aus den noch zu bestimmenden Punktkoordinaten von N_2 erhält man

$$\psi_3 = \operatorname{arctg}(y_{2N}/x_{2N}) \tag{19}$$

Die Winkelbeziehungen für die Ausrundungskreise P_2 Q_2 und K_2 J_2 können am besten aus der Abb. 13 abgelesen werden.

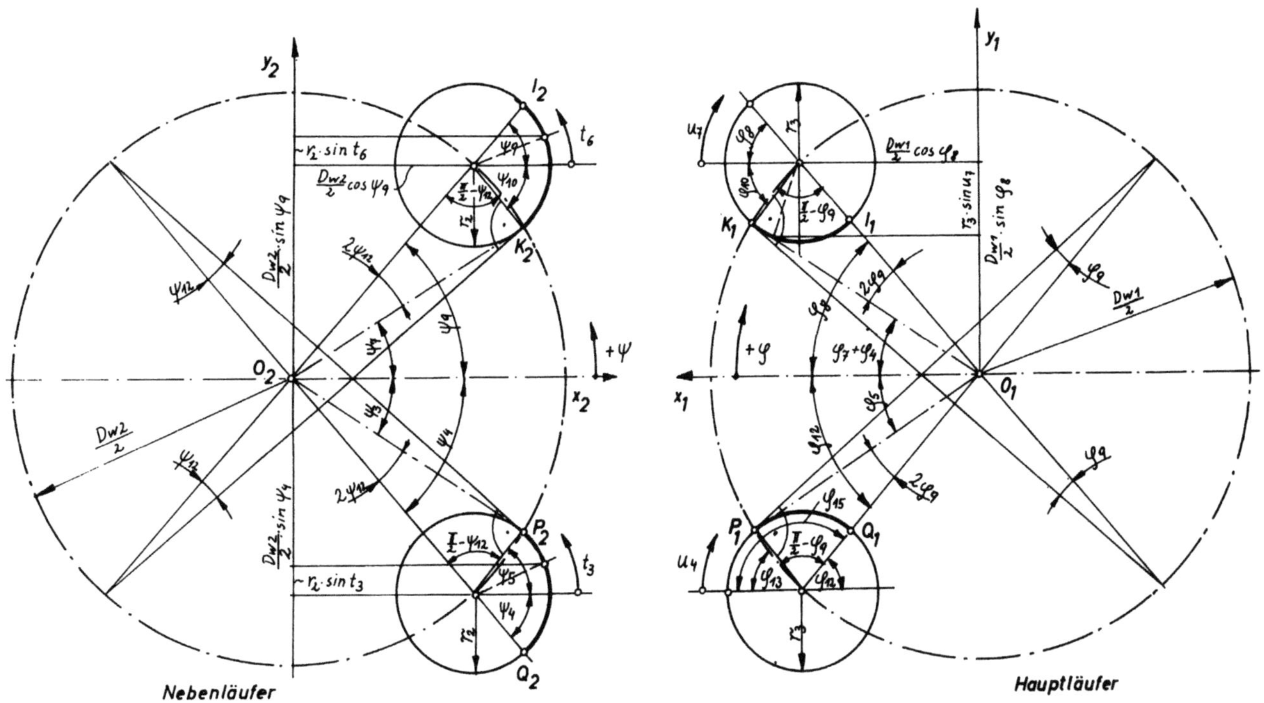

Abb. 13. Profilbeziehungen für die Rundungskreise beim asymmetrischen SRM-Profil.

Zunächst für den Kreisbogen P_2 Q_2:

$$\psi_{12} = \arcsin(r_2/D_{w2}) \tag{20}$$

$$\psi_4 = \psi_3 - 2\,\psi_{12} \tag{21}$$

$$\psi_5 = (\pi + \psi_3 + \psi_4)/2 \tag{22}$$

Der Beginn des Rundungskreises K_2 I_2 muß vorerst durch die Winkel ψ_7 und ψ_8 festgelegt werden. ψ_8 errechnet sich aus dem Kosinussatz des Dreiecks O_2 M K_2, welches wegen des um das Flankenspiel τ versetzten Punktes K_2 nun nicht mehr rechtwinkelig ist.

$$(D_{w2}/2)^2 = \rho'^2 + g^2 - 2\,\rho'\,g\,\cos(\psi_8 + \psi_2)$$

$$\psi_8 = \arccos \frac{\rho'^2 + g^2 - (D_{w2}/2)^2}{2\,\rho'\,g} - \psi_2 \tag{23}$$

ψ_7 folgt ebenfalls aus dem Dreieck O_2 M K_2 mit dem Kosinussatz unter Beachtung der Winkelvorzeichen.

$$\rho'^2 = (D_{w2}/2)^2 + g^2 - 2\,g\,(D_{w2}/2)\,\cos(\psi_7 - \psi_2)$$

$$\psi_7 = \arccos \frac{(D_{w2}/2)^2 + g^2 - \rho'^2}{g\,D_{w2}} + \psi_2 \tag{24}$$

Setzt man nach Gl. (7) für g ein, so erhält man:

$$\psi_7 = \arccos \frac{(D_{w2}/2)^2 + e^2 + D_{w2}\,e\,\cos\varphi_1 - \rho'^2}{g\,D_{w2}} \tag{25}$$

Für spielfreien Gang hätte man den ψ_7 entsprechenden Winkel ψ_{13} wesentlich einfacher aus dem für $\tau = 0$ rechtwinkeligen Dreieck O_2 K_2 M erhalten.

$$\psi_{13} = \operatorname{arctg}(\rho/(D_{w2}/2)) \tag{26}$$

Mit Abb. 13 folgt nun wieder unter Beachtung der Winkelvorzeichen:

$$\psi_9 = \psi_7 + 2\,\psi_{12} \tag{27}$$

$$\psi_{10} = \psi_9 - \pi/2 - \psi_{12} \tag{28}$$

Die Winkel ψ_6 und ψ_{11} beschreiben die Endpunkte einer Zahnteilung am Nebenläufer (Abb. 11). Es muß gelten:

$$\psi_{11} - \psi_6 = (2\,\pi)/\bar{z}_2$$

Wegen der in Zahnkopfmitte befindlichen Dichtkante folgt:

$$\psi_{11} - \psi_9 = \psi_4 - \psi_6$$

sodaß man für ψ_{11} erhält:

$$\psi_{11} = (\pi/\bar{z}_2) + (\psi_4 + \psi_9)/2 \qquad (29)$$

und für

$$\psi_6 = -\,(\pi/\bar{z}_2) + (\psi_4 + \psi_9)/2 \qquad (30)$$

Von den Winkeln φ am Hauptläufer folgen φ_4, φ_5 und φ_7 unmittelbar aus der Rollbedingung an den Wälzkreisen.

$$\varphi_4 = (\bar{z}_2/\bar{z}_1)\,\psi_2 \qquad (31)$$

$$\varphi_5 = (\bar{z}_2/\bar{z}_1)\,\psi_3 \qquad (32)$$

$$\varphi_7 = (\bar{z}_2/\bar{z}_1)\,\psi_{13} \qquad (33)$$

Die Winkel für die Rundungskreise am Hauptläufer sind wieder aus Abb. 13 abzulesen.

$$\varphi_9 = \arcsin(r_3/D_{w1}) \qquad (34)$$

$$\varphi_8 = \varphi_7 + \varphi_4 + 2\,\varphi_9 \qquad (35)$$

$$\varphi_{10} = \varphi_8 - \varphi_9 - \pi/2 \qquad (36)$$

$$\varphi_{12} = \varphi_5 - 2\,\varphi_9 \qquad (37)$$

$$\varphi_{13} = \varphi_{12} + \varphi_9 + \pi/2 \qquad (38)$$

$$\varphi_{15} = \pi - \varphi_{12} \qquad (39)$$

Die Begrenzungswinkel für eine Zahnteilung des Hauptläufers φ_{11} und φ_{14} folgen analog zum Nebenläufer aus den beiden Bedingungen

$$\varphi_{11} - \varphi_{14} = (2\pi/\bar{z}_1)$$

$$\varphi_{11} - \varphi_8 = \varphi_{12} - \varphi_{14}$$

zu

$$\varphi_{11} = (\pi/\bar{z}_1) + (\varphi_8 + \varphi_{12})/2 \qquad (40)$$

$$\varphi_{14} = -(\pi/\bar{z}_1) + (\varphi_8 + \varphi_{12})/2 \qquad (41)$$

Für die Nebenläuferzahnstärke σ (Abb. 11) erhält man

$$\sigma = 2\,(\psi_{11} - \psi_7)\,(D_{w2}/2) \qquad (42)$$

3.2.2 Flankengleichungen und Eingriffslinie

Aus der in 3.1 beschriebenen Erzeugung der Verzahnung lassen sich die Flankengleichungen in analytischer Form für die in Abb. 11 gezeichnete Nullstellung angeben. Die Hauptläuferflanken werden in Hauptläuferkoordinaten x_1, y_1, die Nebenläuferflanken in Nebenläuferkoordinaten x_2, y_2 und die Eingriffslinie ebenfalls in Hauptläuferkoordinaten dargestellt. Für den weiteren Rechnungsgang zur Berechnung der Zahnlückenflächen und für die Verschraubung des Stirnschnittes der Verzahnung erweist es sich als zweckmäßig, zur Beschreibung eines Flankenpunktes im Stirnschnitt nicht nur seine Koordinaten x_1, y_1 bzw. x_2, y_2 zu verwenden, sondern zusätzlich den Drehwinkel $\bar{\alpha}$ des Hauptläufers anzugeben, bei dem der betrachtete Flankenpunkt zum Eingriffspunkt wird.

Die in Abb. 11 gezeichnete Zahnstellung soll dabei den Drehwinkelwert

$$\alpha = 0$$

und alle für diese Stellung auftretenden Eingriffspunkte der Flanken den Wert

$$\bar{\alpha} = 0$$

erhalten. Entsprechend dem bisher verwendeten Zählungssinn werden Drehwinkel für eine Hauptläuferdrehung im Uhrzeigersinn als positiv eingeführt (Abb. 11 und Abb. 12).

Für die einzelnen Flankenstücke nach Abb. 12 erhält man:

Flanke 1: Die Flanke 1 ist für den Haupt- und Nebenläufer ein Kreisbogen. Flanke und Eingriffslinie sind für die Nullstellung der Verzahnung identisch. Der Eingriff erfolgt für alle Flankenpunkte gleichzeitig bei

$$\bar{\alpha} = 0$$

Damit lauten die Flankengleichungen für den Hauptläufer:

$$\begin{aligned} x_1 &= (D_{w1}/2) + r_1 \cos u_1 \\ y_1 &= r_1 \sin u_1 \\ \bar{\alpha} &= 0 \end{aligned} \qquad (43)$$

Für den Parameter u_1 gilt:

$$\varphi_2 \leq u_1 \leq \varphi_1$$

Für den Nebenläufer gilt:

$$\begin{aligned} x_2 &= (D_{w2}/2) - r_1' \cos t_1 \\ y_2 &= r_1' \sin t_1 \\ \bar{\alpha} &= 0 \end{aligned}$$

wobei wieder gilt:

$$\varphi_2 \leq t_1 \leq \varphi_1 \qquad (44)$$

Die Eingriffslinie wird in Hauptläuferkoordinaten:

$$\begin{aligned} x_E &= (D_{w1}/2) + r_1 \cos u_1 \\ y_E &= r_1 \sin u_1 \\ \bar{\alpha} &= 0 \end{aligned} \qquad (45)$$

mit

$$\varphi_2 \leq u_1 \leq \varphi_1$$

Flanke 2: Die Flanke 2 des Nebenläufers ist ein Kreisbogen mit dem Mittelpunkt M. Seine Gleichung lautet mit Gl.(10):

$$\begin{aligned} x_2 &= x_{2M} - \rho' \cos t_5 \\ y_2 &= y_{2M} + \rho' \sin t_5 \end{aligned} \qquad (46)$$

wobei der Parameter t_5 die Werte annimmt:

$$\varphi_1 \leq t_5 \leq \psi_8$$

Die zugehörige Hauptläuferflanke entsteht als Parallelkurve zur Mittelpunktsbahn von M beim Abrollen des Nebenläuferwälzkreises am festgehalten gedachten Hauptläuferwälzkreis (Abb. 14).

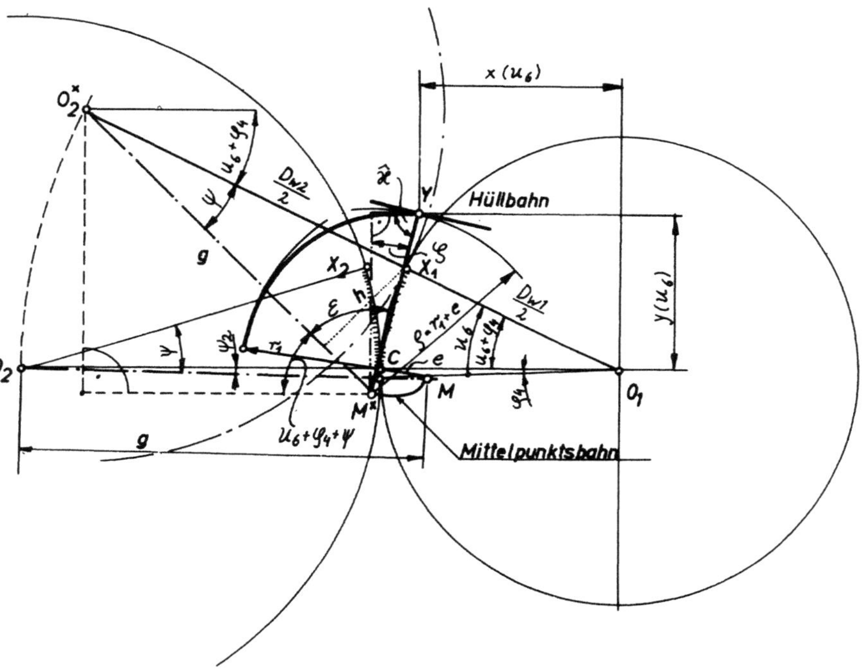

Abb. 14. Erzeugung und Profilbeziehungen der Flanke 2 am Hauptläufer.

In Abb. 14 ist eine allgemeine Stellung bei der Erzeugung der Flanke 2 des Hauptläufers dargestellt (O_2^x und strichpunktierter Wälzkreis).

Dabei ist der Mittelpunkt M nach M^x gelangt. Die Flankennormale im jeweiligen Eingriffspunkt muß durch den Wälzpunkt X_1 in Abb. 14 gehen. Die Flankennormalen der Nebenläuferflanke können jederzeit gezeichnet werden (Radien durch M^x). Der so konstruierte allgemeine Eingriffspunkt Y der Hüllbahn ist gleichzeitig ein Punkt der Flanke 2 des Hauptläufers (vgl. 2.2). Wird die allgemeine Radstellung O_1 O_2^x nun ohne Abrollen als starres Gebilde in die Ausgangslage um O_1 zurückgeschwenkt, erhält man die verdrehte Radstellung. Der ebenfalls zurückgeschwenkte Eingriffspunkt Y bildet nun einen allgemeinen Punkt der Eingriffslinie.

Mit dem in Abb. 14 eingetragenen Rollwinkel u_6 erhält man vorerst die Lage von M^x (Mittelpunktsbahn) mit den Koordinaten $x_M{}^x$ und $y_M{}^x$. Es gilt mit Abb. 14:

$$u_6\ (D_{w1}/2) = (D_{w2}/2)\ \psi$$

$$\psi = u_6\ (D_{w1}/D_{w2})$$

$$x_M{}^x = \left(\frac{D_{w1} + D_{w2}}{2}\right) \cos(u_6 + \varphi_4) - g \cos\left(u_6 \left(1 + \frac{D_{w1}}{D_{w2}}\right) + \varphi_4\right)$$

und analog

$$y_M{}^x = \left(\frac{D_{w1} + D_{w2}}{2}\right) \sin(u_6 + \varphi_4) - g \sin\left(u_6 \left(1 + \frac{D_{w1}}{D_{w2}}\right) + \varphi_4\right)$$

Die Flankengleichung der Parallelkurve (Punkt Y) lautet dann nach Abb. 14 mit dem Winkel $\hat{\varkappa}$:

$$x_2 = x_M{}^x + \rho \cos \hat{\varkappa}$$

$$y_2 = y_M{}^x + \rho \sin \hat{\varkappa} \qquad (47)$$

Der Winkel ε kann nun aus Abb. 14 ermittelt werden.

$$\zeta = \pi/2 - u_6 - \varphi_4 - u_6\ (D_{w1}/D_{w2}) - \varepsilon$$

$$\hat{\varkappa} = \pi/2 - \zeta = u_6 + \varphi_4 + u_6\ (D_{w1}/D_{w2}) + \varepsilon$$

Der Winkel ε folgt aus dem Dreieck $0_2{}^x$ X_1 und M^x

$$\operatorname{tg} \varepsilon = \frac{h}{g - (D_{w2}/2) \cos \psi} = \frac{(D_{w2}/2) \sin \psi}{g - (D_{w2}/2) \cos \psi}$$

$$\varepsilon = \operatorname{arctg} \frac{(D_{w2}/2) \sin(u_6\ (D_{w1}/D_{w2}))}{g - (D_{w2}/2) \cos(u_6\ (D_{w1}/D_{w2}))} \qquad (48)$$

sodaß nun

$$\hat{\varkappa} = u_6 \left(\frac{D_{w1} + D_{w2}}{D_{w2}}\right) + \varphi_4 + \operatorname{arctg} \frac{(D_{w2}/2)\sin(u_6(D_{w1}/D_{w2}))}{g - (D_{w2}/2)\cos(u_6(D_{w1}/D_{w2}))}$$

wird. Aus Gl.(47) erhält man durch Einsetzen der Mittelpunktskoordinaten die Flankengleichung der Hauptläuferflanke.

$$x_1 = \left(\frac{D_{w1} + D_{w2}}{2}\right)\cos(u_6 + \varphi_4) - g\cos\left(u_6\,\frac{D_{w1} + D_{w2}}{D_{w2}} + \varphi_4\right) +$$

$$+ \rho\cos\left(u_6\,\frac{D_{w1} + D_{w2}}{D_{w2}} + \varphi_4 +\right.$$

$$\left. + \operatorname{arctg}\frac{(D_{w2}/2)\sin(u_6(D_{w1}/D_{w2}))}{g - (D_{w2}/2)\cos(u_6(D_{w1}/D_{w2}))}\right) \qquad (49)$$

und

$$y_1 = \left(\frac{D_{w1} + D_{w2}}{2}\right)\sin(u_6 + \varphi_4) - g\sin\left(u_6\,\frac{D_{w1} + D_{w2}}{D_{w2}} + \varphi_4\right) +$$

$$+ \rho\sin\left(u_6\,\frac{D_{w1} + D_{w2}}{D_{w2}} + \varphi_4 +\right.$$

$$\left. + \operatorname{arctg}\frac{(D_{w2}/2)\sin(u_6(D_{w1}/D_{w2}))}{g - (D_{w2}/2)\cos(u_6(D_{w1}/D_{w2}))}\right) \qquad (49)$$

Mit dem ersten Verzahnungsgesetz wird:

$$\bar{z}_1 : \bar{z}_2 = D_{w1} : D_{w2}$$

und man erhält schließlich:

$$x_1 = a\cos(u_6 + \varphi_4) - g\cos\left(u_6\,\frac{\bar{z}_1 + \bar{z}_2}{\bar{z}_2} + \varphi_4 +\right.$$

$$+ \rho\cos\left(u_6\,\frac{\bar{z}_1 + \bar{z}_2}{\bar{z}_2} + \varphi_4 +\right.$$

$$\left. + \operatorname{arctg}\frac{(D_{w2}/2)\sin(u_6(\bar{z}_1/\bar{z}_2))}{g - (D_{w2}/2)\cos(u_6(\bar{z}_1/\bar{z}_2))}\right) \qquad (50)$$

$$y_1 = a \sin(u_6 + \varphi_4) - g \sin(u_6 \frac{\bar{z}_1 + \bar{z}_2}{\bar{z}_2} + \varphi_4) +$$

$$+ \rho \sin(u_6 \frac{\bar{z}_1 + \bar{z}_2}{\bar{z}_2} + \varphi_4 +$$

$$+ \operatorname{arctg} \frac{(D_{w2}/2) \sin(u_6(\bar{z}_1/\bar{z}_2))}{g - (D_{w2}/2) \cos(u_6(\bar{z}_1/\bar{z}_2))}) \qquad (50)$$

wobei der Parameter u_6 nach den Abb. 14 und 11 die Werte

$$- \varphi_4 \leq u_6 \leq \varphi_7$$

annimmt.

Der Zusammenhang zwischen Haupt- und Nebenläuferparameter u_6 und t_5 ergibt sich aus Abb. 14 aus der gedrehten Stellung:

$$t_5 = \varepsilon - \psi_2 = \operatorname{arctg} \frac{(D_{w2}/2) \sin(u_6(\bar{z}_1/\bar{z}_2))}{g - (D_{w2}/2) \cos(u_6(\bar{z}_1/\bar{z}_2))} - \psi_2 \qquad (51)$$

Die Eingriffslinienkoordinaten für das Flankenstück 2 erhält man durch Rückschwenken des Punktes Y um den Winkel

$$- (u_6 + \varphi_4)$$

Die Transformationsgleichungen lauten hiefür (vgl.z.B./19/).

$$x_E = x_1 \cos(u_6 + \varphi_4) + y_1 \sin(u_6 + \varphi_4)$$
$$y_E = -x_1 \sin(u_6 + \varphi_4) + y_1 \cos(u_6 + \varphi_4)$$

sodaß die Eingriffsliniengleichung nun wird

$$x_E = a - g \cos(u_6(\bar{z}_1/\bar{z}_2)) + \rho \cos(u_6(\bar{z}_1/\bar{z}_2) +$$

$$+ \operatorname{arctg} \frac{(D_{w2}/2) \sin(u_6(\bar{z}_1/\bar{z}_2))}{g - (D_{w2}/2) \cos(u_6(\bar{z}_1/\bar{z}_2))}) \qquad (52)$$

$$y_E = - g \sin(u_6(\bar{z}_1/\bar{z}_2)) + \rho \sin(u_6(\bar{z}_1/\bar{z}_2) + \\ + \operatorname{arctg} \frac{(D_{w2}/2) \sin(u_6(\bar{z}_1/\bar{z}_2))}{g - (D_{w2}/2) \cos (u_6(\bar{z}_1/\bar{z}_2))}) \tag{52}$$

Ein beliebiger Flankenpunkt wird entsprechend der Abb. 14 nach einem Drehwinkel

$$\bar{\alpha} = - (u_6 + \varphi_4) \tag{53}$$

Eingriffspunkt.

Zu jeder Drehwinkelstellung $\bar{\alpha}$ können nun die Parameter u_6 und t_5 gefunden und die zugehörigen Flankenpunkte an der Haupt- und Nebenläuferflanke sowie der zugehörige Punkt der Eingriffslinie aus den Gln.(46), (50), (52) errechnet werden.

Flanke 3: Die Flanken 3 sind die Rundungskreise am Haupt- und Nebenläufer. Für den Kopfrundungskreis des Nebenläufers gilt nach Abb. 13 (linkes Bild):

$$x_2 = (D_{w2}/2) \cos \psi_9 + r_2 \cos t_6 \\ y_2 = (D_{w2}/2) \sin \psi_9 + r_2 \sin t_6 \tag{54}$$

wobei der Parameter t_6 die Werte

$$\psi_{10} \leq t_6 \leq \psi_9$$

durchläuft. Die zugehörige Hauptläuferflanke ist der Fußrundungskreis nach Abb. 13 (rechtes Bild).

$$x_1 = (D_{w1}/2) \cos \varphi_8 + r_3 \cos u_7 \\ y_1 = (D_{w1}/2) \sin \varphi_8 + r_3 \sin u_7 \tag{55}$$

mit

$$(\varphi_8 - \pi) \leq u_7 \leq \varphi_{10}$$

Beide Flanken kommen dann gleichzeitig zum Eingriff, wenn ihre auf dem Wälzkreis liegenden Mittelpunkte zusammenfallen. Dies ist nach einem Drehwinkel

$$\bar{\alpha} = - \varphi_8 \tag{56}$$

der Fall. Die Eingriffslinie V W in Abb. 11 hat dann die Gleichung

$$x_E = (D_{w1}/2) + r_2 \cos(u_7 - \varphi_8)$$
$$y_E = r_2 \sin(u_7 - \varphi_8) \qquad (57)$$

Die Flanken 4 stellen Kopf- und Fußkreis dar. Die Gleichung am Nebenläufer lautet:

$$x_2 = (D_2'/2) \cos t_7$$
$$y_2 = (D_2'/2) \sin t_7 \qquad (58)$$

mit

$$\psi_9 \leq t_7 \leq \psi_{11}$$

Die Gleichung des Hauptläuferfußkreises ist:

$$x_1 = ((D_{w1}/2) - r_3) \cos u_8$$
$$y_1 = ((D_{w1}/2) - r_3) \sin u_8 \qquad (59)$$

mit

$$\varphi_8 \leq u_8 \leq \varphi_{11}$$

Für den Drehwinkel

$$\bar{\alpha} = - u_8$$

gelangt ein durch u_8 beschriebener Flankenpunkt mit dem Punkt der Gegenflanke in W (Abb. 11) zur Berührung. Die Eingriffslinie entartet zum Punkt.

$$x_E = (D_{w1}/2) - r_2$$
$$y_E = 0 \qquad (60)$$

Die Flanken 5 sind analog zu 4 ebenfalls Kopf- und Fußkreis (Abb. 12). Der Nebenläuferkopfkreis hat die Gleichung:

$$x_2 = (D_2'/2) \cos t_4$$
$$y_2 = (D_2'/2) \sin t_4 \qquad (61)$$

mit

$$\psi_6 \leq t_4 \leq \psi_4$$

Der Hauptläuferfußkreis hat die Gleichung:

$$x_1 = ((D_{w1}/2) - r_3) \cos u_5$$
$$y_1 = ((D_{w1}/2) - r_3) \sin u_5 \qquad (62)$$

mit

$$\varphi_{14} \leq u_5 \leq \varphi_{12}$$

Der zu jedem Flankenpunkt gehörende Drehwinkel des Hauptläufers, bei dem der betreffende Punkt Eingriffspunkt wird, ist

$$\bar{\alpha} = - u_5$$

und die Eingriffslinie entartet wieder zum Punkt W (Abb. 11).

$$x_E = ((D_{w1}/2) - r_2)$$
$$y_E = 0 \qquad (63)$$

Die Flanken 6 sind analog zu den Flanken 3 ebenfalls Rundungskreise. Ihre Gleichungen lauten mit Abb. 13 für den Nebenläufer:

$$x_2 = (D_{w2}/2) \cos \psi_4 + r_2 \cos t_3$$
$$y_2 = (D_{w2}/2) \sin \psi_4 + r_2 \sin t_3 \qquad (64)$$

Der Parameter t_3 variiert in den Grenzen

$$\psi_4 \leq t_3 \leq \psi_5$$

Der zugehörige Fußrundungskreis am Hauptläufer hat die Gleichung:

$$x_1 = (D_{w1}/2) \cos \varphi_{12} + r_3 \cos u_4$$
$$y_1 = (D_{w1}/2) \sin \varphi_{12} + r_3 \sin u_4 \qquad (65)$$

mit

$$\varphi_{13} \leq u_4 \leq \varphi_{15}$$

Der Eingriff erfolgt wieder beim Zusammentreffen der Kreismittelpunkte nach einem Drehwinkel des Hauptläufers

$$\bar{\alpha} = - \varphi_{12}$$

Die Eingriffslinie ist der Kreisbogen U W in Abb. 11 mit der

Gleichung:

$$x_E = (D_{w1}/2) + r_2 \cos(u_4 - \varphi_{12})$$
$$y_E = r_2 \sin(u_4 - \varphi_{12}) \qquad (66)$$

Die Flanken 7 (Abb. 12) sind die Geradflanken am Nebenläufer und deren Hüllbahn am Hauptläufer.

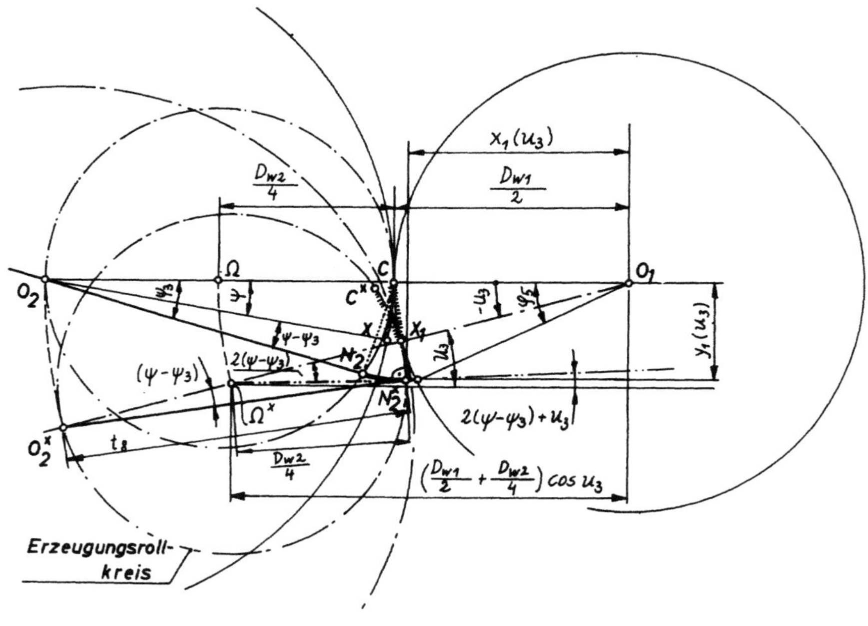

Abb. 15. Erzeugung und Profilbeziehungen der Flanke 7 am Hauptläufer.

Die Erzeugung der Hauptläuferflanke 7 ist in Abb. 15 dargestellt. Rollt der Nebenläuferwälzkreis am festgehalten gedachten Hauptläuferwälzkreis ab, so hüllt der Durchmesser O_2 P_2 die Hauptläuferflanke ein. Für eine beliebige Drehstellung ($O_2{}^x$ in Abb. 15) erhält man den Eingriffspunkt durch Fällen der Flankennormalen auf den Durchmesser durch den Wälzpunkt X_1. Der Eingriffspunkt, der gleichzeitig Punkt der Hauptläuferflanke ist, liegt daher am Thaleskreis zwischen X_1 und $O_2{}^x$ mit dem Durchmesser $D_{w2}/2$. Die Hüllbahn des Durchmessers O_2 P_2 ist daher identisch mit der Punktbahn N_2 bzw. N_2^x des mitrollenden Thaleskreises. Aus Abb. 15 können die Koordinaten des Punktes N_2^x für die allgemeine Stellung ermittelt werden.

Vorerst gilt die Rollbedingung:

$$(\psi - \psi_3)\,(D_{w2}/2) = (D_{w1}/2)\,(u_3 - \varphi_5)$$

Die Koordinaten von N_2^x folgen somit über die Mittelpunktskoordinaten Ω^x zu:

$$x_1 = \left(\frac{D_{w1}}{2} + \frac{D_{w2}}{4}\right) \cos u_3 - \left(\frac{D_{w2}}{4}\right) \cos(2(\psi - \psi_3) + u_3)$$

$$y_1 = \left(\frac{D_{w1}}{2} + \frac{D_{w2}}{4}\right) \sin u_3 - \left(\frac{D_{w2}}{4}\right) \sin(2(\psi - \psi_3) + u_3)$$

Einsetzen für $(\psi - \psi_3)$ liefert:

$$x_1 = \left(\frac{2\,D_{w1} + D_{w2}}{4}\right) \cos u_3 - \frac{D_{w2}}{4} \cos\left(\frac{2\,D_{w1}}{D_{w2}}\,(u_3 - \varphi_5) + u_3\right)$$

$$y_1 = \left(\frac{2\,D_{w1} + D_{w2}}{4}\right) \sin u_3 - \frac{D_{w2}}{4} \sin\left(\frac{2\,D_{w1}}{D_{w2}}\,(u_3 - \varphi_5) + u_3\right)$$

bzw. nach Einsetzen für φ_5 nach Gl. (32) und nach Einführung der Zähnezahlverhältnisse wird:

$$x_1 = \left(\frac{2\,D_{w1} + D_{w2}}{4}\right) \cos u_3 - \frac{D_{w2}}{4} \cos\left(\frac{2\,\bar{z}_1 + \bar{z}_2}{\bar{z}_2}\,u_3 - 2\,\psi_3\right)$$

$$y_1 = \left(\frac{2\,D_{w1} + D_{w2}}{4}\right) \sin u_3 - \frac{D_{w2}}{4} \sin\left(\frac{2\,\bar{z}1 + \bar{z}_2}{\bar{z}_2}\,u_3 - 2\,\psi_3\right)$$

(67)

Der Parameter u_3 durchläuft dabei das Intervall

$$\varphi_5 \leq u_3 \leq 0$$

Rückschwenken der verdrehten Räder $0_2^x\ 0_1$ nach $0_1\ 0_2$ ohne Relativdrehung liefert den Punkt der Eingriffslinie mit der Drehtransformation

$$x_E = x_1 \cos u_3 + y_1 \sin u_3$$
$$y_E = -x_1 \sin u_3 + y_1 \cos u_3$$

für die Eingriffslinie ergibt sich damit:

$$x_E = \left(\frac{2\,D_{w1} + D_{w2}}{4}\right) - \left(\frac{D_{w2}}{4}\right) \cos\left(\frac{2\,\bar{z}_1}{\bar{z}_2}\, u_3 - 2\,\psi_3\right)$$

$$y_E = - \left(\frac{D_{w2}}{4}\right) \sin\left(\frac{2\,\bar{z}_1}{\bar{z}_2}\, u_3 - 2\,\psi_3\right) \qquad (68)$$

Die Eingriffslinie ist ein Kreis mit dem Radius $(D_{w2}/4)$. Ihr Parameter durchläuft ebenfalls den Bereich

$$\varphi_5 \leq u_3 \leq 0$$

Der zu jedem Hauptläuferpunkt gehörige Drehwinkel $\bar{\alpha}$ ist nach Abb. 15

$$\bar{\alpha} = - u_3 \qquad (69)$$

Die Nebenläuferflanke ist eine Gerade, deren Gleichung in Parameterdarstellung lautet:

$$x_2 = t_8 \cos \psi_3$$
$$y_2 = t_8 \sin \psi_3$$

Mit den Parametergrenzen

$$f \leq t_8 \leq (D_{w2}/2)$$

Der Zusammenhang mit dem Parameter u_3 kann nach Abb. 15 angegeben werden.

$$t_8 = (D_{w2}/2) \cos((\bar{z}_1/\bar{z}_2)\, u_3 - \psi_3) \qquad (70)$$

Nun verbleiben noch die beiden Punktbahnen des "Flankenpaares" 8.

Die Nebenläuferflanke 8 entsteht für spielfreie Verzahnung als Punktbahn des Hauptläuferpunktes B_1 beim Abrollen des Hauptläuferwälzkreises am festgehaltenen Nebenläuferwälzkreis (Abb. 16). Für die verdrehte Lage des Hauptläufers O_1^x gelangt der Punkt B_1 nach B_1^x. Seine Koordinaten folgen aus den Beziehungen in Abb. 16.

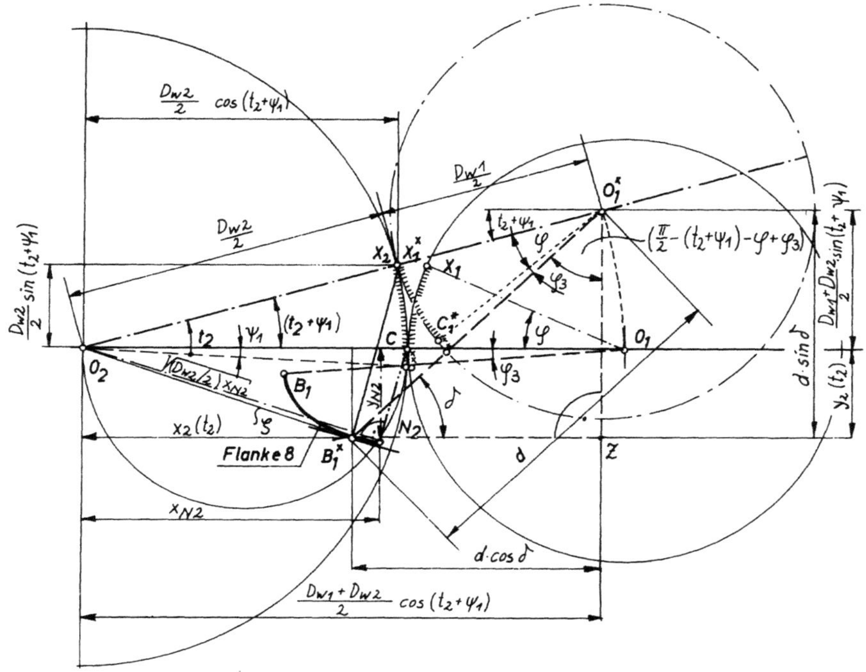

Abb. 16. Erzeugung und Profilbeziehungen der Flanke 8 am Nebenläufer.

Die Rollbedingung liefert:

$$t_2\ (D_{w2}/2) = (\varphi - \varphi_3)(D_{w1}/2)$$

oder

$$(\varphi - \varphi_3) = (\bar{z}_2/\bar{z}_1)\ t_2$$

Aus Abb. 16 erhält man den Winkel δ aus dem Dreieck $O_1{}^x\ B_1{}^x\ Z$ zu

$$\delta = (t_2 + \psi_1) + \varphi - \varphi_3$$

und für $(\varphi - \varphi_3)$ eingesetzt

$$\delta = ((\bar{z}_1 + \bar{z}_2)/\bar{z}_1)\ t_2 + \psi_1$$

Damit lauten die Punktkoordinaten von $B_1{}^x$:

$$x_2 = \left(\frac{D_{w1} + D_{w2}}{2}\right) \cos(t_2 + \psi_1) - d \cos\left(\frac{\bar{z}_1 + \bar{z}_2}{\bar{z}_1} t_2 + \psi_1\right)$$

$$y_2 = \left(\frac{D_{w1} + D_{w2}}{2}\right) \sin(t_2 + \psi_1) - d \sin\left(\frac{\bar{z}_1 + \bar{z}_2}{\bar{z}_1} t_2 + \psi_1\right)$$

oder

$$x_2 = a \cos(t_2 + \psi_1) - d \cos\left(\frac{\bar{z}_1 + \bar{z}_2}{\bar{z}_1} t_2 + \psi_1\right)$$

$$y_2 = a \sin(t_2 + \psi_1) - d \sin\left(\frac{\bar{z}_1 + \bar{z}_2}{\bar{z}_1} t_2 + \psi_1\right) \qquad (71)$$

Der Beginn der Punktbahn ist durch $t_2 = -\psi_1$ gegeben (Punkt B_1 in Nullstellung). Der Endpunkt ist der Punkt N_2 in Abb. 11. Aus dem Dreieck $O_2\ O_1^x\ B_1^x$ folgt mit dem Kosinussatz nach Abb. 16:

$$\zeta^2 = a^2 + d^2 - 2\ a\ d \cos(\varphi - \varphi_3)$$

und

$$\cos(\varphi - \varphi_3) = \cos((\bar{z}_2/\bar{z}_1)\ t_2) = (a^2 + d^2 - \zeta^2)/2\ a\ d$$

Der Flankenendpunkt N mit den Koordinaten x_{2N} und y_{2N} liegt so, daß das Dreieck $O_2\ N_2\ C$ rechtwinkelig wird. Aus dem Kathetensatz folgt:

$$\zeta^2 = (D_{w2}/2)\ x_{2N}$$

Dies eingesetzt liefert für den letzten Flankenpunkt den Parameterwert t_2'.

$$\cos\left(\frac{\bar{z}_2}{\bar{z}_1} t_2'\right) = \frac{a^2 + d^2 - x_{2N}\ (D_{w2}/2)}{2\ a\ d}$$

Für x_{2N} die Beziehung in Gl. (71) eingesetzt, liefert schließlich eine transzendente Bestimmungsgleichung für die Parametergrenze t_2'.

$$\cos\left(\frac{\bar{z}_2}{\bar{z}_1} t_2'\right) = \frac{a^2 + d^2 - (D_{w2}/2)\, a \cos(t_2' + \psi_1)}{2\, a\, d} +$$

$$+ \frac{(D_{w2}/2)\, d \cos\left(\frac{\bar{z}_1 + \bar{z}_2}{\bar{z}_1} t_2' + \psi_1\right)}{2\, a\, d} \qquad (72)$$

Die Gl. (72) kann nur numerisch, etwa mit Hilfe des Newtonschen Näherungsverfahrens gelöst werden. Die Parametergrenzen liegen für t_2 bei

$$-\psi_1 \leq t_2 \leq t_2'$$

Jetzt können auch die bisher noch nicht bestimmten Koordinaten des Punktes N_2 und damit die Strecke f nach Abb. 11 berechnet werden (Gl. (71)).

$$x_{2N} = a \cos(t_2' + \psi_1) - d \cos\left(\frac{\bar{z}_1 + \bar{z}_2}{\bar{z}_1} t_2' + \psi_1\right)$$

$$y_{2N} = a \sin(t_2' + \psi_1) - d \sin\left(\frac{\bar{z}_1 + \bar{z}_2}{\bar{z}_1} t_2' + \psi_1\right) \qquad (73)$$

Der Drehwinkel am Hauptläufer, für den ein beliebiger Punkt der Flanke 8 des Nebenläufers Eingriffspunkt wird, ist nach Abb. 16

$$\alpha = -(t_2 + \psi_1)\, \frac{\bar{z}_2}{\bar{z}_1} \qquad (74)$$

Wird das Flankenspiel τ berücksichtigt, muß die tatsächliche Flanke als Parallelkurve in Abstand τ zur berechneten Flanke gebildet werden. Dadurch ändern sich die Koordinaten des Punktes N_2 geringfügig.

Die Eingriffslinie erhält man wieder durch Rückschwenken der verdrehten Läuferstellung um $-(t_2 + \psi_1)$ vorerst in Nebenläuferkoordinaten und unter Verwendung der Beziehungen Gl. (3) in Hauptläuferkoordinaten.

$$x_E = a - x_1 \cos(t_2 + \psi_1) - y_1 \sin(t_2 + \psi_1)$$
$$y_E = - x_1 \sin(t_2 + \psi_1) + y_1 \cos(t_2 + \psi_1)$$

und

$$x_E = d \cos((\bar{z}_2/\bar{z}_1)\, t_2)$$
$$y_E = - d \sin((\bar{z}_2/\bar{z}_1)\, t_2) \qquad (75)$$

Die Eingriffslinie muß ein Kreis sein, den der Punkt B_1 des Hauptläufers beim Drehen der Verzahnung durchläuft.

Für die Flanke 8 des Nebenläufers muß die Gl. (72) für t_2' numerisch gelöst werden. Dazu eignet sich am besten das Newtonsche Näherungsverfahren. Für den Startwert dieses Verfahrens kann folgender Näherungsansatz gewählt werden:

$$\cos(\frac{\bar{z}_2}{\bar{z}_1}\, t_2') = \frac{a^2 + d^2 - x_{2N}\,(D_{w2}/2)}{2\,a\,d} \approx \frac{a^2 + d^2 - (D_{w2}{}^2/4)}{2\,a\,d}$$

Daraus folgt als erste Näherung für t_2' (Abb. 16):

$$t_{2o}' = \frac{\bar{z}_1}{\bar{z}_2} \arccos \frac{a^2 + d^2 - (D_{w2}{}^2/4)}{2\,a\,d}$$

Jeder neue verbesserte Wert $t_{2_{i+1}}'$ ergibt sich aus dem vorhergehenden Wert t_{2_i}' zu:

$$t_{2_{i+1}}' = t_{2_i}' - \frac{B}{B'}$$

mit

$$B = \frac{a^2 + d^2 - a\,(D_{w2}/2)\cos(t_{2_i}' + \psi_1)}{2\,a\,d} + \frac{d\,(D_{w2}/2)\cos(\frac{\bar{z}_1 + \bar{z}_2}{\bar{z}_1}\, t_{2_i}' + \psi_1)}{2\,a\,d} - \cos(\frac{\bar{z}_2}{\bar{z}_1}\, t_{2_i}')$$

und

$$B' = \left(\frac{D_{w2}}{4\ d}\right) \sin(t_{2_i}' + \psi_1) - \left(\frac{D_{w2}}{4\ a}\right) \sin\left(\frac{\bar{z}_1 + \bar{z}_2}{\bar{z}_1}\ t_{2_i}' + \psi_1\right)\left(\frac{2\ a}{D_{w1}}\right) +$$

$$+ \sin\left(\frac{\bar{z}_2}{\bar{z}_1}\ t_{2_i}'\right)\left(\frac{\bar{z}_2}{\bar{z}_1}\right)$$

Die Punktbahn 8 der Hauptläuferflanke wird durch den Punkt N_2 des Nebenläufers beim Abrollen des Nebenläuferwälzkreises am festen Hauptläuferwälzkreis gebildet (Abb. 17).

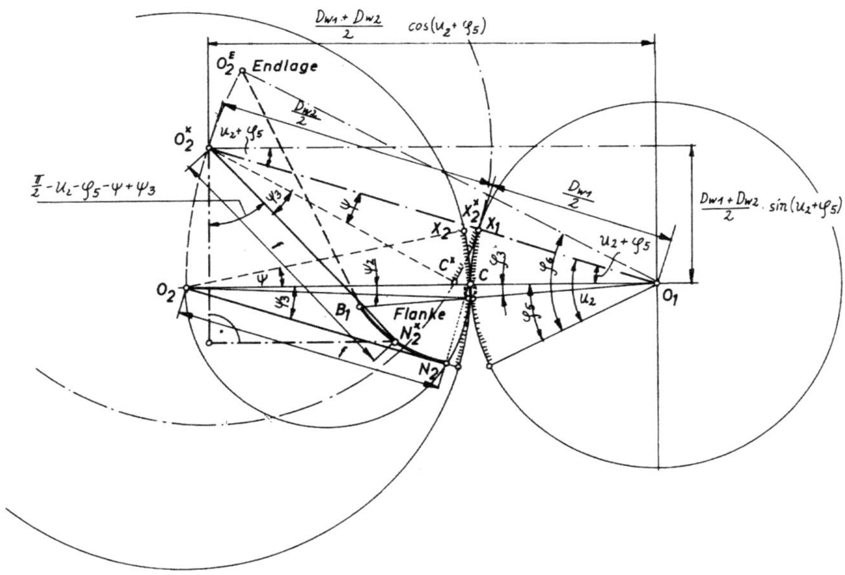

Abb. 17. Erzeugung und Profilbeziehungen der Flanke 8 am Hauptläufer.

In der in Abb. 17 gezeichneten allgemeinen Stellung der Läufer ist N_2 nach N_2^x gelangt. Seine Koordinaten lauten mit der Rollbedingung:

$$(\psi - \psi_3)\ (D_{w2}/2) = u_2\ (D_{w1}/2)$$

oder

$$(\psi - \psi_3) = u_2 \; (\bar{z}_1/\bar{z}_2)$$

$$x_1 = a \cos(u_2 + \varphi_5) - f \cos((u_2 + \varphi_5) + \psi - \psi_3)$$

oder

$$x_1 = a \cos(u_2 + \varphi_5) - f \cos\left(\frac{\bar{z}_1 + \bar{z}_2}{\bar{z}_2} \; u_2 + \varphi_5\right)$$

und analog

$$y_1 = a \sin(u_2 + \varphi_5) - f \sin\left(\frac{\bar{z}_1 + \bar{z}_2}{\bar{z}_2} \; u_2 + \varphi_5\right) \qquad (76)$$

Der Parameter u_2 beginnt mit dem Wert $u_2 = - \varphi_5$, sein Endwert sei φ_6. Diesen erhält man nach Abb. 17 aus dem Dreieck $O_{2E}\; O_1\; B_1$ mit dem Kosinussatz

$$\cos(\varphi_6 + \varphi_5 - \varphi_3) = \frac{a^2 + d^2 - f^2}{2\; a\; d}$$

und

$$\varphi_6 = \varphi_3 - \varphi_5 + \arccos\left(\frac{a^2 + d^2 - f^2}{2\; a\; d}\right) \qquad (77)$$

sodaß nun gilt:

$$- \varphi_5 \leq u_2 \leq \varphi_6$$

Der zu jedem Eingriffspunkt der Flanke gehörende Drehwinkel des Hauptläufers folgt aus Abb. 17 zu:

$$\bar{\alpha} = - (u_2 + \varphi_5)$$

Die Eingriffslinie erhält man wieder durch Rückschwenken des Radpaares um $- (u_2 + \varphi_5)$.

$$x_E = a - f \cos((\bar{z}_1/\bar{z}_2) \; u_2)$$
$$y_E = \quad - f \sin((\bar{z}_1/\bar{z}_2) \; u_2) \qquad (78)$$

mit

$$- \varphi_5 \leq u_2 \leq \varphi_6$$

Die Eingriffslinie ist wieder die Kreisbahn des erzeugenden Punktes N_2 beim Drehen des Nebenläufers.

Damit sind die Flankengleichungen für die Nullstellung der Verzahnung und die Eingriffslinie in analytischer Form gegeben. Die Flankengleichungen wurden mit Berücksichtigung eines Flankenspiels abgeleitet. Die Eingriffslinien sind für spielfreien Gang der Verzahnung erstellt.

3.2.3 Verschraubung des Stirnprofils, Flankenschraubflächen und Berührungslinien

Die schrägverzahnten Verdichterläufer entstehen durch Verschrauben des in 3.2.2 behandelten Stirnschnittes der Läuferverzahnung mit der Läuferachse, als Achse der Schraubung.

Wird eine Linie verschraubt, so bedeutet dies eine Drehung dieser Linie und gleichzeitig eine Längsverschiebung derselben entlang der Drehachse, wobei Schiebestrecke und Drehwinkel proportional sind /20/. Für den Drehwinkel von 2π heißt die zugehörige Schiebestrecke die Ganghöhe h der Schraubung.

Zu jedem beliebigen Drehwinkel α ist die zugehörige Schiebestrecke dann

$$z = (h/2\,\pi)\,\alpha \tag{79}$$

Der Ausdruck $h/2\pi$ heißt Schraubparameter. Denkt man sich nun durch die beiden schrägverzahnten, im Eingriff befindlichen Verdichterläufer in einem beliebigen Abstand z einen Schnitt parallel zur xy-Ebene gelegt (Abb. 18), so erscheint in diesem Schnitt die Verzahnung gegenüber der Ebene z = 0 in verdrehter Zahnstellung, wobei nach Gl. (79) gelten muß:

Verdrehung γ_1 des Hauptläufers (Hauptläuferganghöhe h_1)

$$\gamma_1 = z\,(2\pi/h_1)$$

Verdrehung γ_2 des Nebenläufers (Nebenläuferganghöhe h_2)

$$\gamma_2 = z\,(2\pi/h_2)$$

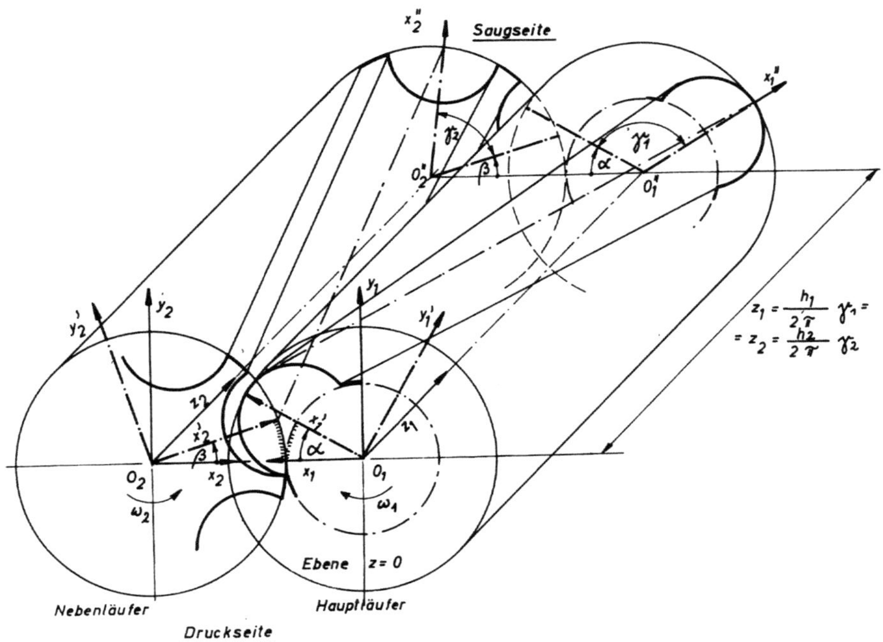

Abb. 18. Verschraubung des Stirnprofils der Läufer in allgemeiner Stellung.

Da die Verzahnung in jedem Stirnschnitt das erste Verzahnungsgesetz erfüllen muß, gilt für die Drehwinkel:

$$\gamma_1 / \gamma_2 = \bar{z}_2 / \bar{z}_1$$

sodaß zwischen Haupt- und Nebenläufersteigung die Beziehung

$$h_2 = h_1 \; (\bar{z}_2 / \bar{z}_1) \tag{80}$$

entsteht.

Die Steigungsrichtungen von Haupt- und Nebenläufer sind entsprechend der Winkelzählung nach Abb. 18 gegensinnig. Der Steigungswinkel der Zähne am Wälzkreis des Nebenläufers folgt aus der Abwicklung der Schraubenlinie am Wälzzylinder zu:

$$\operatorname{tg} \alpha^x{}_2 = h_2 / (D_{w2} \; \pi)$$

Die Zahnstärke σ_N des Nebenläuferzahnes im Normalschnitt wird damit:

$$\sigma_N = \sigma \sin \alpha^{x}{}_{2}$$

Stehen die Läufer in der Ebene z = 0 in der Nullstellung, mit den Flankenkoordinaten nach 3.2.2 in Parameterform

$$x_1 = x_1(u) \qquad y_1 = y_1(u) \qquad z_1 = 0$$
$$x_2 = x_2(t) \qquad y_2 = y_2(t) \qquad z_2 = 0$$

so lauten die Flankenkoordinaten in einem beliebigen Schnitt z = konst. mit der Drehtransformationsmatrix

$$\begin{pmatrix} \cos\gamma & -\sin\gamma \\ \sin\gamma & \cos\gamma \end{pmatrix}$$

Für den Hauptläufer mit den Bezeichnungen nach Abb. 18

$$\begin{aligned} x_1 &= x_1''(u) \cos \gamma_1 - y_1''(u) \sin \gamma_1 \\ y_1 &= x_1''(u) \sin \gamma_1 + y_1''(u) \cos \gamma_1 \\ z_1 &= (h_1/2\pi)\, \gamma_1 \end{aligned} \tag{81}$$

und für den Nebenläufer

$$\begin{aligned} x_2 &= x_2''(t) \cos((\bar{z}_1/\bar{z}_2)\, \gamma_1) - y_2''(t) \sin((\bar{z}_1/\bar{z}_2)\, \gamma_1) \\ y_2 &= x_2''(t) \sin((\bar{z}_1/\bar{z}_2)\, \gamma_1) + y_2''(t) \cos((\bar{z}_1/\bar{z}_2)\, \gamma_1) \\ z_2 &= (h_1/2\pi)\, \gamma_1 \end{aligned} \tag{82}$$

Für eine allgemeine Läuferstellung (Abb. 18) befindet sich die Verzahnung auch in der Ebene z = 0 in einer durch die Drehwinkel α bzw. β gekennzeichneten verdrehten Stellung (Abb. 18). Die Gln. (81) und (82) eines beliebigen Flankenpunktes am Haupt- bzw. Nebenläufer lauten dann sinngemäß:

$$\begin{aligned} x_1(u, \gamma_1, \alpha) &= x_1''(u) \cos(\alpha + \gamma_1) - y_1''(u) \sin(\alpha + \gamma_1) \\ y_1(u, \gamma_1, \alpha) &= x_1''(u) \sin(\alpha + \gamma_1) + y_1''(u) \cos(\alpha + \gamma_1) \\ z_1(\gamma_1) &= (h_1/2\pi)\, \gamma_1 \end{aligned} \tag{83}$$

und

$$x_2(t,\ \gamma_1,\ \alpha) = x_2''(t)\ \cos((\alpha+\gamma_1)\ \frac{\bar{z}_1}{\bar{z}_2}) - y_2''(t)\ \sin((\alpha+\gamma_1)\ \frac{\bar{z}_1}{\bar{z}_2})$$

$$y_2(t,\ \gamma_1,\ \alpha) = x_2''(t)\ \sin((\alpha+\gamma_1)\ \frac{\bar{z}_1}{\bar{z}_2}) + y_2''(t)\ \cos((\alpha+\gamma_1)\ \frac{\bar{z}_1}{\bar{z}_2})$$

$$z_2(\gamma_1) = (h_1/2\pi)\ \gamma_1 \qquad (84)$$

Die Gln. (83) und (84) stellen jeweils eine Flächenschar für die Haupt- und für die Nebenläuferflanken dar. Für $x_1''(u)$, $y_1''(u)$, $x_2''(t)$, $y_2''(t)$ sind die Flankenkoordinaten in Nullstellung nach 3.2.2 einzusetzen (Abb. 18).

Für konstanten Scharparameter erhält man die Flankenschraubflächen einer bestimmten Drehstellung in der allgemeinen Form

$$\boldsymbol{X}_1(x_1,\ y_1,\ z_1) = \boldsymbol{X}_1(\gamma_1,\ u)$$
$$\boldsymbol{X}_2(x_2,\ y_2,\ z_2) = \boldsymbol{X}_2(\gamma_1,\ t)$$

wobei $\boldsymbol{X}_1$ und $\boldsymbol{X}_2$ die Ortsvektoren der Flankenschraubflächen darstellen.

Im Stirnschnitt liegen die Flanken im Eingriffspunkt bzw. in den Eingriffspunkten aneinander. Die Flankenschraubflächen der verschraubten Radflanken berühren einander in einer bestimmten Drehstellung der Läufer entlang einer allgemeinen Raumkurve - der Berührungslinie. Diese Berührungslinie gehört sowohl der Haupt- als auch der Nebenläuferflankenschraubfläche an und trennt den Zahnlückenraum der Druckseite von der Saugseite der Verzahnung.

Die Gleichungen dieser Berührungslinien können durch folgende Überlegung recht einfach erhalten werden.

Denkt man sich die Läufer in einer bestimmten Drehstellung festgehalten und legt man in engen Abständen Schnitte z = konst. durch die Läufer, so ergibt sich beim Fortschreiten von einer Schnittebene zur nächsten mit zunehmendem z-Abstand zufolge der Verschraubung der Zähne eine scheinbare Drehung des Stirnschnittes der Verzahnung. Dabei durchwandert der zu jedem

Schnitt gehörige Eingriffspunkt die Eingriffslinie des Stirnschnittes. Die Eingriffslinie kann daher auch als Grundriß der Berührungslinie der schrägverzahnten Läufer angesehen werden. Der zu jedem Eingriffslinienpunkt x_E, y_E in $z = 0$ gehörige z-Abstand der Berührungslinie der verschraubten Flanken kann aus dem Drehwinkel, der notwendig wäre, damit der betrachtete Eingriffslinienpunkt zum Flankenberührpunkt wird, mittels des Schraubparameters berechnet werden.

Da in den Ableitungen der Flankengleichungen in 3.2.2 zu jedem Punkt der Flanke und auch der Eingriffslinie nicht nur dessen Koordinaten x und y, sondern auch als zusätzliche Information der Drehwinkel $\bar{\alpha}$, bei dem der jeweilige Punkt Eingriffspunkt wird, ermittelt wurde, können die z-Abstände der Berührungslinien nun leicht angegeben werden. Für eine allgemeine Läuferstellung, gekennzeichnet durch den Hauptläuferdrehwinkel α, erhält man die Berührungsliniengleichungen der einzelnen Flankenstücke 1 bis 8 entsprechend den Gleichungen für die Eingriffslinien in 3.2.2. Die z-Abstände folgen aus der Beziehung (rechtssteigende Hauptläufer vorausgesetzt) zu:

$$z = -\frac{h_1}{2\pi}\,(-\bar{\alpha} + \alpha)$$

Für linkssteigende Hauptläufer wäre lediglich das Vorzeichen für z umzudrehen. Die dabei entstehenden spiegelbildlichen Läufer sind völlig gleichwertig.

Aus den Eingriffsliniengleichungen nach 3.2.2 erhält man damit die Berührungsliniengleichungen der einzelnen Flankenstücke in Parameterform.

Flanke 1:

$$\begin{aligned} x_E &= (D_{w1}/2) + r_1 \cos u_1 \\ y_E &= r_1 \sin u_1 \\ z_E &= -\,(h_1/2\pi)\,\alpha \\ \varphi_2 &\le u_1 \le \varphi_1 \end{aligned} \qquad (85)$$

Flanke 2:

$$x_E = a - g\cos(u_6(\bar{z}_1/\bar{z}_2)) + \rho\cos(u_6(\bar{z}_1/\bar{z}_2) +$$

$$+ \operatorname{arctg}\frac{(D_{w2}/2)\sin(u_6(\bar{z}_1/\bar{z}_2))}{g - (D_{w2}/2)\cos(u_6(\bar{z}_1/\bar{z}_2))})$$

$$y_E = \quad - g\sin(u_6(\bar{z}_1/\bar{z}_2)) + \rho\sin(u_6(\bar{z}_1/\bar{z}_2) +$$

$$+ \operatorname{arctg}\frac{(D_{w2}/2)\sin(u_6(\bar{z}_1/\bar{z}_2))}{g - (D_{w2}/2)\cos(u_6(\bar{z}_1/\bar{z}_2))})$$

$$z_E = -(h_1/2\pi)(u_6 + \varphi_4 + \alpha)$$

$$-\varphi_4 \leq u_6 \leq \varphi_7 \qquad (86)$$

Flanke 3:

$$x_E = (D_{w1}/2) + r_2\cos(u_7 - \varphi_8)$$

$$y_E = \qquad\qquad r_2\sin(u_7 - \varphi_8)$$

$$z_E = -(h_1/2\pi)(\varphi_8 + \alpha)$$

$$\varphi_8 - \pi \leq u_7 \leq \varphi_{10} \qquad (87)$$

Flanke 4:

$$x_E = (D_{w1}/2) - r_2$$

$$y_E = 0$$

$$z_E = -(h_1/2\pi)(u_8 + \alpha)$$

$$\varphi_8 \leq u_8 \leq \varphi_{11} \qquad (88)$$

Flanke 5:

$$x_E = (D_{w1}/2) - r_2$$

$$y_E = 0$$

$$z_E = -(h_1/2\pi)(u_5 + \alpha)$$

$$\varphi_{14} \leq u_5 \leq \varphi_{12} \qquad (89)$$

Flanke 6:

$$x_E = (D_{w1}/2) + r_2\cos(u_4 - \varphi_{12})$$

$$y_E = r_2 \sin(u_4 - \varphi_{12})$$
$$z_E = -(h_1/2\pi)(\varphi_{12} + \alpha)$$
$$\varphi_{13} \leq u_4 \leq \varphi_{15} \qquad (90)$$

Flanke 7:

$$x_E = \left(\frac{D_{w2}}{4} + \frac{D_{w1}}{2}\right) - (D_{w2}/4)\cos\left(\frac{2\,\bar{z}_1}{\bar{z}_2}u_3 - 2\,\psi_3\right)$$

$$y_E = \qquad - (D_{w2}/4)\sin\left(\frac{2\,\bar{z}_1}{\bar{z}_2}u_3 - 2\,\psi_3\right)$$

$$z_E = -(h_1/2\pi)(u_3 + \alpha)$$
$$\varphi_5 \leq u_3 \leq 0 \qquad (91)$$

Flanke 8 - Hauptläuferpunktbahn B_2 T:

$$x_E = d\cos((\bar{z}_2/\bar{z}_1)\,t_2)$$
$$y_E = -d\sin((\bar{z}_2/\bar{z}_1)\,t_2)$$
$$z_E = -(h_1/2\pi)((\bar{z}_2/\bar{z}_1)(t_2 + \psi_1) + \alpha)$$
$$-\psi_1 \leq t_2 \leq t_2' \qquad (92)$$

Flanke 8 - Nebenläuferpunktbahn N_2 T:

$$x_E = a - f\cos((\bar{z}_1/\bar{z}_2)\,u_2)$$
$$y_E = \quad - f\sin((\bar{z}_1/\bar{z}_2)\,u_2)$$
$$z_E = -(h_1/2\pi)(u_2 + \varphi_5 + \alpha)$$
$$-\varphi_5 \leq u_2 \leq \varphi_6 \qquad (93)$$

In Abb. 19 ist der Verlauf der Berührungslinien für ein Läuferpaar mit asymmetrischem SRM-Profil in üblicher Ausführung axonometrisch dargestellt.

Die Läuferverzahnung ist durch folgende Daten gegeben:

Hauptläuferzähnezahl	$\bar{z}_1 = 4$	Durchmesser	$D_2' = 101{,}2$
Nebenläuferzähnezahl	$\bar{z}_2 = 6$	Stg. am Hauptl.	$h_1 = 180$
Achsabstand	$a = 80$	Winkel	$\varphi_1 = 9°$
Außendurchmesser	$D_1 = D_2 = 102$		$\varphi_2 = -10°$

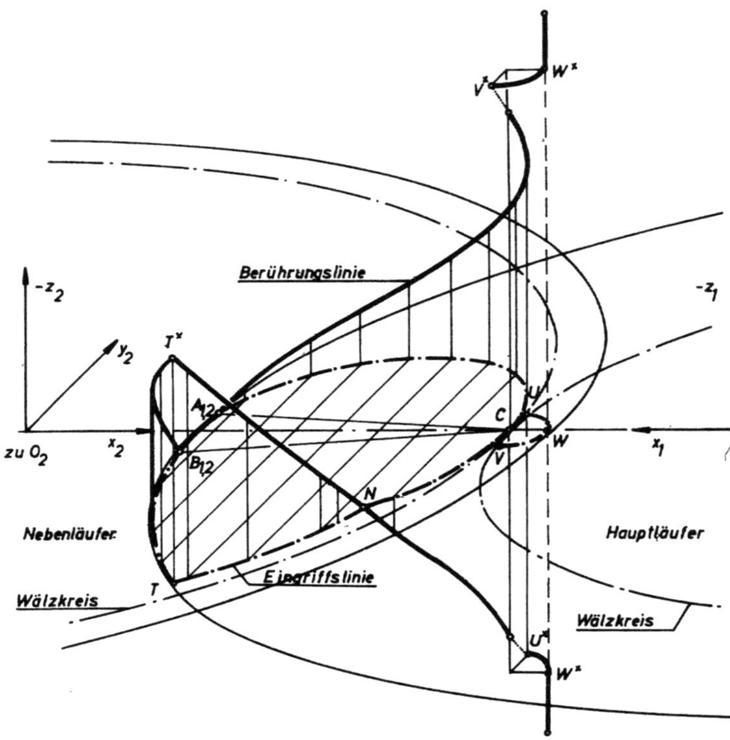

Abb. 19. Eingriffslinie und Berührungslinie beim asymmetrischen SRM-Profil in axonometrischer Darstellung.

Wie bereits erwähnt, weist die Berührungslinie so wie die Eingriffslinie im Bereich C U bzw. C V eine Unterbrechung auf. In diesem Bereich gibt es keine Flankenberührung. Der entstehende Spalt ist aber so klein, daß er gegenüber dem Spalt, der längs der Berührungslinie durch das Flankenspiel τ ohnehin entsteht, vernachlässigt werden kann, solange die Radien r_2 nicht unverhältnismäßig groß werden.

Für die Bogenlängenberechnung der Berührungslinien kann daher die Überbrückung dieser Unterbrechung am zweckmäßigsten durch eine Gerade erfolgen (Abb. 19). Der gezeichnete Linienzug setzt sich nach oben und unten immer weiter über die gesamte Läuferlänge fort.

Der einem Zahn in Läuferdrehrichtung vorausgehende Zahn weist dabei eine Flankenverdrehung gegenüber der Nullstellung von

$$\alpha + (2\pi/\bar{z}_1)$$

auf. Die mit diesem Winkel berechnete Berührungslinie schließt unmittelbar an den mit α berechneten Linienzug an (Abb. 19). Beim Drehen der Verzahnung verschieben sich entsprechend den Gln. (85) bis (93) die Berührungslinien in z-Richtung. Darauf beruht letzlich die Funktionsweise des Schraubenverdichters (vgl. Abb. 1 bis 4).

Jener Teil des Berührungslinienzuges, welcher einen Zahnlückenraum bei der Verdichtung abschließt, beginnt an der saugseitigen Kammerbegrenzung (Abb. 1 bis 4) am Zahnkopf des Zahnes, der durch den Drehwinkel α gekennzeichnet ist (Punkt B nach Abb. 11 und Abb. 19) und durchläuft die Eingriffslinie im Uhrzeigersinn (Abb. 11 und 19) bis zum Punkt J.

Die Berührungslinie setzt sich dann am nächstfolgenden Zahn, der den Zahnlückenraum druckseitig abschließt und durch den um den Zahnteilungswinkel verdrehten Wert

$$\alpha + (2\pi/\bar{z}_1)$$

gekennzeichnet ist, fort, über die Flankenteile S Q P N wieder bis zum Zahnkopf B (Abb. 11 und 19).

Will man nun diese Begrenzungslinie eines Zahnlückenraumes, beginnend vom Zahnkopf des Zahnes, der die saugseitige Begrenzung der Lücke bildet und durch den Drehwinkel α aus der Nullstellung gekennzeichnet ist, bis zum Zahnkopf, der die druckseitige Begrenzung der Lücke bildet, berechnen, muß man der Reihe nach mit den Gln. (92), (85), (86), (87) und (88) mit dem Winkel α beginnen und über die Gln. (89), (90), (91) und (93) mit dem Drehwinkel $\alpha + (2\pi/\bar{z}_1)$ fortsetzen.

Zufolge des Flankenspiels der Läufer entsteht entlang der Berührungslinien ein Leckspalt. Seine Fläche kann näherungsweise aus dem Produkt Spaltlänge mal wirksamer Spalthöhe gebildet werden.

Die Bogenlänge des Berührungslinienzuges eines Lückenraumes erhält man dann zu

$$l_{B-Lin}(\alpha) = \int_{u_1^x}^{u_2^x} \sqrt{\dot{x}_E(u)^2 + \dot{y}_E(u)^2 + \dot{z}_E(u)^2}\; du \qquad (94)$$

wobei u hier ganz allgemein der Parameter in den Gln. (85) bis (93) ist und α den Drehwinkel des Zahnes, der die Lücke gegen die Saugseite hin abschließt, kennzeichnet (Abb. 18).

Die Integrationsgrenzen u_1^x und u_2^x sind nach den Gln. (85) bis (93) $u_1^x = t_2'$ und $u_2^x = \varphi_6$, solange der volle Berührungslinienzug innerhalb der Läuferlänge liegt. Für Drehwinkel α, welche in den Gln. (85) bis (93) z-Werte ergeben, die nicht innerhalb der Läuferlänge liegen, muß die Integration bei jenem Parameterwert u_1^x bzw. u_2^x beendet werden, dem der z-Wert der Läuferbegrenzung

$$z_E = 0 \quad \text{oder} \quad z_E = L$$

mit L als Läuferlänge entspricht.

Es gilt

$$u_1^x(\alpha) = \begin{cases} t_2' & \text{für} \quad 0 \leq z(u_1^x,\alpha) \leq L \\ u & \text{für} \quad z(u,\alpha) = L \end{cases}$$

und

$$u_2^x(\alpha) = \begin{cases} \varphi_6 & \text{für} \quad 0 \leq z(u_2^x,\alpha) \leq L \\ u & \text{für} \quad z(u,\alpha) = L \end{cases}$$

Auf Grund der Kompliziertheit der Ausdrücke für den Integranden erweist es sich als zweckmäßig, die Integration numerisch für eine nach den Berührungsliniengleichungen berechnete Punktfolge $x_E(J)$, $y_E(J)$, $z_E(J)$ für verschiedene Drehwinkelstellungen durchzuführen. Durch eine Abfrage vor jedem neuen Integrationsschritt über die Größe $z_E(J)$ kann der Integrationsbereich einfach festgestellt werden. Für das Bogenelement Δl_{B-Lin} gilt dann:

$$\Delta l_{B-Lin}(\alpha,J) = 0 \quad \text{für} \quad z_E(J) > L,\ z_E(J) < 0$$

$$\Delta l_{B-Lin}(\alpha,J) =$$
$$= \sqrt{(x_E(J)-x_E(J-1))^2+(y_E(J)-y_E(J-1))^2+(z_E(J)-z_E(J-1))^2}$$
$$\text{für} \quad 0 \leq z_E(J) \leq L$$

$$l_{B-Lin}(\alpha) = \sum_J \Delta l_{B-Lin}(\alpha,J) \qquad (95)$$

3.2.4 Die Spaltlängen an den Läuferzahnköpfen einer Verdichterkammer

Die Abb. 1 bis 4 zeigen ein Zahnlückenpaar auf der Verdichtungsseite der Läufer. Die Lage der Zahnlücke soll im weiteren immer durch die Lage α desjenigen Hauptläuferzahnes gekennzeichnet werden, der die Zahnlücke nach der Saugseite hin (in den Abb. 1 bis 4 hinten) begrenzt.

Die vordere nach der Druckseite der Läufer gerichtete Kammerbegrenzung wird durch den Hauptläuferzahn mit der durch $\alpha + (2\pi/\bar{z}_1)$ gegebenen Drehwinkelstellung gebildet.

Für $\alpha = 0$ verschwindet dann das Lückenvolumen (Abb. 4). Der Ausschiebevorgang ist beendet. Dreht man nun den Verdichterläufer aus dieser Stellung zurück, öffnet sich die betrachtete Zahnlücke. Dabei müssen die Winkelstellungen auf Grund der eingeführten Zählrichtung für die in den Abb. 1 bis 3 dargestellten Läuferlagen durch negative Werte α ausgedrückt werden.

Die Begrenzung der Zahnlücke auf der Druckseite der Läufer wird gegen die Gehäusebohrungen durch Schraubenlinien der Läuferkopfpunkte gebildet. Die Begrenzung nach unten, also nach der saugseitig gelegenen nachfolgenden Zahnlücke erfolgt durch den Hauptläuferzahnkopf mit dem Winkel α und seinem zugehörigen Nebenläuferzahnkopf (Punkt S_2 in Abb. 11).

Die druckseitige Begrenzung wird durch das entsprechende Kopfpaar mit dem Drehwinkel $\alpha + (2\pi/\bar{z}_1)$ gebildet. Um nun die tatsächlichen Schraubenlinienlängen berechnen zu können, muß vorerst die gemeinsame Erzeugende in den Zylindermäntel der Gehäusebohrungen festgelegt werden (Abb. 20).

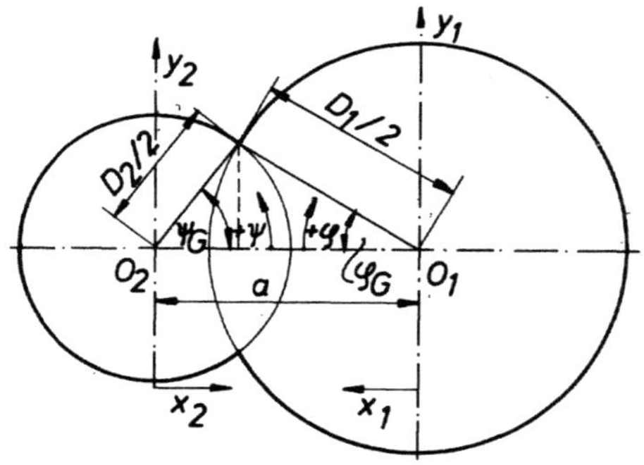

Abb. 20. Winkel an den Gehäusebohrungen.

Aus der Abb. 20 erhält man die Lage der Gehäusekante durch die Winkel φ_G und ψ_G mit dem Kosinussatz.

$$\varphi_G = \arccos \frac{(D_1/2)^2 + a^2 - (D_2/2)^2}{D_1\, a}$$

$$\psi_G = \arccos \frac{(D_2/2)^2 + a^2 - (D_1/2)^2}{D_2\, a} \qquad (96)$$

Die Gleichung der Schraubenlinie des Kopfpunktes des druckseitigen Hauptläuferzahnes lautet:

$$x_{1K} = (D_1/2)\cos(u_9 + \alpha + \frac{2\pi}{\bar{z}_1})$$

$$y_{1K} = (D_1/2)\sin(u_9 + \alpha + \frac{2\pi}{\bar{z}_1})$$

$$z_{1K} = (h_1/2\pi)\, u_9 \qquad (97)$$

Die Bogenlänge dieser Schraubenlinie beträgt zwischen den beiden Parametergrenzen $\bar{u}_9$ und $\bar{\bar{u}}_9$

$$l_{KD1}(\alpha) = (\bar{\bar{u}}_9 - \bar{u}_9)\sqrt{(D_1/2)^2 + (h_1/2\pi)^2} \tag{98}$$

Zur Festlegung der Grenzen $\bar{u}_9$ und $\bar{\bar{u}}_9$ müssen mehrere Fallunterscheidungen getroffen werden.

Beginnt man mit der Läuferstellung am Verdichtungsende und dreht die Läufer zurück, bis zur Anfangsstellung am Verdichtungsbeginn, so ist der erste Bereich jener zwischen

$$\alpha + (2\pi/\bar{z}_1) = 0$$

und

$$\alpha + (2\pi/\bar{z}_1) = -\varphi_G$$

In diesem Bereich berührt der Zahnkopf der druckseitigen Lückenbegrenzung nicht die Gehäusebohrungen. Daher gilt:

$$l^{I}_{KD1}(\alpha) = 0 \quad \text{für} - (\varphi_G + \alpha + \frac{2\pi}{\bar{z}_1}) \leq 0 \tag{99}$$

Wird das Läuferpaar weiter zurückgedreht, läuft die Kopfspaltlinie vom jeweiligen Drehwinkel der Ebene $z = 0$ bis zur Gehäusekante. Somit wird:

$$l^{II}_{KD1}(\alpha) = -(\varphi_G + \alpha + \frac{2\pi}{\bar{z}_1})\sqrt{(D_1/2)^2 + (h_1/2\pi)^2} \tag{100}$$

für

$$0 \leq -(\varphi_G + \alpha + \frac{2\pi}{\bar{z}_1}) \leq \varphi_H$$

wobei φ_H der Verschraubungswinkel des Hauptläuferzahnes über die gesamte Hauptläuferlänge L gemäß

$$\varphi_H = L\,(2\pi/h_1) \tag{101}$$

ist. Ferner muß nach Abb. 20 gelten, daß der Beginn der Schraubenlinie in $z = 0$ noch an der Bohrung liegen muß.

$$(\alpha + (2\pi/\bar{z}_1)) \geq \varphi_G - 2\pi$$

Ist der Verschraubungswinkel am Hauptläufer φ_H klein, kommt der Zahn völlig außer Eingriff. Für diesen Fall ist die Länge der Kopfschraublinie zwischen z = 0 und z = L konstant.

$$l_{KD1}^{III}(\alpha) = \varphi_H \sqrt{(D_1/2)^2 + (h_1/2\pi)^2} \tag{102}$$

für

$$-(\varphi_G + \alpha + (2\pi/\bar{z}_1)) \geq \varphi_H$$

und

$$(\alpha + (2\pi/\bar{z}_1)) \geq \varphi_G - 2\pi$$

Erreicht der Zahnkopf in z = 0 für große negative Drehwinkel etwa nach Abb. 1 den Bereich außerhalb des Zylindermantels der Bohrung, muß von der Bogenlänge der Gln. (100) und (102) das Stück abgezogen werden, das zwischen Zahnkopf in z = 0 und der Gehäusekante an der Oberseite liegt (Abb. 20). Es gilt dann:

$$l_{KD1}^{IV}(\alpha) = l_{KD1}^{II,III}(\alpha) + (\alpha + \frac{2\pi}{\bar{z}_1} + 2\pi - \varphi_G) \sqrt{(D_1/2)^2 + (h_1/2\pi)^2} \tag{103}$$

für

$$(\alpha + (2\pi/\bar{z}_1)) \leq \varphi_G - 2\pi$$

Der Nebenläuferspalt an der druckseitigen Lückenbegrenzung entsteht durch Verschraubung des Punktes S_2 in Abb. 11. Die Gleichung der Schraubenlinie lautet in Nebenläuferkoordinaten:

$$x_{K2} = (D_2/2)\cos(\psi_6 + \frac{\bar{z}_1}{\bar{z}_2}(u_{10} + \alpha + \frac{2\pi}{\bar{z}_1}))$$

$$y_{K2} = (D_2/2)\sin(\psi_6 + \frac{\bar{z}_1}{\bar{z}_2}(u_{10} + \alpha + \frac{2\pi}{\bar{z}_1}))$$

$$z_{K2} = (h_1/2\pi)\, u_{10} \tag{104}$$

Die Bogenlänge wird damit zu:

$$l_{KD2} = (\bar{\bar{u}}_{10} - \bar{u}_{10}) \sqrt{(D_2/2)^2 (\bar{z}_1/\bar{z}_2)^2 + (h_1/2\pi)^2} \tag{105}$$

Mit den Fallunterscheidungen analog zum Hauptläufer:

$$l^{I}_{KD2} = 0 \quad \text{für} \; -\left((\psi_G + \psi_6)\frac{\bar{z}_2}{\bar{z}_1} + \alpha + \frac{2\pi}{\bar{z}_1}\right) \leq 0 \qquad (106)$$

$$l^{II}_{KD2} = -\left((\psi_G + \psi_6)\frac{\bar{z}_2}{\bar{z}_1} + \alpha + \frac{2\pi}{\bar{z}_1}\right) \sqrt{(D_2/2)^2\left(\frac{\bar{z}_1}{\bar{z}_2}\right)^2 + (h_1/2\pi)^2} \qquad (107)$$

für

$$0 \leq -\left((\psi_G + \psi_6)\frac{\bar{z}_2}{\bar{z}_1} + \alpha + \frac{2\pi}{\bar{z}_1}\right) \leq \varphi_H$$

und

$$\left(\frac{\bar{z}_1}{\bar{z}_2}\alpha + \frac{2\pi}{\bar{z}_2} + \psi_6\right) \geq \psi_G - 2\pi$$

$$l^{III}_{KD2} = \varphi_H \sqrt{(D_2/2)^2 \left(\frac{\bar{z}_1}{\bar{z}_2}\right)^2 + (h_1/2\pi)^2} \qquad (108)$$

für

$$-\left((\psi_G + \psi_6)\frac{\bar{z}_2}{\bar{z}_1} + \alpha + \frac{2\pi}{\bar{z}_1}\right) \geq \varphi_H$$

und

$$\left(\frac{\bar{z}_1}{\bar{z}_2}\alpha + \frac{2\pi}{\bar{z}_2} + \psi_6\right) \geq \psi_G - 2\pi$$

und schließlich für

$$\left(\frac{\bar{z}_1}{\bar{z}_2}\alpha + \frac{2\pi}{\bar{z}_2} + \psi_6\right) \leq \psi_G - 2\pi$$

$$l^{IV}_{KD2} = l^{II,III}_{KD2} + \left(\frac{\bar{z}_1}{\bar{z}_2}\alpha + \frac{2\pi}{\bar{z}_2} + \psi_6 + 2\pi - \psi_G\right) \cdot$$

$$\sqrt{(D_2/2)^2 \left(\frac{\bar{z}_1}{\bar{z}_2}\right)^2 + (h_1/2\pi)^2} \qquad (109)$$

Die saugseitigen Kopfspalte:

Die saugseitigen Kopfspalte errechnen sich genau so wie die druckseitigen Kopfspalte, nur muß in allen Gleichungen und Fallunterscheidungen das Zahnkopfpaar mit dem Drehwinkel α betrachtet werden. Es ist somit in den Gln. (97) bis (109) der Winkel $(\alpha + (2\pi/\bar{z}_1))$ durch α zu ersetzen.

Die Spaltlängen werden dann analog mit l_{KS1} für den Hauptläuferkopf und l_{KS2} für den Nebenläuferkopf bezeichnet.

3.3 Das Blasloch der Läuferverzahnung

3.3.1 Allgemeines

Das Blasloch der Verdichterverzahnung entsteht dadurch, daß die Berührungslinie, längs derer die Zahnflanken von Haupt- und Nebenläuferzahn eines im Eingriff stehenden Zahnpaares aneinander liegen, nicht bis zur Gehäusekante, welche als Schnitt der beiden Gehäusebohrungen entsteht, reicht (Abb. 11 und 19).

Aus den Abb. 11 und 19 ist zu ersehen, daß nicht nur auf der Druckseite der Läufer (Punkt T der Eingriffslinie), sondern auch saugseitig eine Blaslochöffnung entsteht. Die saugseitige Blaslochöffnung ist viel größer als die druckseitige und reicht bis zum Punkt A (Abb. 11). Sie spielt aber für den Wirkungsgrad und die Leckmengen im Verdichter keine Rolle, da keine nennenswerten Druckunterschiede zwischen zwei Zahnlücken an der Saugseite auftreten können.

An der Druckseite jedoch ist die Blaslochgröße für die Brauchbarkeit einer Läuferverzahnung von entscheidender Bedeutung. In den Abb. 21 und 22 sind die Blaslöcher des Läuferpaares eines Schraubenverdichters mit asymmetrischem SRM-Profil zu sehen. Die gemeinsame Erzeugende im Schnitt der Gehäusebohrungen ist in den Abb. 21 und 22 durch den Stab angedeutet.

Die Berechnung der für die Leckströmung von einem Zahnlückenraum zum nächstfolgenden Zahnlückenraum maßgebenden Blaslochfläche ist allerdings nicht ohne weiteres möglich.

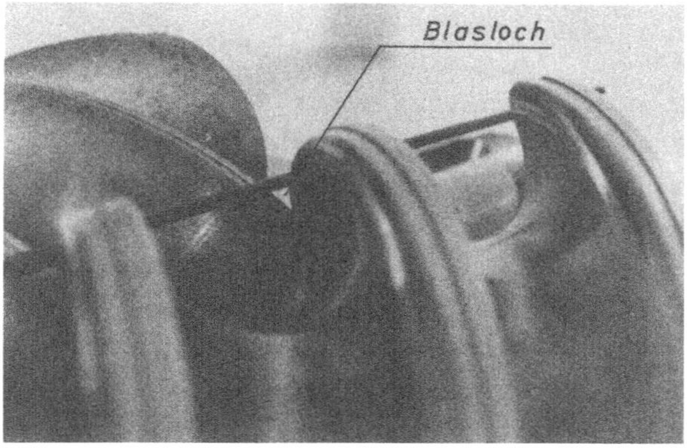

Abb. 21. Blasloch auf der Druckseite einer Schraubenverdichterverzahnung.

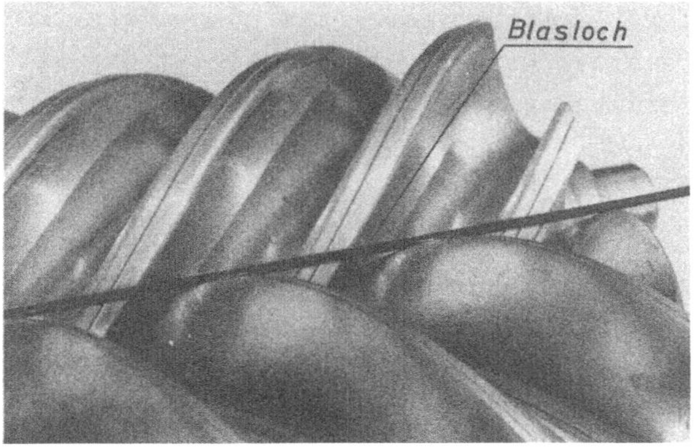

Abb. 22. Blasloch auf der Saugseite einer Schraubenverdichterverzahnung.

Da das saugseitige Blasloch von nur geringer Bedeutung ist, soll im weiteren nur das druckseitige Blasloch behandelt werden.

Wie in Abb. 21 zu sehen, liegt die Blaslochöffnung zwischen den Flankenflächen des Haupt- und Nebenläufers. Den gehäuseseitigen Abschluß bildet die zwischen den Kopfpunkten von Haupt- und Nebenläuferzahn verlaufende Gehäusekante.

Für die Leckmenge, die durch das Blasloch abfließt, muß die Fläche normal auf die Mittenstromlinie der Strömung durch die Blaslochöffnung ermittelt werden. Wären die Stromlinien dieser Strömung bekannt, so könnte man eine Schar solcher Stromlinien berührend an die das Blasloch bildenden Flankenflächen und entlang der Gehäusekante legen. Setzt man in dieser aus den Begrenzungsstromlinien entstehenden Stromröhre eine mittlere konstante Geschwindigkeit voraus, könnte senkrecht auf die Mittenstromlinie die wirksame Blaslochfläche als ebener Schnitt der Stromröhre erhalten werden.

Für die Stromlinienrichtung kann nun folgende Näherung Verwendung finden:

Nach Abb. 21 muß die Strömung im wesentlichen durch die Nebenläuferflankenschraubfläche geführt werden. Es können daher die Stromlinien der Blaslochströmung mit guter Näherung als Schraubenlinien angenommen werden. Ihre Achse ist die Nebenläuferachse, ihr Schraubparameter ist der des Nebenläufers.

$$h_2/2\pi = (h_1/2\pi)(\bar{z}_2/\bar{z}_1)$$

Bevor man den Normalschnitt durch die das Blasloch einschließende Schar von Schraubenlinien bildet, ist es zweckmäßig, vorerst den Schnitt mit der Grundrißebene $z = 0$ zu betrachten. Es entsteht damit eine verzerrte ebene Abbildung des Blaslochs im Grundriß.

3.3.2 Gleichungen für die Blaslochbegrenzung

Am einfachsten sind die Blaslochkonturen im Schnitt $z = 0$ längs der Nebenläuferflanke zu erhalten, da die berührenden Schraubenstromlinien direkt mit der Flankenfläche zusammenfallen. Dies ergibt im Grundriß den Linienzug des Stirnprofils mit den Punkten N_2 P_2 Q_2 S_2 (Abb. 11).

Ebenso einfach erhält man die Abbildung der Gehäusekante im Grundriß. Alle Punkte der Gehäusekante haben den gleichen Radius $D_2/2$. Legt man durch jeden Punkt dieser Gehäusekante eine Schraubenlinie und verschraubt den jeweiligen Punkt in den Grundriß, entsteht eine Kreiskontur mit dem Radius $D_2/2$.

Die einzige Schwierigkeit liegt in der Abbildung der Hauptläuferflanke. Die Schraubenstromlinien müssen den Hauptläuferzahn längs der Schraubenlinie des Punktes B_1 (Abb. 11) am Hauptläuferzahn berühren, da die Schraubenlinie des Kopfpunktes B_1 wegen der Flankenerzeugung der Nebenläuferflanke 8 gleichzeitig Berührungslinie ist und damit auch der Nebenläuferflanke angehört.

Die Gleichung der Schraubenlinie des Punktes B_1 lautet, in Nebenläuferkoordinaten ausgedrückt, zwischen dem Punkt T_1 und der Gehäusekante

$$x_{B2} = a - d \cos\left(\frac{\bar{z}_2}{\bar{z}_1} t_2\right)$$

$$y_{B2} = \quad - d \sin\left(\frac{\bar{z}_2}{\bar{z}_1} t_2\right)$$

$$z_{B2} = - \frac{h_1}{2\pi} \frac{\bar{z}_2}{\bar{z}_1} (t_2 + \psi_1)$$

wobei der Parameter nun die Werte von t_2' bis zum Schnitt der Linie mit dem Zylinder des Durchmessers D_2 durchläuft. Legt man nun durch jeden der Punkte x_{B2}, y_{B2}, z_{B2} eine Stromlinie, entsteht eine Schraubfläche, deren Grundriß das gesuchte Abbild der Blaslochkontur des Hauptläufers bildet.

Die Gleichung dieser Schraubfläche lautet:

$$x_o(t^x, t_2) = \left(a - d \cos\left(\frac{\bar{z}_2}{\bar{z}_1} t_2\right)\right) \cos t^x +$$

$$+ \left(d \sin\left(\frac{\bar{z}_2}{\bar{z}_1} t_2\right)\right) \sin t^x$$

$$y_o\,(t^x,t_2) = (a - d\cos(\frac{\bar{z}_2}{\bar{z}_1}\,t_2))\sin t^x -$$

$$- (d\sin(\frac{\bar{z}_2}{\bar{z}_1}\,t_2))\cos t^x$$

$$z_o\,(t^x,t_2) = -\,(h_1/2\pi)\,\frac{\bar{z}_2}{\bar{z}_1}\,(t_2 + \psi_1) + (h_1/2\pi)\,\frac{\bar{z}_2}{\bar{z}_1}\,t^x$$

Der Schnitt mit $z = 0$ ist gekennzeichnet durch

$$z_o\,(t^x,\,t_2) = 0$$

was durch die Beziehung

$$t_2 + \psi_1 = t^x$$

erreicht wird. Das Abbild der Hauptläuferkontur im Grundriß wird damit eine Radlinie mit der Gleichung:

$$x_o(t_2) = a\cos(t_2 + \psi_1) - d\cos(\psi_1 + t_2\,\frac{\bar{z}_2 + \bar{z}_1}{\bar{z}_1})$$

$$y_o(t_2) = a\sin(t_2 + \psi_1) - d\sin(\psi_1 + t_2\,\frac{\bar{z}_2 + \bar{z}_1}{\bar{z}_1})$$

$$z_o(t_2) = 0 \tag{110}$$

Der Endpunkt dieser Radlinie muß an die Abbildung der Gehäusekante anschließen. Es muß also für den Endpunkt der Linie gelten:

$$x_o(t_{2E})^2 + y_o(t_{2E})^2 = (D_2/2)^2$$

Dies liefert mit Gl. (110) eine Bedingung für die Parametergrenze t_{2E}.

$$t_{2E} = \frac{\bar{z}_1}{\bar{z}_2}\arccos\frac{a^2 + d^2 - (D_2/2)^2}{2\,a\,d}$$

Damit kann das Abbild der Blaslochfläche im Grundriß analytisch angegeben werden.

Abbild der Hauptläuferkontur:

$$x_o = a \cos(t_2 + \psi_1) - d \cos(\psi_1 + t_2 \frac{\bar{z}_1 + \bar{z}_2}{\bar{z}_1})$$

$$y_o = a \sin(t_2 + \psi_1) - d \sin(\psi_1 + t_2 \frac{\bar{z}_1 + \bar{z}_2}{\bar{z}_1})$$

$$t_2' \leq t_2 \leq t_{2E} = \frac{\bar{z}_1}{\bar{z}_2} \arccos \frac{a^2 + d^2 - (D_2/2)^2}{2\,a\,d} \qquad (111)$$

Abbild der Erzeugenden des Gehäusezylinders:

$$x_o = (D_2/2) \cos t_9$$
$$y_o = (D_2/2) \sin t_9$$
$$-\psi_6 \leq t_9 \leq \arcsin \frac{2\,y_o^x}{D_2} \qquad (112)$$

Wobei y_o^x nach Gl. (111) jener Wert y_o ist, der dem Parameter t_{2E} entspricht.

Abbild der Nebenläuferflanke:

Die einzelnen Teile der Nebenläuferflanke von S_2 bis N_2 ergeben sich mit den Gln. nach 2.2.2

1. Dichtkante:

$$x_o = t_{10} \cos \psi_6$$
$$y_o = t_{10} \sin \psi_6$$
$$(D_2'/2) \leq t_{10} \leq (D_2/2)$$

2. Kopfkreis:

$$x_o = (D_2'/2) \cos t_4$$
$$y_o = (D_2'/2) \sin t_4$$
$$\psi_6 \leq t_4 \leq \psi_4$$

3. Rundungskreis:

$$x_o = (D_{w2}/2)\ \cos\ \psi_4 + r_2\ \cos\ t_3$$
$$y_o = (D_{w2}/2)\ \sin\ \psi_4 + r_2\ \sin\ t_3$$
$$\psi_4 \leq t_3 \leq \psi_5$$

4. Geradflanke:

$$x_o = t_8\ \cos\ \psi_3$$
$$y_o = t_8\ \sin\ \psi_3$$
$$f \leq t_8 \leq (D_{w2}/2) \qquad (113)$$

Mit den Gln.(111) bis (113) kann die Blaslochform im Grundriß in Nebenläuferkoordinaten angegeben werden.

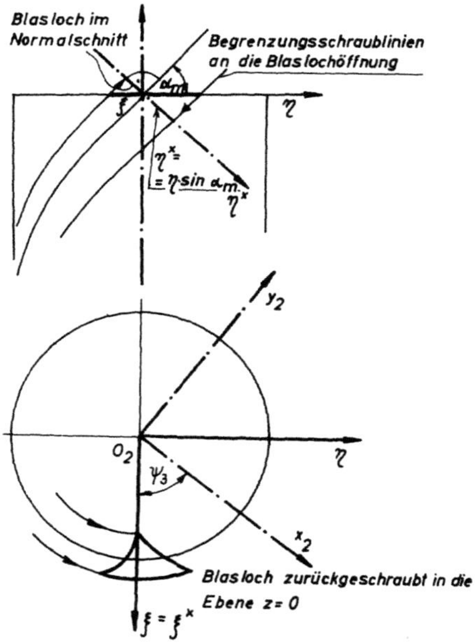

Abb. 23. Koordinaten für die Blaslochberechnung.

Um den Normalschnitt der Blaslochkontur zu erhalten, bezieht man die Blaslochkoordinaten im Grundriß am besten auf ein um den Drehwinkel ψ_3 gedrehtes Koordinatensystem ξ und η (Abb.23) und projiziert anschließend entsprechend Abb. 23 senkrecht auf die Mittenstromlinie mit dem Steigungswinkel μ . Dadurch erhält man mit sehr guter Näherung die Blaslochkontur, die für die Leckströmung wirksam wird.

Die Transformationsgleichungen lauten hiefür unter Verwendung von Abb. 23

$$\begin{aligned} \xi^x &= x_o \cos \psi_3 + y_o \sin \psi_3 \\ \eta^x &= - x_o \sin \psi_3 \sin \mu + y_o \cos \psi_3 \sin \mu \end{aligned} \qquad (114)$$

Der Steigungswinkel der Mittenstromlinie wird dann:

$$\mu = \operatorname{arctg}\left(- \frac{2 h_1}{\pi} \frac{\bar{z}_2}{\bar{z}_1} \frac{1}{D_2 + 2 f} \right) \qquad (115)$$

3.3.3 Die Blaslochfläche

Die Blaslochfläche folgt aus den Gleichungen für die Berandung des Blaslochs im Normalschnitt zu

$$F_{Bl} = \frac{1}{2} \oint \xi^x \, d\eta^x - \eta^x \, d\xi^x \qquad (116)$$

Das Umfangsintegral in Gl. (116) wird zweckmäßigerweise numerisch mit einer fortlaufenden Punktfolge $\xi^x(J)$, $\eta^x(J)$ der Blaslochberandung gelöst.

$$F_{Bl} = (1/2) \;\Sigma\; \xi^x(J)\, \Delta\eta^x(J) - \eta^x(J)\, \Delta\xi^x(J)$$

Aus Gl. (114) ist ersichtlich, daß die wirksame Blaslochgröße nicht nur von der Flankenform im Stirnschnitt der Verzahnung, sondern auch vom Steigungswinkel der Läuferzähne abhängig ist.

In Abb. 24 ist die Gestalt und die Größe des druckseitigen Blaslochs eines Schraubenverdichterläuferpaares in üblicher Ausführung, wie sie sich aus der oben angeführten Berechnung ergibt, dargestellt.

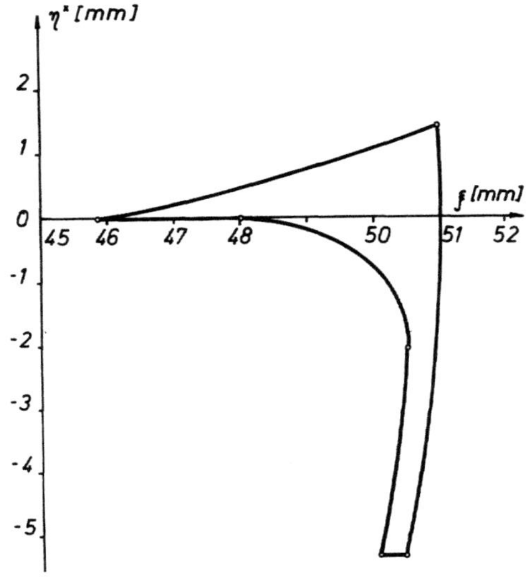

Abb. 24. Gestalt und Größe des wirksamen Blaslochs auf der Druckseite einer Schraubenverdichterverzahnung mit asymmetrischem SRM-Profil (Verzahnungsdaten wie auf S. 63 unten angegeben).

3.4 Berechnung der Zahnlückenfläche auf der Druckseite der Läuferverzahnung

3.4.1 Allgemeines

Zur Berechnung des Volumens eines Zahnlückenpaares an der Druckseite der Verdichterläufer ist es notwendig, daß der Verlauf der Zahnlückenflächen an der Druckseite für beliebige Drehwinkel bekannt ist.

Beginnt man die Betrachtung bei der Nullstellung der Verzahnung, also am Ende des Verdichtungsvorganges einer Zahnlücke, ist die Zahnlückenfläche im Schnitt z = 0 auf die Linie $A_{1,2}$ $B_{1,2}$ zusammengeschrumpft und damit gleich Null (Abb. 11 und Abb. 18).

Dreht man nun die Läufer zurück zum Verdichtungsbeginn (negative Drehwinkel α), entsteht an der Druckseite die zu berechnende Lückenfläche. In der ersten Phase der Drehung gibt es zwei Flankenberührpunkte (Abb. 25) und die Lückenfläche liegt zwischen Haupt- und Nebenläuferflanke. Wird der negative Drehwinkel größer als φ_G, so wird die Lückenfläche bei nur einem Eingriffspunkt durch den Linienzug: Hauptläuferflanke, Nebenläuferflanke, Nebenläuferbohrung, Hauptläuferbohrung begrenzt (Abb. 26).

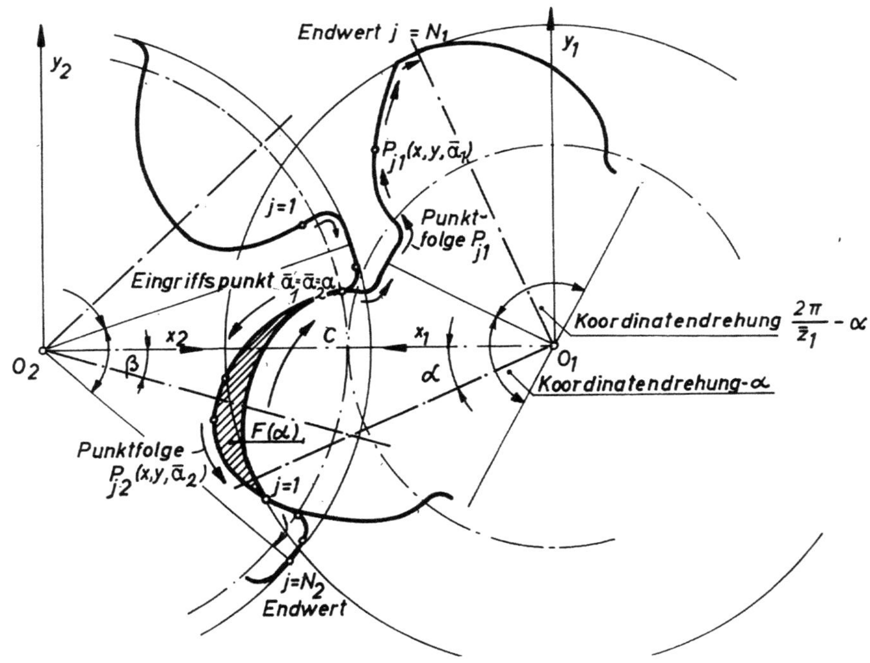

Abb. 25. Berechnung der Zahnlückenfläche in der Periode 1 (zwei Eingriffspunkte).

Bei noch weiterem Zurückdrehen der Läufer trennen sich schließlich die betrachteten Zahnlückenflächen (Abb. 27).

Wegen der im allgemeinen ungleichen Zähnezahl von Haupt- und Nebenläufer kommt schließlich bei noch weiterer Rückdrehung die Zahnlücke des Läufers mit der geringeren Zähnezahl mit einer neuen Zahnlücke des Gegenläufers zum Eingriff (Abb. 28). Vorher aber wird die Hauptläuferlücke F_1 in Abb. 28 noch durch den in die Lückenfläche hineinragenden Nebenläuferzahn um den Betrag ΔF^x etwas verkleinert (Abb. 29). Die Gesamtlückenfläche ist in diesem Bereich des Drehwinkels unter Verwendung der Bezeichnungen nach Abb. 29

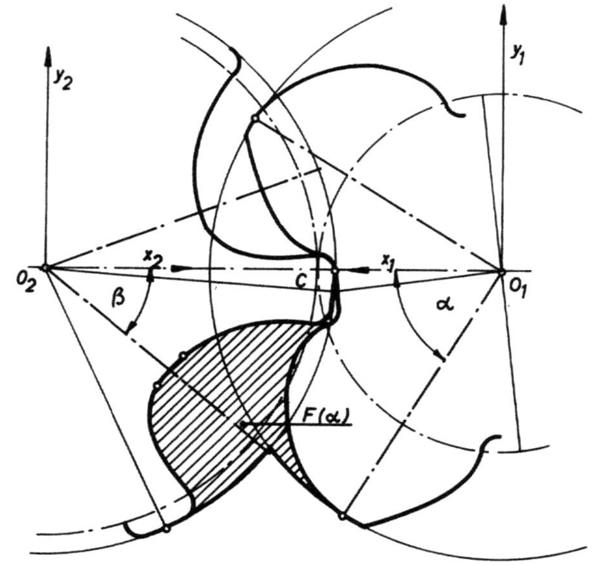

Abb. 26. Berechnung der Zahnlückenfläche in der Periode 2 (ein Eingriffspunkt).

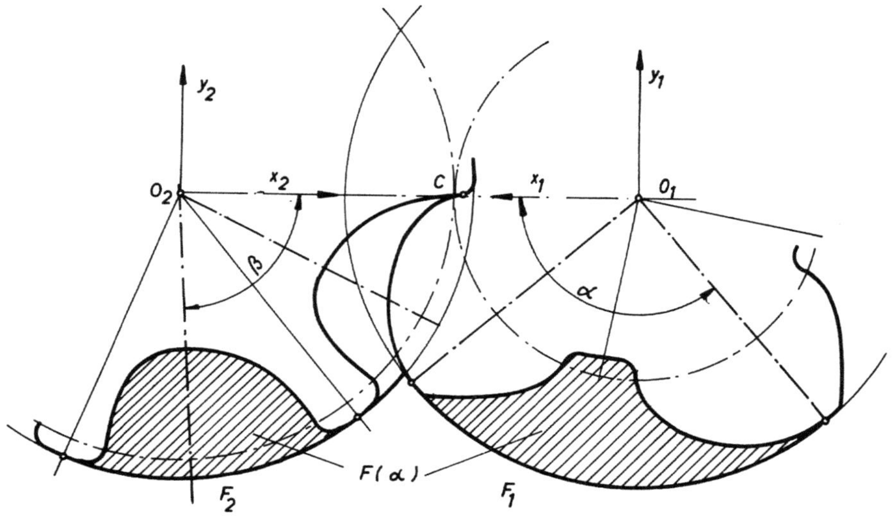

Abb. 27. Berechnung der Zahnlückenfläche in der Periode 3 (zwei getrennte Lückenflächen).

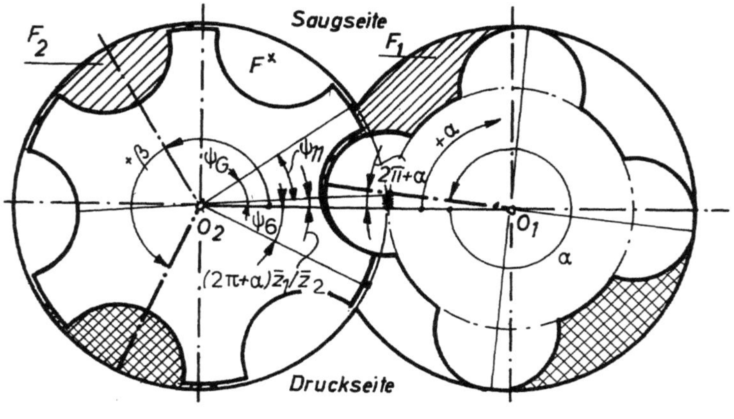

Abb. 28. Läuferstellung am Ende des Ansaugvorganges für den Fall $\bar{z}_1 < \bar{z}_2$ in der Ebene $z = 0$.

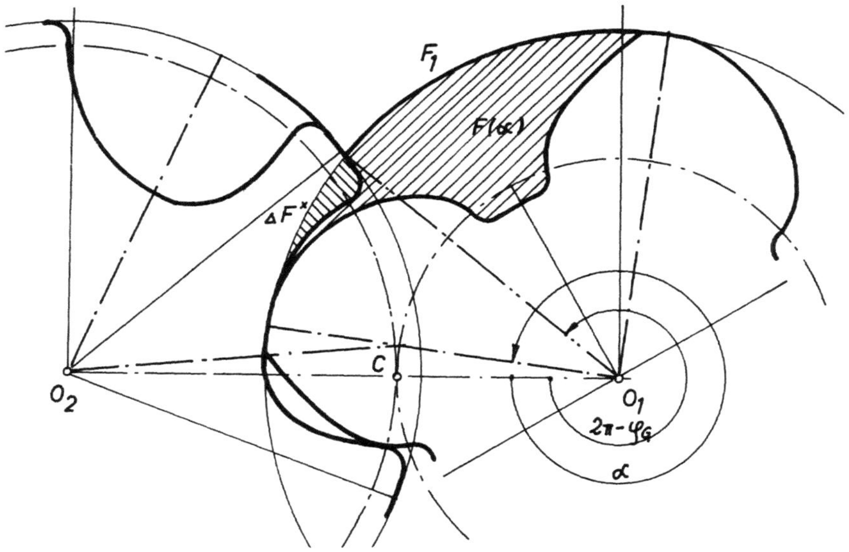

Abb. 29. Berechnung der Zahnlückenfläche in der Periode 4.

Zahnlückenfläche:

$$F_2 + F_1 - \Delta F^x$$

Der Endpunkt der Betrachtung zur Lückenflächenberechnung ist die in Abb. 28 gezeichnete Endstellung knapp vor dem Eingriff mit der dritten Lückenfläche F^x.

Wegen der Verschraubung der Läuferzähne stehen die Zahnlücken F_1 und F_2 auch in der für den Stirnschnitt in $z_1 = 0$ gezeichneten Drehstellung in Abb. 28 im allgemeinen noch in Verbindung. Die Zahnlücke F^x ist aber andererseits bereits mit der Ansaugöffnung im Verdichtergehäuse verbunden. Bei einer weiteren Rückdrehung der Verzahnung über die in Abb. 28 gezeichnete Stellung hinaus wären dann drei Zahnlücken in Verbindung, nämlich F_1, F_2 und F^x, und alle drei Zahnlückenräume würden damit auch mit dem Saugkanal im Verdichtergehäuse verbunden sein. Der Arbeitsraum des Verdichters wäre damit nicht abgeschlossen.

Der Verdichtungsbeginn kann daher frühestens dann einsetzen, wenn nur zwei Zahnlückenräume in Verbindung stehen und diese nach außen abgeschlossen sind.

3.4.2 Numerische Lückenflächenberechnung

Der Endpunkt der gedachten Rückdrehung der Läufer aus der Nullstellung zur Flächenberechnung der Zahnlückenfläche ist nach den Abb. 28 und 11, wenn die Hauptläuferzähnezahl kleiner als die Nebenläuferzähnezahl ist, gegeben durch

$$\alpha_{min} = - (2\pi - (\psi_G - \psi_{11}) \frac{\bar{z}_2}{\bar{z}_1}) \qquad \text{für} \quad \bar{z}_2 > \bar{z}_1 \qquad (117)$$

Ist jedoch die Nebenläuferzähnezahl kleiner als die Hauptläuferzähnezahl, erreicht die Lücke F_2 vor der Lücke F_1 die saugseitige Gehäusekante und befindet sich in ihrer Endlage an der Stelle F^x in Abb. 28, sodaß gelten muß

$$\alpha_{min} = (\psi_G - \psi_6 - 2\pi) \frac{\bar{z}_2}{\bar{z}_1} \qquad \text{für} \quad \bar{z}_2 < \bar{z}_1 \qquad (118)$$

Die für eine beliebige Drehstellung entstehende Zahnlückenfläche kann bei Kenntnis der Gleichungen der Berandung allgemein berechnet werden aus

$$F(\alpha) = (1/2) \oint x\,dy - y\,dx \qquad (119)$$

Die Integration ist zweckmäßigerweise numerisch auszuführen. Dabei kann folgender Weg beschritten werden:

Betrachtet man den vollen Drehbereich von $\alpha = 0$ bis α_{min} der Zahnräder (Abb. 25 bis 29), so sieht man, daß die Flanken vom Punkt P_1 über A_1, K_1, I_1, J_1 des Zahnes mit dem Drehwinkel α und weiter die Flankenteile S_1, Q_1, P_1 und B_1 bis zum Kopfpunkt am Hauptläufer des vorangehenden Zahnes mit dem Drehwinkel $(\alpha + 2\pi/\bar{z}_1)$ beim Hauptläufer nach und nach zur Berandung der Zahnlückenfläche werden.

Beim Nebenläufer kommen die Flankenstücke, beginnend vom Punkt N_2 über P_2, Q_2, S_2 der Zahnlücke mit dem zugehörigen Hauptläuferdrehwinkel $(\alpha + 2\pi/\bar{z}_1)$ und weiter die Flankenstücke J_2, I_2, K_2, A_2, B_2, N_2, P_2, Q_2, S_2 der Zahnlücke mit dem Hauptläuferdrehwinkel α als Berandung der Zahnlückenfläche in Frage (Abb. 11).

Bildet man nun eine fortlaufende Punktfolge von Hauptläuferflankenpunkten, beginnend in B_1 am Zahn mit der Winkellage α bis zum Kopfpunkt des vorangehenden Zahnes lt. Abb. 25, so kann dies vorerst für die Nullstellung der Verzahnung mit den Gln. (43, 46, 55, 59, 62, 65, 67, 76, 43) erfolgen. Dabei müssen jedoch die Flankengleichungen (62, 65, 67, 76 und 43) für den vorangehenden Zahn einer Koordinatendrehung um den Winkel einer Zahnteilung $2\pi/\bar{z}_1$ unterworfen werden, mit der Transformationsmatrix

$$\begin{pmatrix} \cos(2\pi/\bar{z}_1) & -\sin(2\pi/\bar{z}_1) \\ \sin(2\pi/\bar{z}_1) & \cos(2\pi/\bar{z}_1) \end{pmatrix}$$

Der zu jedem Flankenpunkt der Hauptläuferpunktfolge $P_{1j}(x_1, y_1)$ zugehörige Drehwinkelwert α_H, für den ein betrachteter Punkt Eingriffspunkt wird, ist für die Flankenstücke 5,6,7,8 und 1 am Zahn mit der Winkellage $(\alpha + 2\pi/\bar{z}_1)$:

$$\bar{\alpha}_H = \bar{\alpha} - (2\pi/\bar{z}_1)$$

für den verbleibenden Rest aus

$$\bar{\alpha}_H = \bar{\alpha}$$

mit $\bar{\alpha}$ aus den entsprechenden Gleichungen in 3.2.2 zu berechnen.

Eine Punktfolge von Nebenläuferflankenpunkten, beginnend bei N_2 der Lücke mit dem zugehörigen Hauptläuferdrehwinkel $(\alpha + 2\pi/\bar{z}_1)$ bis zum Punkt S_2 der Lücke lt. Abb. 25, wird aus den Gln. (70, 64 und 61) mittels der Drehtransformation

$$\begin{pmatrix} \cos(2\pi/\bar{z}_2) & -\sin(2\pi/\bar{z}_2) \\ \sin(2\pi/\bar{z}_2) & \cos(2\pi/\bar{z}_2) \end{pmatrix}$$

erhalten.

Der Rest der Flankenpunkte an der Nebenläuferlücke mit dem Drehwinkel α kann ohne Drehung aus den Gln. (58, 54, 46, 44, 71, 70, 64 und 61) ebenfalls vorerst für die Nullstellung der Verzahnung erhalten werden. Der zu jedem Punkt der Punktfolge $P_{2j}(x_2, y_2)$ am Nebenläufer gehörige Hauptläuferdrehwinkel $\bar{\alpha}_N$, bei dem der betrachtete Nebenläuferpunkt Eingriffspunkt wird, wird für den Bereich N_2 bis S_2 am Beginn der Punktfolge erhalten zu

$$\bar{\alpha}_N = \bar{\alpha} - (2\pi/\bar{z}_1)$$

und für den Rest der Punktfolge

$$\bar{\alpha}_N = \bar{\alpha}$$

Damit ist die Punktfolge aller für die Flächenberechnung wichtigen Flankenpunkte P_{1j} (x_1, y_1, α_H) und $P_{2j}(x_2, y_2, \alpha_N)$ für die Nullstellung der Läufer gegeben.

Flächenberechnung im ersten Bereich mit zwei Eingriffspunkten lt. Abb. 25:

Der in Abb. 25 wiedergegebene Drehwinkelbereich beginnt bei $\alpha = 0$ und endet bei jenem Drehwinkel, bei dem der Punkt T der

Eingriffslinie in Abb. 11 erreicht wird. Dies ist nach Gl. (77) bei

$$\alpha = -(\varphi_5 + \varphi_6)$$

der Fall. Betrachtet man eine beliebige Drehstellung, gegeben durch den Hauptläuferwinkel α, müssen die Koordinaten der Punktfolgen P_{1j} am Hauptläufer und jene der Punktfolgen P_{2j} am Nebenläufer, die bisher erst für die Nullstellung der Verzahnung gebildet wurden, um die jeweiligen Läuferdrehwinkel gedreht werden. Dies geschieht für den Hauptläufer durch die Transformation mit der Matrix

$$\begin{pmatrix} \cos\alpha & -\sin\alpha \\ \sin\alpha & \cos\alpha \end{pmatrix}$$

und für den Nebenläufer durch die entsprechende Drehtransformation

$$\begin{pmatrix} \cos\left(\frac{\bar{z}_1}{\bar{z}_2}\alpha\right) & -\sin\left(\frac{\bar{z}_1}{\bar{z}_2}\alpha\right) \\ \sin\left(\frac{\bar{z}_1}{\bar{z}_2}\alpha\right) & \cos\left(\frac{\bar{z}_1}{\bar{z}_2}\alpha\right) \end{pmatrix}$$

Für die Flächenberechnung mittels des Umfangsintegrals

$$F(\alpha) = (1/2) \oint x\,dy - y\,dx$$

müssen alle Punkte der Berandung auf ein und dasselbe Koordinatensystem bezogen werden. Wählt man dafür das Hauptläufersystem x_1, y_1, so sind alle Flankenpunkte P_{2j} am Nebenläufer nach erfolgter Koordinatendrehung noch der Transformation auf Hauptläuferkoordinaten zu unterwerfen (Gl.(3)).

$$x_1 = a - x_2$$

$$y_1 = y_2$$

Als nächsten Schritt müssen die zur betrachteten Drehstellung gehörigen Eingriffspunkte aufgesucht werden. Dies geschieht am besten ebenfalls numerisch. Zum Aufsuchen jener Flankenstücke, die als Berandung der Lückenfläche auftreten, dient der zu jedem Flankenpunkt gehörige Drehwinkel α_H bzw. α_N, bei dem der jeweilige Punkt zum Eingriffspunkt wird (vgl. 3.2.2).

Für alle Flankenpunkte, die die Berandung der Zahnlückenfläche bilden, gilt unter Beachtung der Vorzeichen von $\bar{\alpha}$ (Abb. 25)

$$\bar{\alpha}_H > \alpha \qquad \text{und} \qquad \bar{\alpha}_N > \alpha$$

während für alle Flankenpunkte der betrachteten Punktfolgen, die außerhalb der Lückenflächenberandung liegen

$$\alpha_H < \alpha \qquad \text{und} \qquad \alpha_N < \alpha$$

gelten muß.

Der zusätzlich zu den Flankenkoordinaten stets mitgeführte Drehwinkelwert $\bar{\alpha}$ dient daher als Indikator, ob ein Flankenpunkt innerhalb der zu berechnenden Zahnlückenfläche liegt oder nicht. Die praktische Auswertung des Umfangsintegrals zur Berechnung der Fläche $F(\alpha)$ geschieht daher folgendermaßen:

Man betrachtet stets zwei benachbarte Punkte der Folge von Flankenpunkten am Hauptläufer $P_1(J)$ und $P_1(J + 1)$. Mit einer Abfrage über die zugehörigen Winkel $\alpha_H(J)$ und $\alpha_H(J + 1)$ kann festgestellt werden, ob beide Punkte zur Flächenberandung gehören. Ist dies der Fall, kann das Flächenelement im Umfangsintegral

$$\Delta F(J) = (1/2) \left(\frac{x(J) + x(J+1)}{2} (y(J+1) - y(J)) - \frac{y(J) + y(J+1)}{2} (x(J+1) - x(J)) \right) \qquad (120)$$

im Sinne der Trapezregel gebildet und zu den bisher aufsummierten Flächenelementen dazugeschlagen werden. Dies erfolgt mit fortlaufendem Index J so lange, bis der Punkt $P_1(J+1)$ einen Drehwinkel α_H aufweist, der anzeigt, daß der Punkt bereits außerhalb der Flächenberandung liegt. Nun muß der Sprung auf die Nebenläuferflanke erfolgen. Mit durchlaufendem Index einer Folge von Nebenläuferflankenpunkten werden stets drei aufeinanderfolgende Nebenläuferflankenpunkte betrachtet $P_2(J-1)$,

$P_2(J)$, $P_2(J+1)$. Sobald $P_2(J)$ auf Grund der Abfrage des Winkels $\alpha_N(J)$ innerhalb der Lückenfläche liegt, $\alpha_N(J-1)$ aber noch außerhalb liegt, wird das überbrückende Flächenelement zwischen letztem Hauptläuferpunkt und erstem Nebenläuferpunkt gebildet.

Nun erfolgt die weitere Aufsummierung der Flächenelemente analog wie beim Hauptläufer. Das Ende der Summation tritt ein, wenn der zum Punkt $P_2(J+1)$ gehörige Drehwinkel $\alpha_N(J+1)$ bereits anzeigt, daß der Punkt $P_2(J+1)$ außerhalb der Flächenberandung liegt. Nun muß wieder zwischen dem letzten Flächenpunkt $P_2(J)$ der Nebenläuferflanke und dem ersten Punkt der Hauptläuferflanke $P_1(1)$ das letzte verbindende Flächenelement gebildet und zur Summe addiert werden.

Anschaulich wird dieser Berechnungsgang im Flußdiagramm Abb.30 dargestellt.

Flächenberechnung für Läuferdrehwinkel im Bereich 2 mit nur einem Eingriffspunkt nach Abb. 26:

Die Flächenberechnung für Läuferdrehwinkel im Bereich 2 geschieht ähnlich, wie für den Bereich 1 beschrieben. Der Bereich 2 mit nur einem Eingriffspunkt zerfällt in zwei Teilbereiche. Im ersten Teilbereich ist der Eingriffspunkt mit dem Drehwinkel veränderlich. Dieser Teilbereich gilt für Drehwinkel von

$$\alpha = -(\varphi_5 + \varphi_6)$$

bis

$$\alpha = -(2\pi/\bar{z}_1)$$

In diesem Teilbereich durchlaufen die Integrationsschritte wieder, jetzt allerdings vom Berührpunkt zwischen Gehäusebohrung und Hauptläuferkopf beginnend, die Hauptläuferflanke. Ähnlich wie früher beschrieben, erfolgt am Eingriffspunkt der Sprung zur Nebenläuferflanke durch Abfrage der Winkelwerte α_H und α_N und anschließend die Integration über die Nebenläuferkontur, die jetzt allerdings immer bis zum letzten Punkt der Punktfolge am Nebenläuferkopf S_2 erfolgt. Nun muß die Integration über die Nebenläufergehäusebohrung mit der Gleichung

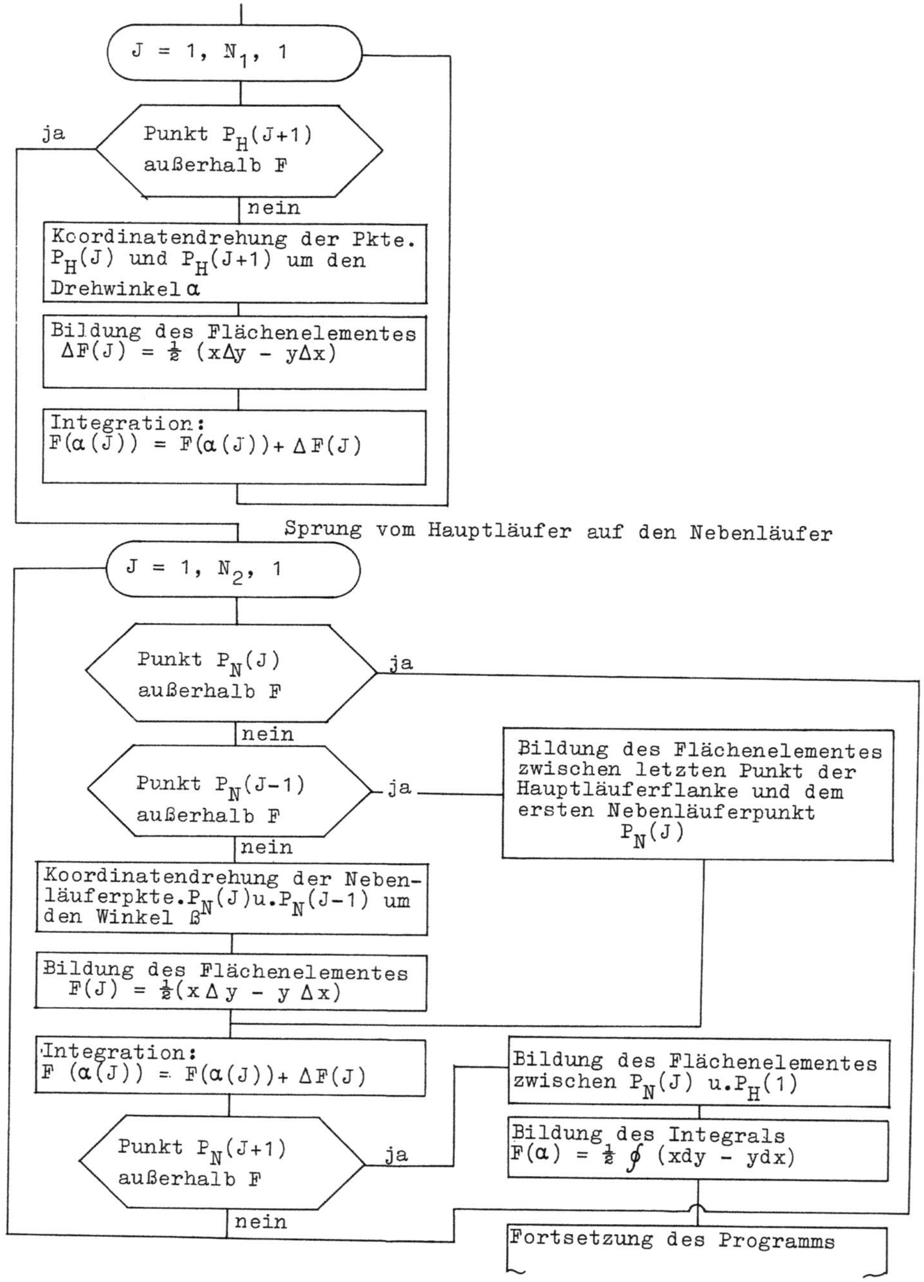

Abb. 30. Flußdiagramm zur Berechnung der Lückenfläche einer Schraubenverdichterverzahnung mit asymmetrischem SRM-Profil (Periode 1 mit zwei Flankenberührpunkten).

$$x_{1GN} = a - (D_2/2) \cos t_G$$
$$y_{1GN} = (D_2/2) \sin t_G \qquad (121)$$

in den Grenzen

$$t_G = (\psi_6 + \frac{\bar{z}_1}{\bar{z}_2} \alpha) \quad \text{bis} \quad t_G = - \psi_G$$

weitergeführt werden (Abb. 26). Anschließend wird die Integration über die Hauptläuferbohrung fortgesetzt, deren Gleichung lautet:

$$x_{1GH} = (D_1/2) \cos u_G$$
$$y_{1GH} = (D_1/2) \sin u_G \qquad (122)$$

in den Grenzen

$$- \varphi_G \geq u_G \geq \alpha$$

Damit ist die gesamte Lückenfläche umfahren und das dabei gebildete Umfangsintegral numerisch berechnet.

Der auf den ersten Teilbereich der zweiten Drehperiode folgende zweite Teilbereich weist einen fixen Eingriffspunkt am Nebenläufer, am Beginn der Punktfolge der Nebenläuferflanke auf (Punkt N_2). Für diesen Bereich, der zwischen

$$\alpha = - (2\pi/\bar{z}_1)$$

und

$$\alpha = - (\varphi_5 + \varphi_6) - (2\pi/\bar{z}_1)$$

nach den Abb. 11 und 26 liegt, braucht der Eingriffspunkt nicht gesucht zu werden. Ansonsten verläuft die Flächenberechnung analog zum Teilbereich 1.

Die nächste, dritte Drehwinkelperiode weist im Bereich von

$$\alpha = - (\varphi_5 + \varphi_6) - (2\pi/\bar{z}_1)$$

bis zum Winkel

$$\alpha = (\varphi_G - 2\pi)$$

zwei getrennte Lückenflächen konstanter Größe an Haupt- und Nebenläufer auf (Abb. 27). Diese können ohne Drehtransformation unmittelbar aus den Flankengleichungen in Nullstellung errechnet werden, wobei das Umfangsintegral über die Nebenläuferflanke beginnend bei J_2 bis S_2 läuft und anschließend die Berandung über die Nebenläuferbohrung zwischen den Winkeln ψ_6 und ψ_{11} geschlossen wird. Ganz analog zur so ermittelten Nebenläuferlückenfläche F_2 verfährt man dann mit der Hauptläuferlücke F_1 zwischen den Kopfpunkten mit den Winkelwerten Null und $(2\pi/\bar{z}_1)$. In diesem Bereich gilt dann, mit Abb. 27:

$$F(\alpha) = \text{konst.} = F_1 + F_2 \tag{123}$$

In der letzten Drehphase im saugseitigen Blaslochbereich zwischen den Drehwinkeln $\alpha = (\varphi_G - 2\pi)$ und $\alpha\,\text{min}$ nach Gl. (117) kommt es, $\bar{z}_2 > \bar{z}_1$ vorausgesetzt, zu einer Abminderung der Hauptläuferlückenfläche F_1 durch den in die Fläche hineinragenden Nebenläuferzahnkopf (Abb. 29).

Für diesen Bereich wird mit Abb. 29:

$$F(\alpha) = F_1 + F_2 - \Delta F^x \tag{124}$$

wobei die Fläche ΔF^x numerisch folgendermaßen bestimmt werden kann:

Man beginnt wieder mit der Bildung einer Punktfolge $P_2^x(J)$ von Nebenläuferflankenpunkten von J_2 ausgehend bis A_2, die für die jeweilige Drehstellung in Hauptläuferkoordinaten ausgedrückt werden. Für jeden Punkt wird nun abgefragt, ob er innerhalb des Bohrungskreises mit dem Durchmesser D_1 liegt. Vom ersten Punkt an, bei dem dies der Fall ist, wird das Umfangsintegral mit fortschreitendem Index gebildet, bis die Punktfolge wieder den Hauptläuferbohrungskreis verläßt. Ab diesem Punkt wird die Berandung von ΔF^x mit der Hauptläuferbohrungskontur geschlossen. Das Flußdiagramm der gesamten Flächenberechnung ist in stark vereinfachter Form in Abb. 31 wiedergegeben.

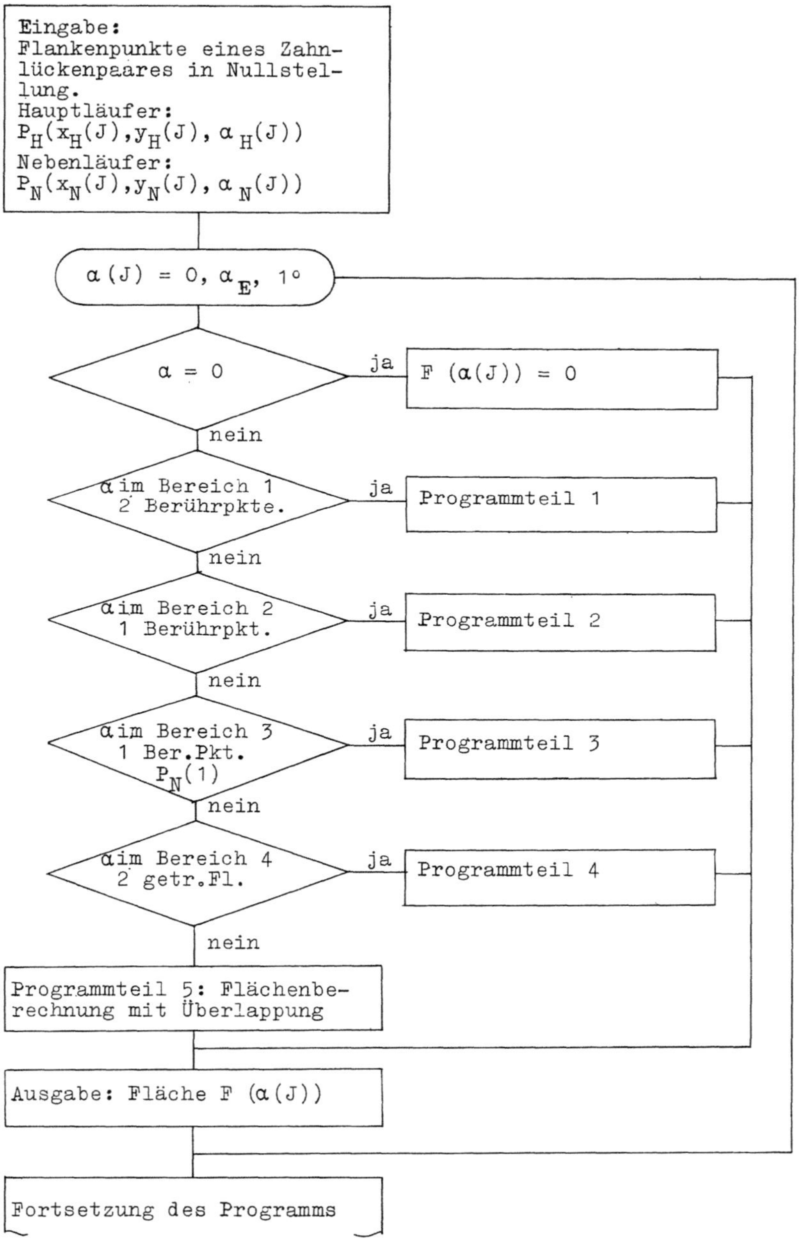

Abb. 31. Flußdiagramm zur Berechnung der Zahnlückenflächen in Abhängigkeit von der Drehwinkelstellung der Läufer.

3.5 Berechnung der Stirnspalte

An den beiden Stirnflächen der Läufer entstehen Leckspalte entlang der Flankenkonturen an Haupt- und Nebenläuferlücke. Die Bogenlänge dieser Stirnspalte kann zusammen mit den Lückenflächen berechnet werden. Es muß lediglich bei der Umfahrung der Zahnlücken, wie in 3.4.2 beschrieben, zusätzlich zu den Flächenelementen ΔF zwischen zwei benachbarten Punkten der Berandung jeweils noch das entsprechende Bogenelement gebildet und aufintegriert werden.

$$\Delta l_S(J,\alpha) = \sqrt{(x(J) - x(J-1))^2 + (y(J) - y(J-1))^2} \qquad (125)$$

Die Integration bzw. Summation ist allerdings nicht über die Bohrungskonturen zu erstrecken, da diese keine Leckspalte bilden, sondern lediglich über die Haupt- und Nebenläuferflanken.

Bezeichnet man die zu einer Läuferstellung, welche durch den Hauptläuferdrehwinkel gekennzeichnet ist, errechnete Bogenlänge des Sirnspaltes mit $l_S(\alpha)$, so erhält man die Länge des druckseitigen Stirnspaltes einer Läuferzahnlücke in der Ebene $z = 0$ zu

$$l_{SD}(\alpha) = l_S^-(\alpha)$$

und jene des saugseitigen Stirnspaltes in der Ebene $z = L$ zu

$$l_{SS}(\alpha) = l_S(\alpha + \varphi_H) \qquad \text{für} \qquad \alpha \leq -\varphi_H$$

bzw.

$$l_{SS}(\alpha) = 0 \qquad \text{für} \qquad \alpha \geq -\varphi_H$$

Für Drehwinkel α größer als $-\varphi_H$ wird die Lücke saugseitig durch die Berührungslinien der Verzahnung abgeschlossen. Daher verschwindet der saugseitige Stirnspalt l_{SS} (vgl. dazu Abb. 2 und 3).

3.6 Berechnung des Zahnlückenvolumens

3.6.1 Wahl des Verschraubungswinkels am Hauptläufer

Der Verschraubungswinkel der Verzahnung am Hauptläufer zwischen druckseitiger Stirnfläche $z = 0$ und saugseitiger Stirnfläche $z = L$ kann nur in Grenzen frei angenommen werden.

Der minimale Verschraubungswinkel folgt aus der Bedingung, daß die Verzahnung einen kontinuierlichen Eingriff gewährleisten, d.h. einen Gesamtüberdeckungsgrad größer Eins aufweisen muß. Für den Überdeckungsgrad 1 erhält man den zugehörigen minimalen Verschraubungswinkel φ_H durch folgende Überlegung.

Wäre lediglich ein einziger Flankenpunkt im Stirnschnitt der Verzahnung vorhanden, der zur Drehübertragung herangezogen werden könnte, so müßte der minimale Verschraubungswinkel genau den Winkel einer Zahnteilung betragen. Da aber die betrachtete Verzahnung im Winkelbereich von $(\varphi_7 + \varphi_4)$ im Stirnschnitt zur Drehübertragung verwendbar ist, braucht der Hauptläuferzahn lediglich um

$$\varphi_{H\ min} = (2\pi/\bar{z}_1) - (\varphi_7 + \varphi_4) \qquad (126)$$

verschraubt zu werden. Den maximalen Verschraubungswinkel am Hauptläufer erhält man folgendermaßen:

Dreht man die Verzahnung so weit aus der Nullstellung zurück, bis sie an der druckseitigen Stirnfläche $z = 0$ in die in Abb. 28 dargestellte Endstellung kommt, so kann nach den Überlegungen in 3.4.2 (Gln. (117 und 118)) diese Stellung der frühest mögliche Verdichtungsbeginn in dem betrachteten Zahnlückenraum sein. Dazu ist erforderlich, daß die Zahnlücken an der Saugseite abgeschlossen sind. Dies kann nun einerseits durch die Gehäusestirnwand erfolgen, oder bei offener Saugseite durch die Zähne selbst. Der größte sinnvolle Verschraubungswinkel ergibt sich dann, wenn der saugseitige Abschluß der Läuferzahnlücke durch die Verzahnung selbst erfolgt. Das heißt aber, daß an der saugseitigen Stirnfläche die Verzahnung die Lückenfläche $F(\alpha + \varphi_H) = 0$ aufweisen muß, was bedeutet, daß die Verzahnung dort in Nullstellung stehen muß.

Der Verschraubungswinkel φ_H muß dann

$$\varphi_{H\,max} = -\,\alpha_{min} \tag{127}$$

betragen, mit α_{min} nach Gl. (117 bzw. 118). Würde man dennoch einen größeren Verschraubungswinkel φ_H wählen, würde das bedeuten, daß die Zahnlücke nicht erst an der saugseitigen Stirnfläche der Läufer in $z = L$ abgeschlossen wäre, sondern schon früher, bei $z < L$. Damit wäre aber nur ein Teil der Läuferlänge für den Verdichtungsvorgang ausgenützt, was wenig sinnvoll ist. So ein Läuferpaar könnte in der Länge gekürzt werden, ohne daß sich an seinem Fördervolumen etwas ändert. Der Zusammenhang zwischen Hauptläuferverschraubungswinkel φ_H und der Hauptläufersteigung h_1 folgt aus Gl. (79).

$$h_1 = \frac{2\pi\ L}{\varphi_H} \tag{128}$$

3.6.2 Berechnung des Zahnlückenvolumens in Abhängigkeit von der Läuferstellung

Das Zahnlückenvolumen für eine durch den Drehwinkel α an der Druckseite, in der Ebene $z = 0$, gekennzeichnete Läuferstellung erhält man durch Integration des Verlaufes der Zahnlückenfläche $F(\alpha)$ über die Läuferlänge z

$$V(\alpha) = \int_{\hat{z}=0}^{\hat{\hat{z}}} F(\alpha + \gamma_1)\ dz \tag{129}$$

Wegen des Zusammenhanges zwischen γ_1 und z wird mit Abb. 18 und Gl. (79)

$$dz = (h_1/2\pi)\ d\gamma_1$$

und

$$V(\alpha) = (h_1/2\pi) \int_0^{\hat{\gamma}} F(\alpha + \gamma_1)\, d\gamma_1 \tag{130}$$

Die obere Integrationsgrenze wird für den Fall, daß Drehwinkel vorliegen, bei denen die Zahnlücke nach der Saugseite hin durch die Verzahnung selbst abgeschlossen ist (vgl.z.B. Abb. 2,3,4) wegen $F(0) = 0$

$$\hat{\gamma} = -\alpha$$

und es gilt damit

$$V(\alpha) = (h_1/2\pi) \int_0^{-\alpha} F(\alpha + \gamma_1)\, d\gamma_1 \tag{131}$$

für Winkel α, die größer sind als der negative Verschraubungswinkel $-\varphi_H$.

Werden die Drehwinkel α kleiner als $-\varphi_H$, so bedeutet dies, daß die Zahnlücke an der Saugseite nicht mehr durch die Zähne geschlossen werden kann, sondern die Schließung der Zahnlücken eben durch den saugseitigen Gehäusestirndeckel erfolgen muß (vgl. Abb. 1). Es ist dann am saugseitigen Ende

$$F(\alpha + \varphi_H) \neq 0$$

und die Integration läuft bis $\gamma_1 = \varphi_H$, sodaß man erhält

$$V(\alpha) = (h_1/2\pi) \int_0^{\varphi_H} F(\alpha + \gamma_1)\, d\gamma_1 \qquad \text{für} \qquad \alpha < -\varphi_H \tag{132}$$

Die Integration nach den Gln. (131 und 132) wird zweckmäßigerweise wieder numerisch durchgeführt mit

$$V(\alpha) = (h_1/2\pi) \sum_J \frac{F(\alpha + \gamma_1(J)) + F(\alpha + \gamma_1(J+1))}{2} (\gamma_1(J+1) - $$

$$- \gamma_1(J)) \tag{133}$$

und

$$0 \leq \gamma_1(J) \leq -\alpha \qquad \text{für} \quad \alpha \geq -\varphi_H$$

$$0 \leq \gamma_1(J) \leq +\varphi_H \quad \text{für} \quad \alpha \leq -\varphi_H$$

Durch Variation der Läuferstellung α erhält man schließlich den Verlauf des Zahnlückenvolumens $V(\alpha)$ über dem Drehwinkel des Hauptläufers α.

3.7 Ansaugende, Verdichtungsbeginn und theoretische Fördermenge eines Läuferpaares

Das Ende des Ansaugvorganges ist gekennzeichnet durch den erstmaligen Abschluß des Zahnlückenraumes beim Drehen der Läufer. Dieser kann je nach Ausbildung der saugseitigen Steuerkante, bei einer beliebigen Drehstellung, die jedoch innerhalb des Drehwinkelbereiches von

$$\alpha_{min} \leq \alpha \leq 0$$

liegen muß, erfolgen. Sinnvollerweise wird man jedoch, um die Läuferverzahnung voll auszunutzen, den Zahnlückenraum schon bei α_{min} abschließen. Eine Ausnahme bilden hier lediglich die durch einen Steuerschieber in ihrer Leistung geregelten Kälteverdichter.

Je nach Größe des gewählten Verschraubungswinkels am Hauptläufer kann der Verdichtungsbeginn, der durch das erstmalige Kleinerwerden des Zahnlückenvolumens beim Drehen der Läufer gekennzeichnet ist, unmittelbar an α_{min} anschließen, oder aber es erfolgt vorerst ein Weiterschieben des Fördermediums ohne Volumsverkleinerung und erst anschließend der Verdichtungsvorgang.

Der zweite Fall tritt dann auf, wenn die Läuferverschraubungswinkel klein sind. Dann kommen zusammengehörige Zähne für bestimmte Drehwinkelbereiche über die gesamte Läuferlänge voll außer Eingriff. Während dieser Periode wird ähnlich wie bei einer geradverzahnten Zahnradpumpe das Fördermedium einfach weitergeschoben. In Abb. 32 wurde der Verschraubungswinkel bzw. die Hauptläufersteigung einer üblichen Schraubenverdichterverzahnung bei sonst konstanten Abmessungen der Läufer variiert. Aus dem Verlauf des Zahnlückenvolumens zwischen α_{min} und α = 0 ist der Verdichtungsbeginn in Abhängigkeit vom Verschraubungswinkel klar zu sehen.

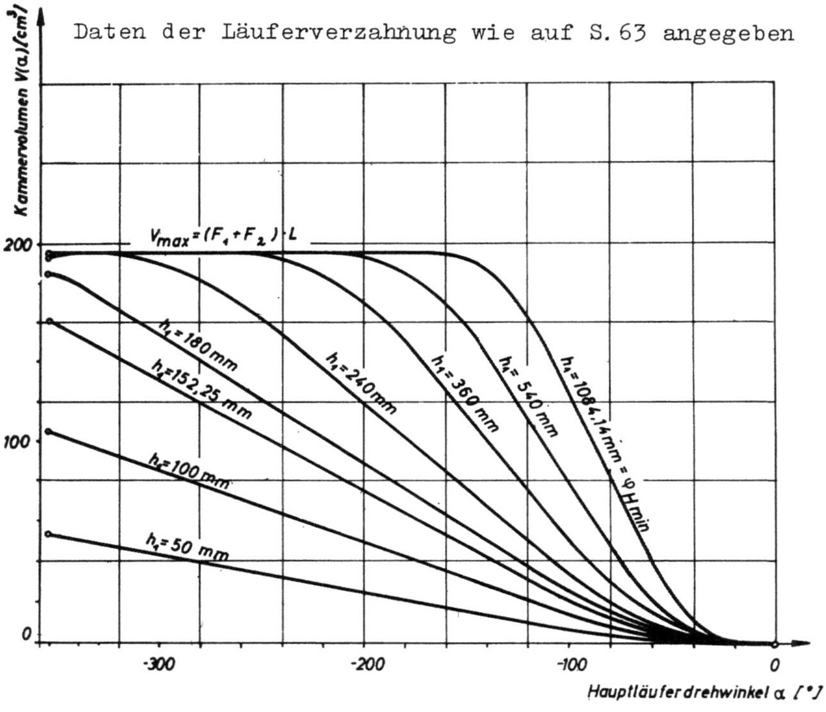

Abb. 32. Verlauf des Zahnlückenvolumens eines Läuferpaares in Abhängigkeit vom Drehwinkel und der Hauptläufersteigung h_1.

Bei etwa 180 mm Steigung, was für den betrachteten Fall nach Gl. (101) einem Verschraubungswinkel von φ_H = 300° entspricht, kommen zusammengehörige Läuferzahnlücken noch nicht völlig außer Eingriff. Der Verdichtungsvorgang beginnt bei α_{min} = = - 355° (Abb. 32). Bei etwa 240 mm Steigung kommen die Läuferzahnlücken kurzzeitig voll außer Eingriff. Damit wird das maximal mögliche Fördervolumen eines Zahnlückenpaares erreicht. Der Verdichtungsbeginn setzt hier bei etwa α = - 330° ein. Betrachtet man hingegen einen gering verschraubten Läufer z.B. mit h_1 = 540 mm, bleiben die Zahnlücken über einen großen Drehwinkelbereich von - 355° bis etwa - 220° außer Eingriff. Der Verdichtungsvorgang ist nur einem kleinen Drehwinkelbereich vorbehalten.

Aus dem Verlauf des Zahnlückenvolumens eines Lückenpaares über dem Läuferdrehwinkel (Abb. 32) kann das theoretische Fördervolumen eines Schraubenverdichters angegeben werden. Bezeichnet man das Zahnlückenvolumen eines Lückenpaares bei Verdichtungsbeginn mit $V(\alpha_{VB})$, so erhält man vorerst das theoretisch geförderte Volumen, bezogen auf den Gaszustand bei Verdichtungsbeginn für eine Hauptläuferumdrehung, da $\bar{z}_1$ Zahnlücken je Umdrehung gefüllt werden, zu:

$$Q_{1U} = V(\alpha_{VB})\ \bar{z}_1$$

Bei einer Drehzahl von n_1 Hauptläuferumdrehungen pro Minute folgt dann das theoretische Fördervolumen des Verdichters je Minute

$$Q_{theor} = V(\alpha_{VB})\ \bar{z}_1\ n_1 \tag{134}$$

Die Formel für das Fördervolumen eines Schraubenverdichters wird oft in etwas anderer Form angegeben als in Gl.(134).

Dabei wird von folgender Überlegung ausgegangen:

Nimmt man vorerst an, daß die Verschraubung der Läuferzähne so gering ist, daß die Zähne beim Laufen über die gesamte Läuferlänge L völlig außer Eingriff kommen, so ist das in den Zahnlücken transportierte maximale Volumen für die Hauptläuferlücke

$$F_1\ L$$

und für die Nebenläuferlücke

$$F_2\ L$$

mit F_1 und F_2 als Zahnlückenfläche von Haupt- und Nebenläufer im Stirnschnitt. Pro Umdrehung des Hauptläufers macht der Nebenläufer $\bar{z}_1/\bar{z}_2$ Umdrehungen und das bei einer Umdrehung des Hauptläufers weitertransportierte Volumen wird daher

$$Q_{1U}' = \bar{z}_1\ F_1\ L + (\bar{z}_1/\bar{z}_2)\ \bar{z}_2\ F_2\ L$$

$\bar{z}_1$ und $\bar{z}_2$ sind darin, wie bisher bezeichnet, die Zähnezahlen von Haupt- und Nebenläufern. Je Minute ergibt sich damit das theoretische Fördervolumen mit n_1 als Hauptläuferdrehzahl zu

$$Q_{theor}' = \bar{z}_1 \, (F_1 + F_2) \, L \, n_1 \tag{135}$$

Die Verschraubungswinkel der Läuferzähne werden jedoch üblicherweise so groß ausgeführt, daß die Zähne nie völlig über die gesamte Läuferlänge außer Eingriff kommen. In einer Zahnlücke befindet sich damit ein kleineres Volumen als F_1 L bzw. F_2 L. Diesem Umstand wird durch Einführung eines Korrekturfaktors C_1 in Gl. (135) Rechnung getragen.

Der Faktor C_1 ist abhängig von der Verzahnungsgeometrie im Stirnschnitt und vom Verschraubungswinkel der Läuferzähne. Somit ergibt sich für das theoretische Fördervolumen eines Schraubenverdichters

$$Q_{theor} = C_1 \, \bar{z}_1 \, (F_1 + F_2) \, L \, n_1$$

Werden nun noch die Zahnlückenflächen F_1 und F_2 mit dem Hauptläuferaußendurchmesser D_1 dimensionslos gemacht und ersetzt man weiters die Läuferlänge durch das dimensionslose Längen-Durchmesserverhältnis der Läufer, wird schließlich

$$Q_{theor} = C_1 \, \frac{\bar{z}_1 \, (F_1 + F_2)}{{D_1}^2} \, \frac{L}{D_1} \, {D_1}^3 \, n_1$$

oder mit der Abkürzung:

$$C_2 = \frac{\bar{z}_1 \, (F_1 + F_2)}{{D_1}^2} \tag{136}$$

$$Q_{theor} = C_1 \, C_2 \, \frac{L}{D_1} \, {D_1}^3 \, n_1 \tag{137}$$

Ein Vergleich mit der früheren Beziehung Gl. (134) ergibt für den Korrekturfaktor C_1

$$C_1 = \frac{V(\alpha_{VB})}{(F_1 + F_2) \, L} \tag{138}$$

C_1 stellt also das Verhältnis vom tatsächlichen Zahnlückenvolumen bei Verdichtungsbeginn zum maximal möglichen Zahnlückenvolumen der Läufer dar.

3.8 Eingebautes Volumsverhältnis, Ausschubbeginn und Ausbildung der Steuerkanten

Während des Verdichtungsvorganges wird das Zahnlückenvolumen eines Läuferpaares von $V(\alpha_{VB})$ immer weiter verkleinert, bis zum Volumen V_i. Bei einer weiteren Drehung wird die Zahnlücke über eine radiale und achsiale Auslaßöffnung im Gehäuse mit der Druckleitung des Verdichters verbunden und es setzt der Ausschubvorgang ein. Je nach Lage der Auslaßöffnung im Verdichtergehäuse kann das Zahnlückenvolumen bei Ausschubbeginn beliebig festgelegt werden. Es sollte aber aus thermodynamischen Überlegungen etwa so groß gewählt werden, daß der Verdichtungsdruck in der Zahnlücke knapp vor dem Ausschieben annähernd gleich ist dem Verdichtungsenddruck am Druckstutzen des Verdichters.

Man nennt das Verhältnis

$$\frac{V(\alpha_{VB})}{V_i} = \Theta \qquad (139)$$

das eingebaute Volumsverhältnis des Schraubenverdichters. Es ist eine maschinenspezifische Kenngröße des Verdichters.

Die Auslaßöffnung im Verdichtergehäuse ist so auszubilden, daß die Läuferzahnlücke nach Überschreiten des Drehwinkels, der dem Zahnlückenvolumen V_i entspricht, möglichst großflächig mit dem Auslaßkanal verbunden wird. Die Berandung der radialen und achsialen Auslaßöffnung im Gehäuse, die sogenannte Steuerkante, folgt deshalb aus der Zahnlückenbegrenzung der Läuferverzahnung in der Drehwinkelstellung α_{Stk} bei Ausschubbeginn. Es gilt demnach

$$V_i = V(\alpha_{Stk})$$

Die Lage der Steuerkante im Gehäuse und damit der Ausschubbeginn richtet sich nach dem gewünschten eingebauten Druck- bzw. Volumsverhältnis. Ist das eingebaute Volumsverhältnis auf Grund von thermodynamischen Überlegungen vorgegeben, so kann vorerst aus dem Verlauf des Zahnlückenvolumens über den Drehwinkel etwa nach Abb. 32 die dem Ausschubbeginn bei dem jeweiligen eingebauten Volumsverhältnis zugeordnete Läuferstellung ermittelt werden.

Werden die Läufer über diese Stellung hinaus weitergedreht, muß möglichst entlang der gesamten Lückenbegrenzung das betrachtete Zahnlückenpaar mit dem Ausschubkanal verbunden sein.

Mit den Abb. 3 und 6 ist daher die Ausnehmung am Zylindermantel der Gehäusebohrungen - der radiale Auslaß - je eine Schraubenlinie an Haupt- und Nebenläuferbohrung, die entsprechend den Kopfschraublinien jener Läuferzähne verläuft, die die Zahnlücke nach der Druckseite hin abschließen. Dabei muß die schraubenlinienförmige Gehäuseausnehmung an der Nebenläuferbohrung um die Nebenläuferzahnstärke im Achsschnitt σ_A nach hinten, zur Saugseite hin, versetzt sein, um ein gleichzeitiges Öffnen der Lücke am Haupt- und Nebenläufer zu erhalten. Die Versetzung in z-Richtung beträgt dann mit σ als Zahnstärke im Stirnschnitt (vgl. Abb. 11)

$$\sigma_A = \sigma\ h_1\ (\bar{z}_2/\bar{z}_1)\ (1/D_2\ \pi) \qquad (140)$$

Die Lage dieses Schraubenlinienpaares im Gehäuse wird am einfachsten durch den Schnitt der hauptläuferseitigen Schraubenlinie mit der gemeinsamen Zylindererzeugenden im Schnitt der beiden Bohrungen angegeben.

Der Abstand z_{Stk} von der Druckseite beträgt dann

$$z_{Stk} = -\ (h_1/2\pi)\ (\alpha + \frac{2\pi}{\bar{z}_1} + \varphi_G) \qquad (141)$$

Damit ist der Zusammenhang zwischen Läuferstellung bei Ausschubbeginn, ausgedrückt durch α_{Stk}, und der Lage der Steuerkante im Zylindermantel z_{Stk} hergestellt. Gleichzeitig mit der Öffnung des Zahnlückenraumes am Zylindermantel der Gehäusebohrungen wird auch die Stirnseite der Zahnlücke geöffnet (achsialer Auslaß), um ein möglichst widerstandsfreies Ausschieben des geförderten Gases durch eine große Ausschuböffnung im

Gehäuse zu erreichen.

Die im druckseitigen Stirndeckel notwendigen Ausnehmungen für die Steuerkanten folgen unmittelbar aus der Zahnstellung der Läufer in der Ebene z = 0, gegeben durch den Winkel α_{Stk} beim Überfahren der Steuerkante. Aus Gl. (135) wird ersichtlich, daß für Läuferstellungen α beim Ausschubbeginn von

$$\alpha_{Stk} \geq -\left(\frac{2\pi}{\bar{z}_1} + \varphi_G\right) + \frac{2\pi}{h_1}\sigma_A$$

die Gehäusebohrungen wegen $z_{Stk} \leq -\sigma_A$ keine Ausnehmungen mehr haben dürfen und der Ausschub des Gases nur durch die achsiale Auslaßöffnung im Gehäusestirndeckel erfolgen kann.

Je größer das eingebaute Druckverhältnis bzw. Volumsverhältnis der Maschine ist, also je größer der Winkel α_{Stk} bei Ausschubbeginn ist, desto kleiner wird die Ausschuböffnung im Gehäuse.

Aus Abb. 33 ist die Konstruktion der radialen und achsialen Auslaßöffnung für einen Schraubenverdichter mit asymmetrischem SRM-Profil zu entnehmen.

Vorerst muß mit Hilfe des Volumsverlaufes eines Zahnlückenpaares über den Drehwinkel (vgl. Abb. 32) bei vorgegebenem eingebauten Volumsverhältnis, das ist das Verhältnis vom Zahnlückenvolumen bei Verdichtungsbeginn zu Zahnlückenvolumen bei Ausschubbeginn, der Drehwinkel α_{Stk} des betreffenden Zahnlückenpaares festgelegt werden.

Die zum Drehwinkel α_{Stk} gehörende Läuferstellung ist in Abb. 33 strichliert gezeichnet. Das zum Drehwinkel α_{Stk} gehörende, am Ausschubbeginn stehende Zahnlückenpaar ist in Abb. 33 schraffiert eingetragen. Im Stirndeckel des Verdichters ist nun die achsiale Auslaßöffnung so festzulegen, daß bei einer weiteren Drehung der Läufer das Zahnlückenpaar mit dem Auslaßkanal möglichst ohne große Drosselung verbunden wird.

Die Steuerkante muß daher, beginnend vom Kopfkreis der Hauptläuferverzahnung, vorerst der Hauptläuferzahnflanke folgen. Dabei wird üblicherweise die relativ komplizierte Flankenform

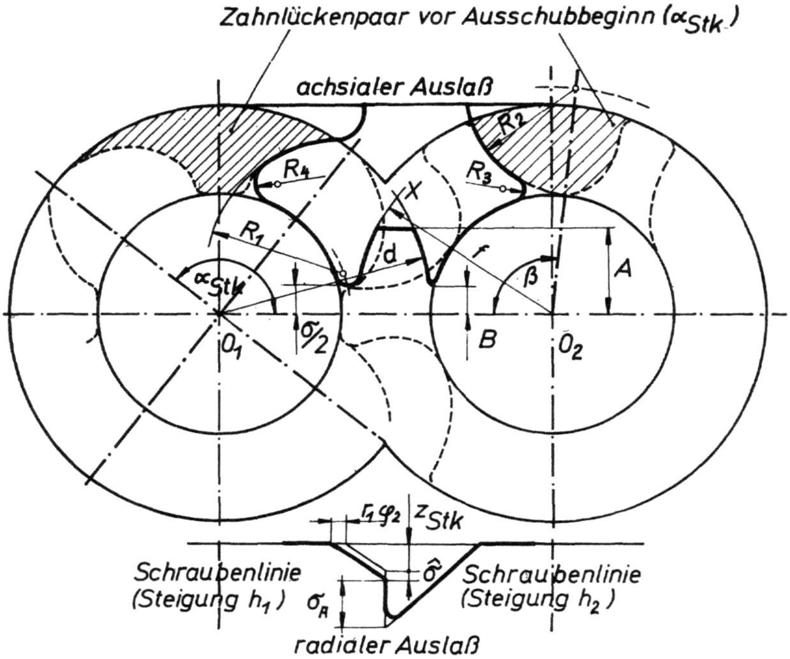

Abb. 33. Konstruktion der radialen und achsialen Steuerkante im Verdichtergehäuse eines Schraubenverdichters.

des Hauptläufers durch den Kreisbogen mit dem Radius R_1 angenähert (Abb. 33).

Anschließend folgt die Steuerkante dem Läuferfußkreis des Hauptläufers. Die Verbindung zwischen Flankenlinie und Läuferfußkreis geschieht mit dem Rundungsradius R_4. Die Steuerkante am Fußkreis endet etwa in der Höhe der halben Nebenläuferzahnstärke $\sigma/2$ über der Verbindungslinie O_1 O_2 (Abb. 33). Ganz analog verläuft die Steuerkante am Nebenläufer. Sie beginnt ebenfalls am Nebenläuferkopfkreis und folgt der Nebenläuferflanke. Wieder wird die Nebenläuferflanke durch einen Kreisbogen (Radius R_2 in Abb. 33) angenähert. Die Steuerkante setzt sich über den Rundungskreis R_3 und den Nebenläuferfußkreis fort, bis sie im Abstand B von der Verbindung O_1 O_2 endet.

Die noch fehlende Verbindungslinie der Steuerkante kann durch folgende Überlegung erhalten werden:

Beim Weiterdrehen der Läuferlücken über α_{Stk} hinaus erfolgt das Ausschieben des Gasvolumens. Der Druck in den Zahnlücken ist dabei gleich dem Verdichtungsenddruck. Es darf daher im gesamten Drehwinkelbereich von α_{Stk} bis $\alpha = 0$ (Ausschubende) keine Lücke an der druckseitigen Stirnfläche der Läuferverzahnung entstehen, welche den Ausschubkanal mit dem Saugraum an der Verzahnungsunterseite verbindet.

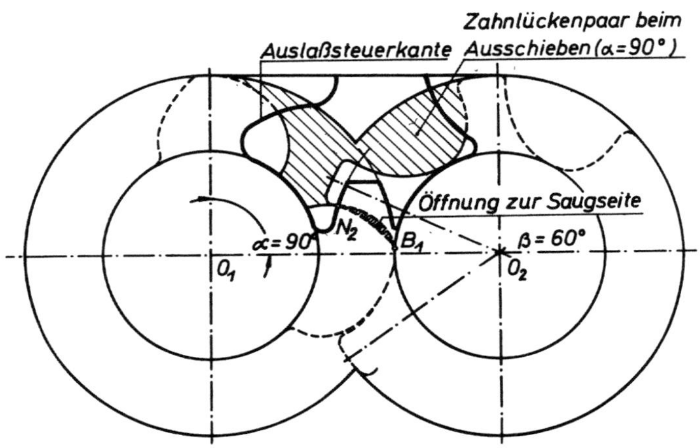

Abb. 34. Steuerkante des druckseitigen achsialen Auslasses und Läuferstellung für α = 90° (während des Ausschubvorgangs).

Eine solche Lücke entsteht aber, wie aus Abb. 34 ersichtlich, zwischen den Punkten N_2 und B_1 der Läuferzähne. In Abb. 34 ist das gleiche Läuferpaar und die gleiche Steuerkante wie in Abb. 33 gezeichnet, nur wurden die Läufer von $\alpha_{Stk} = -142°$ weitergedreht und in der Lage $\alpha = -90°$ dargestellt. Das ausschiebende Zahnlückenpaar ist wieder schraffiert eingetragen.

Die Lücke, die jeweils zwischen den Punktbahnen der Flankenpunkte N_2 (Kreis mit dem Radius f um O_2) und B_1 (Kreis mit dem Radius d um O_1) entsteht, ist durch die Steuerkanten im Stirndeckel abzudecken (vgl. dazu auch Abb. 11).

Dabei wären die Kreisbogen theoretisch bis zum Punkt X in Abb. 33 auszuführen. Praktisch wird aber im oberen Bereich die abzudeckende Lücke so klein, daß die Abdeckung in der Höhe A abgeschnitten werden kann (Abb. 33).

In Abb. 35 ist die konstruktive Gestaltung der in Abb. 33 konstruierten achsialen Auslaßöffnung dargestellt.

Abb. 35. Eingegossene stirnseitige Auslaßöffnung im druckseitigen Deckel eines Schraubenverdichters mit asymmetrischem SRM-Profil für den Ausschubbeginn bei $\alpha = -142°$.

Der radiale Auslaß wird theoretisch durch die Kopfschraublinien von Haupt- und Nebenläuferzahn begrenzt (Abb. 33). Da jedoch die Spaltbreite zwischen Hauptläuferzahnkopf und dem gegenüber der Gehäusebohrung zurückgesetzten Hauptläuferflankenpunkt B_1 extrem eng ist, erscheint es zweckmäßig, den radialen Auslaß durch eine zur Kopfschraublinie parallellaufende Schraubenlinie durch B_1 zu begrenzen. Der Abstand zur Kopfschraublinie beträgt im Stirnschnitt mit ausreichender Näherung $r_1 \varphi_2$ (Abb. 11).

Dies bedeutet, daß der Abstand zwischen Läuferstirnseite und dem Schnittpunkt der Begrenzungsschraublinie der radialen Auslaßöffnung des Hauptläufers mit der gemeinsamen Erzeugenden der Gehäusebohrungen nun

$$z_{Stk} + \hat{\sigma} = z_{Stk} - \varphi_2 \, r_1 \, h_1 \frac{1}{D_1 \, \pi} \qquad (142)$$

beträgt (Abb. 33).

Die radiale Steuerkante folgt dann der Schnittlinie der Gehäusebohrung auf eine Länge, die der Zahnstärke des Nebenläufers im Achsschnitt σ_A entspricht. Das letzte Stück der radialen Auslaßsteuerkante bildet dann der Abschluß der Nebenläuferlücke durch eine Schraubenlinie mit der Nebenläufersteigung h_2 (Abb. 33).

In Abb. 36 ist wieder die konstruktive Gestaltung der radialen Auslaßöffnung im Verdichtergehäuse wiedergegeben.

Abb. 36. Konstruktive Ausführung der radialen Auslaßöffnung in einem Schraubenverdichtergehäuse für den Ausschubbeginn bei $\alpha = -142°$.

3.9 Die Leckspaltflächen eines Zahnlückenpaares

Ein Zahnlückenpaar wird in einer beliebigen Läuferstellung durch das Gehäuse am Umfang und an den Stirnflächen abgeschlossen (Abb. 2). An den Grenzen zum Gehäuse entstehen Leckspalte. Weiters wird die druckseitige Zahnlücke durch die Berührungslinien der Zahnflanken gegenüber der Unterseite der Verzahnung abgegrenzt.

Die Spaltlänge dieser Leckspalte und die Fläche des Blaslochs wurden bereits bestimmt. Nimmt man an, daß die Läufer so genau als möglich eingepaßt und gefertigt werden, so sind alle Spiele etwa gleich groß dem minimal möglichen Spiel. Es können daher näherungsweise an allen Leckspaltlinien konstante, mittlere wirksame Spalthöhen von der Größe τ^x angenommen werden, sodaß damit die Spaltflächen bestimmbar sind.

Die Begrenzungsspalte einer Zahnlücke sind nicht gleichwertig. So gibt es Spaltlinien, die die betrachtete Zahnlücke mit der nachfolgenden Lücke, die im allgemeinen geringeren Druck aufweist, verbinden. Diese Spalte mit der Spaltfläche $F_S(\alpha)$ setzen sich nach Abb. 2 zusammen aus:

Saugseitigen Kopfspaltlinien an Haupt- und Nebenläufer gemäß Abschnitt 3.2.4 sowie näherungsweise dem halben Stirnspalt an der Druckseite und dem halben Stirnspalt der Saugseite gemäß 3.5, weiters der Blaslochfläche, solange die Läuferstellung nicht

$$0 \geq \alpha \geq -\varphi_G \tag{143}$$

wird.

Für Läuferstellungen $\alpha \geq -\varphi_G$ endet der Spalt nicht am Zylindermantel und das Blasloch entfällt (Abb. 25).

Somit erhält man für die Gesamtspaltfläche, welche eine Zahnlücke von der nächstfolgenden trennt:

$$F_S(\alpha) = \tau^x \, (l_{KS1}(\alpha) + l_{KS2}(\alpha) + (1/2)(l_{SD}(\alpha) + l_{SS}(\alpha))) + F_{B1}$$

für $\alpha \leq -\varphi_G$

$$F_S(\alpha) = \tau^x \, (l_{KS1}(\alpha) + l_{KS2}(\alpha) + (1/2)(l_{SD}(\alpha) + l_{SS}(\alpha)))$$

für $\alpha \geq -\varphi_G$ (144)

Die Spalte, die eine Zahnlücke mit der vorangehenden Zahnlücke verbinden, erhält man analog zu:

$$F_D(\alpha) = \tau^x \, (l_{KD1}(\alpha) + l_{KD2}(\alpha) + (1/2)(l_{SD}(\alpha) + l_{SS}(\alpha))) + F_{B1}$$

für $\alpha \leq -(\varphi_G + (2\pi/\bar{z}_1))$

$$F_D(\alpha) = \tau^x \, (l_{KD1}(\alpha) + l_{KD2}(\alpha) + (1/2)(l_{SD}(\alpha) + l_{SS}(\alpha)))$$

für $\alpha \geq -(\varphi_G + (2\pi/\bar{z}_1))$ (145)

Diese Spalte stellen eine Verbindung von der vorangehenden Zahnlücke mit im allgemeinen höherem Druck zu der betrachteten Zahnlücke her. Durch die Spaltfläche $F_D(\alpha)$ fließt dem Lückenraum in der Regel Gasmasse zu.

Durch eine gedachte Drehung um eine Zahnteilung kommt ein Zahnlückenraum von der Lage α in die Position $(\alpha + 2\pi/\bar{z}_1)$, also an die Stelle des vorangehenden Zahnlückenraumes der ursprünglichen Stellung.

Die aus dem vorangehenden Lückenraum durch $F_S(\alpha + (2\pi/\bar{z}_1))$ abfließende Leckmenge ist gleich der dem betrachteten Lückenraum durch $F_D(\alpha)$ zufließenden Leckmenge.

Nun verbleibt noch die Spaltfläche der Berührungslinien, welche stets eine Verbindung zur Saugseite der Läufer herstellt. Mit Gl. (94) wird die Leckspaltfläche der Berührungslinien F_B:

$$F_B(\alpha) = \tau^x \, l_{B\text{-}Lin}(\alpha) \qquad (146)$$

3.10 Übliche Läuferausbildung, Berechnungsbeispiel

3.10.1 Allgemeines

Die Läuferverzahnung nach dem asymmetrischen SRM-Profil ist im Stirnschnitt bestimmt durch Angabe von (vgl. Abb. 11):

Hauptläuferzähnezahl	$\bar{z}_1$	Nebenläuferdurchmesser	D_2
Nebenläuferzähnezahl	$\bar{z}_2$	Nebenläuferdurchmesser	D_2'
Achsabstand	a	Winkel	φ_1 φ_2
Hauptläuferdurchmesser	D_1		

Dazu kommen noch für die Verschraubung der Zähne:

Läuferlänge	L	Hauptläufersteigung	h_1

Durch Variation dieser Angabegrößen entsteht eine große Vielfalt von verschiedenen Läuferformen. In der Praxis wird jedoch von dieser Vielzahl an Möglichkeiten kein Gebrauch gemacht. Es hat sich vielmehr eine Standardform herausgebildet, die heute fast ausschließlich Verwendung findet.

Bei der heute üblichen Ausführung wird der Hauptläufer durchwegs mit $\bar{z}_1 = 4$ und der Nebenläufer mit $\bar{z}_2 = 6$ Zähnen ausgeführt. Weiters werden die Durchmesser von Haupt- und Nebenläufer gleich groß mit $D_1 = D_2$ ausgebildet (Fertigungsvorteil). Der Durchmesser D_2' (Abb.11) wird etwa mit $D_2' = (0{,}99 \text{ bis } 1)\ D_2$ ausgeführt.

Die Relation zwischen Achsabstand a und den Läuferdurchmessern ist nicht mehr beliebig festzulegen. Aus den vorgegebenen Zähnezahlen und dem Achsabstand sind aus den Gln. (1 und 2) die Wälzkreisdurchmesser bestimmt. Nun muß aber der Nebenläuferdurchmesser D_2' größer oder höchstens gleich sein dem Durchmesser D_{w2}. Üblicherweise wird ausgeführt:

$$D_2 = 1{,}059\ D_{w2} \tag{147}$$

Damit gilt zwischen Läuferdurchmesser D_1 und dem Achsabstand

$$a = 0{,}785\ D_1 \tag{148}$$

und die Tiefe der Nebenläuferlücke wird damit

$$\left(\frac{D_1 + D_2}{2} - a\right) = 0{,}215\ D_1 \tag{149}$$

Die Kopfhöhe der Hauptläuferzähne folgt mit Gl. (1) zu:

$$\frac{D_1 - D_{w1}}{2} = D_1\ \frac{1 - 2\ \bar{z}_1\ a\ (1/(\bar{z}_1 + \bar{z}_2))}{2} = 0{,}186\ D_1 \tag{150}$$

Berechnet man für eine so gegebene Verzahnung die Zahnlückenflächen der Haupt- und Nebenläuferzähne, erhält man nach 3.4.2 für die Hauptläuferfläche

$$F_1 = 0{,}0657\ D_1^{\,2}$$

und für die Nebenläuferfläche

$$F_2 = 0{,}0594\ D_1^{\,2}$$

Damit läßt sich die Konstante C_2 für die Volumsberechnung nach Gl. (136) angeben.

$$C_2 = \frac{\bar{z}_1\ (F_1 + F_2)}{D_1^{\,2}} = 0{,}500 \tag{151}$$

Die Winkel φ_1 und φ_2 liegen etwa im Bereich von 0 bis $\pm$ 10°. Die Läuferlänge wird üblicherweise über das Längen-Durchmesserverhältnis L/D_1 auf den Hauptläuferdurchmesser bezogen. Übliche L/D_1 - Werte sind

$$L/D_1 = 1,\ 1{,}2,\ 1{,}5 \text{ und } 1{,}65$$

Als Verschraubungswinkel der Zähne über die Hauptläuferlänge werden Winkel φ_H von

$$\varphi_H = 200° \text{ bis } 320°$$

verwendet.

Mit Hilfe der Gl. (128) kann bei gegebenem Verschraubungswinkel

φ_H die Hauptläufersteigung h_1 festgelegt werden.

3.10.2 Berechnungsbeispiel für ein Schraubenverdichterläuferpaar üblicher Ausführung

Die Anwendung der bisher gebrachten Theorie soll nun an Hand eines Berechnungsbeispiels demonstriert werden.

Angabe:

Es soll ein Läuferpaar samt zugehörigen Steuerkanten im Verdichtergehäuse für einen Schraubenverdichter mit Öleinspritzkühlung und asymmetrischem SRM - Profil für folgende Bedingungen angegeben werden:

Fördervolumen des Verdichters bezogen auf Ansaugzustand

$$Q = 3 \text{ m}^3/\text{min}$$

eingebautes Volumsverhältnis

$$\Theta = 3{,}55$$

Im Hinblick auf die Erzielung eines optimalen Wirkungsgrades ist die Umfangsgeschwindigkeit an den Läuferzahnköpfen mit

$$v = 25 \text{ bis } 30 \text{ m/s}$$

zu wählen. Auf Grund der inneren Undichtheiten der Maschine und wegen der Ansaug- und Aufheizverluste fördert ein Schraubenverdichter weniger, als auf Grund des aus dem Zahnlückenvolumen der Läufer berechneten theoretischen Fördervolumens Q_{theor} zu erwarten wäre. Das Verhältnis von Q/Q_{theor} wird allgemein als Ausnutzungsgrad oder volumetrischer Wirkungsgrad (Liefergrad) des Verdichters bezeichnet.

$$\lambda_v = Q/Q_{theor}$$

λ_v sei bei einer für alle Spalte konstanten mittleren Spalthöhe von $\tau^x = 0{,}05$ mm und für einen angenommenen Betriebsfall mit

$$\lambda_v = 0{,}79$$

vorgegeben.

Das Läuferpaar soll in üblicher Ausführung, wie in 3.9.1 beschrieben, ausgeführt werden. Für das Längen-Durchmesserverhältnis wird

$$L/D_1 = 1{,}5$$

gewählt und der Verschraubungswinkel am Hauptläufer zu

$$\varphi_H = 300°$$

festgelegt. Ebenso sei $\varphi_1 = 9°$ und $\varphi_2 = -10°$ gewählt. Mit Gl. (128) wird dann

$$h_1 = L(360/\varphi_H) = 1{,}8\ D_1$$

Nun können die in Frage kommenden Läuferdurchmesser grob abgeschätzt werden. Dazu geht man von Gl. (135) aus und setzt näherungsweise

$$Q_{theor} \doteq Q/\lambda_v \approx Q_{theor}' = C_2\ D_1^3\ (L/D_1)\ n_1 \qquad (152)$$

Wird die Hauptläuferdrehzahl n_1 durch die Umfangsgeschwindigkeit an den Läuferzahnköpfen ausgedrückt, erhält man:

$$n_1 = \frac{60\ v}{D_1\ \pi}$$

und

$$Q/\lambda_v \approx C_2\ D_1^2\ (L_1/D_1)\ (60\ v/\pi)$$

bzw.

$$Q = \lambda_v\ C_2\ D_1^2\ (L/D_1)\ (60\ v/\pi)$$

und daraus den gesuchten Läuferdurchmesser

$$D_1 = \sqrt{\frac{Q\ \pi}{\lambda_v\ C_2\ (L/D_1)\ 60\ v}} = 0{,}1\ \text{m} = 100\ \text{mm}$$

wenn für v vorerst 27 m/s vorgesehen werden. Daraus folgt der Achsabstand zu

$$a = 0{,}785\ D_1 = 78{,}5\ \text{mm}$$

Aufgerundet ist a = 80 mm auszuführen. Damit wird der Läuferdurchmesser D_1 = 102 mm.

Nun liegen sämtliche zur Berechnung benötigten Verzahnungsdaten vor (vgl. 3.9.1) und man erhält die gerundeten Werte:

$\bar{z}_1$ = 4	$D_1 = D_2$ = 102 mm	φ_2 = - 10 °
$\bar{z}_2$ = 6	D_2' = 101 mm	L = 150 mm
a = 80 mm	φ_1 = 9 °	h_1 = 180 mm

Das tatsächliche Fördervolumen der gewählten Verzahnung wird auf Grund der Näherung in Gl. (151) und auf Grund der Rundung des Achsabstandes für v = 27 m/s nicht genau 3 m^3/min sein. Dies kann aber durch eine geringe Änderung der Verdichterdrehzahl wieder kompensiert werden.

Nun können aus den Angaben schrittweise nach 3.2.1 sämtliche Längen- und Winkelbeziehungen für das Verzahnungsbild im Stirnschnitt berechnet werden. Ebenso folgen aus 3.2.2 die Flanken- und Eingriffsliniengleichungen, sodaß das Verzahnungsbild leicht gezeichnet werden kann. Es ist für das hier behandelte Beispiel in Abb. 11 wiedergegeben. Man erhält:

D_{w1} = 64 mm	r_3 = 2,65 mm	g = 54,28 mm
D_{w2} = 96 mm	ρ = 25,35 mm	x_{M2} = 54,28 mm
r_1 = 19 mm	ρ' = 25,40 mm	y_{M2} = - 0,99 mm
r_1' = 19,05 mm	d = 50,82 mm	x_{N2} = 43,80 mm
r_2 = 2,60 mm	e = 6,35 mm	y_{N2} = -13,57 mm
	f = 45,85 mm	

und für die Winkel φ_3 bis φ_{15}

φ_3 = - 3°43'21"	φ_8 = 44°56'13"	φ_{13} = 61°48' 5"
φ_4 = - 1°34'26"	φ_9 = 2°22'23"	φ_{14} = - 37°49' 3"
φ_5 = - 25°49'31"	φ_{10} = - 47°26'10"	φ_{15} = 149°25'41"
φ_6 = 54°18'11"	φ_{11} = 52°10'57"	
φ_7 = 41°45'51"	φ_{12} = - 30°34'19"	

sowie für die Winkel ψ_1 bis ψ_{13}

$\psi_1 = -\ 2°28'54''$	$\psi_6 = -\ 25°10'54''$	$\psi_{11} = 34°49'\ 6''$
$\psi_2 = 1°\ 2'57''$	$\psi_7 = 26°51'13''$	$\psi_{12} = 1°33'\ 7''$
$\psi_3 = -\ 17°13'$	$\psi_8 = 63°12'21''$	$\psi_{13} = 27°50'35''$
$\psi_4 = -\ 20°19'16''$	$\psi_9 = 29°57'28''$	
$\psi_5 = 71°13'51''$	$\psi_{10} = -\ 61°35'40''$	

Die Gehäusewinkel φ_G und ψ_G werden nach Gl. (96):

$$\varphi_G = \psi_G = 38°20'34''$$

Die Zahnstärke des Nebenläufers im Stirnschnitt folgt aus Gl.(42)

$$\sigma = 13,35 \text{ mm}$$

und jene im Normalschnitt aus 3.2.3 zu

$$\sigma_N = 8,90 \text{ mm}$$

Das Ansaugende liegt nach Gl. (117) bei

$$\alpha_{min} = -\ 355°$$

Nun kann die Berührungslinie nach den Gln. (85) bis (93) berechnet werden. Ihr Verlauf ist für das betrachtete Beispiel in Abb. 19 wiedergegeben. Die Länge des Berührungslinienspaltes der Verzahnung erhält man mit Gl. (93) als Funktion des Drehwinkels α . Ihr Verlauf ist aus Abb. 37 zu entnehmen.

Solange der gesamte Berührungslinienzug innerhalb $0 \leq z \leq L$ liegt, ist die Berührungslinienlänge konstant ca. 136 mm (Abb.2). Wegen des Verschaubungswinkels $\varphi_H = 300°$ ist für Läuferstellungen $-\ 355° \leq \alpha \leq -\ 300°$ die Zahnlücke saugseitig offen und muß durch den saugseitigen Gehäusestirndeckel abgedeckt werden. Dadurch verkürzt sich auch die Berührungslinienlänge der Zahnlücke für Drehwinkel $\alpha \leq -\ 300°$ (Abb. 1).

Gleiches gilt für Drehwinkelwerte, bei denen die Berührungslinie des betrachteten Lückenpaares an der Druckseite der Läufer allmählich aus dem technisch realisierten Läuferbereich hinausläuft. In der Nullstellung der Verzahnung ist bei verschwindendem Lückenvolumen die Berührungslinie auf die Strecke AB zusammengeschrumpft,aber nicht Null (Abb. 11 u. 37). Die Sprungstellen im Berührungslinienverlauf in Abb. 37 rühren daher, daß die Rundungskreise der Verzahnung nicht allmählich, sondern ab einem gewissen Drehwinkel in ihrer ganzen Länge zum Eingriff kommen und damit die Berührungslinie sprunghaft in ihrer Länge verändern, sowie vom Blasloch der Verzahnung.

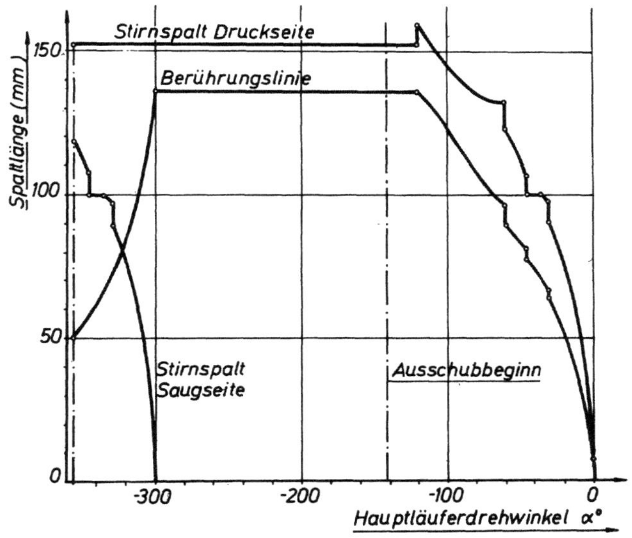

Abb. 37. Verlauf der Länge der Berührungslinienspalte und der Stirnspalte an Druck- und Saugseite eines Schraubenverdichterläuferpaares mit asymmetrischem SRM-Profil in üblicher Ausführung.

Im weiteren können die Stirnspaltlängen nach 3.5 errechnet werden. Ihr Verlauf ist ebenfalls aus Abb. 37 zu entnehmen. Da die Zahnlücke wegen $\varphi_H = 300°$ im Bereich $-355° \leq \alpha \leq -300°$ saugseitig vom Stirndeckel abgeschlossen werden muß, falls dieser Winkelbereich bereits zur Verdichtung herangezogen werden soll, was letztlich erst durch den Verlauf der Volumskurve $V(\alpha)$ beurteilt werden kann, gibt es nur in diesem Winkelbereich einen saugseitigen Stirnspalt.

Für $\alpha \geq -300°$ wird die Zahnlücke bereits durch die Berührungslinien abgeschlossen (Abb. 1 u. 2).

Der druckseitige Stirnspalt ist in einem Winkelbereich von $-355° \leq \alpha \leq -120°$ konstant, da für diesen Drehwinkelbereich das Zahnlückenpaar in z = 0 außer Eingriff ist (Abb. 27). Seine Länge beträgt für Haupt- und Nebenläuferlücke insgesamt etwa 152 mm. Im Winkelbereich $-120° \leq \alpha \leq 0°$ kommen die beiden Zahnlücken in z = 0 zum Eingriff und die druckseitige Stirnspaltlänge sinkt allmählich auf Null ab.

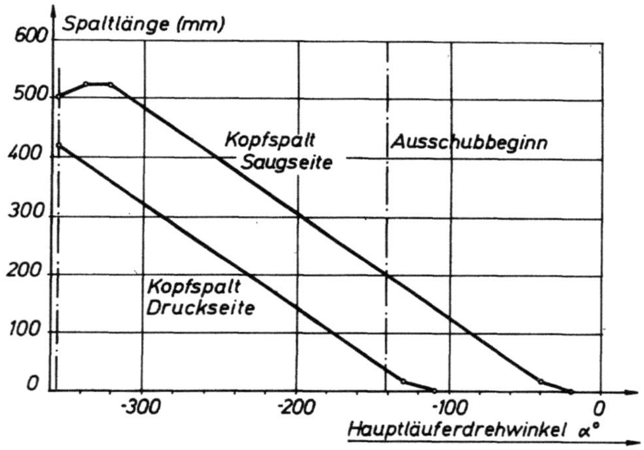

Abb. 38. Verlauf der Kopfspalte zwischen Läuferzahnköpfen und Verdichtergehäuse eines Läuferpaares mit asymmetrischem SRM-Profil üblicher Ausführung.

Der Verlauf der Kopfspalte ergibt sich für die betrachtete Verzahnung aus 3.2.4 und ist in Abb. 38 wiedergegeben. Die druckseitigen Kopfspalte sind Schraubenlinien, ihre Bogenlänge nimmt linear mit dem Läuferdrehwinkel ab. Bei $\alpha = -130°$ hat der Zahnkopf der druckseitigen Lückenbegrenzung in z = 0 die Schnittlinien der Gehäusebohrungen erreicht und der druckseitige Hauptläuferkopfspalt verschwindet. Der Nebenläuferzahnkopf erreicht die Schnittlinie der Gehäusebohrungen erst etwas später ($\alpha = -105°$). Daraus erklärt sich der Knick im Kurvenverlauf der druckseitigen Kopfspalte in Abb. 38. Auf Grund des gewählten Verschraubungswinkels von $\varphi_H = 300°$, also einem Winkelwert, der größer ist als der Winkel zwischen den beiden Schnittlinien der Gehäusebohrungen von

$$2\pi - 2\,\varphi_G = 238°18'52''$$

endet der saugseitige Kopfspalt des Hauptläufers bei $\alpha = -355°$ vorne - druckseitig - an der Schnittlinie der Gehäusebohrungen und hinten an der Saugseite am Stirndeckel. Werden die Läufer nun zurückgedreht gegen $\alpha = 0$, vergrößert sich die Bogenlänge der Schraubenlinien des Hauptläuferkopfspaltes so lange, bis das Ende des Kopfspaltes auch saugseitig an der Schnittlinie der Gehäusebohrungen liegt. Ab dieser Läuferstellung bleibt die saugseitige Kopfspaltlänge konstant, bis der Hauptläuferzahnkopf in $z = 0$ die Schnittlinie der Gehäusebohrungen erreicht. Ab diesem Zeitpunkt fällt die Spaltlänge linear ab.

Auf Grund des geringeren Verschraubungswinkels am Nebenläufer $(\bar{z}_1/\bar{z}_2)\ \varphi_H$ mit

$$2\pi - 2\varphi_G = 238°18'52'' > (\bar{z}_1/\bar{z}_2)\ \varphi_H = 200°$$

endet die Kopfspaltlinie auch schon bei $\alpha = -355°$ jeweils an den Schnittlinien der Gehäusebohrungen, bleibt also im ersten Drehbereich konstant, um dann ebenfalls linear abzufallen.

Die Addition von saugseitigem Haupt- und Nebenläuferspalt ergibt schließlich den in Abb. 38 wiedergegebenen Verlauf.

Die saug- und druckseitigen Kopfspaltverläufe müssen gleich, nur um einen Zahnteilungswinkel phasenverschoben, sein.

Im weiteren kann nach 3.3.2 die Gestalt und die Fläche des wirksamen druckseitigen Blaslochs der Verzahnung berechnet werden. Die Gestalt des Blaslochs ist der Abb. 24 zu entnehmen. Als Fläche des Blaslochs erhält man für das behandelte Beispiel

$$F_{Bl} = 6\ mm^2$$

Aus den berechneten Spaltlängen und aus der gegebenen mittleren Spalthöhe τ^x sowie aus der Blaslochfläche lassen sich nun entsprechend 3.8 die Leckspaltflächen in Abhängigkeit von der Läuferstellung für ein herausgegriffenes Zahnlückenpaar angeben.

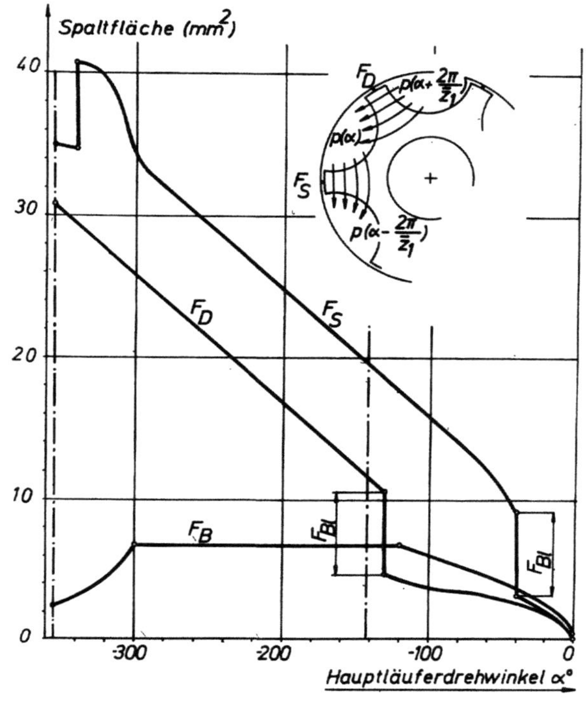

Abb. 39. Leckspaltflächen eines Zahnlückenraumes in Abhängigkeit vom Läuferdrehwinkel.

In Abb. 39 ist der Verlauf der Leckspaltfläche F_D, welche das betrachtete Zahnlückenpaar mit dem vorangehenden Lückenpaar mit im allgemeinen höherem Druck verbindet, der Verlauf der Leckspaltfläche F_S, welcher das betrachtete Lückenpaar mit dem nachfolgenden Lückenpaar mit im allgemeinen niedererem Druck verbindet, und der Verlauf der Berührungslinienspaltfläche, der das betrachtete Lückenpaar mit der Saugseite der Verzahnung, an der etwa konstant Ansaugdruck herrscht, verbindet, dargestellt. Die Sprungstellen im Verlauf von F_S und F_D entstehen durch das Verschwinden des Blaslochs für Läuferstellungen gemäß Gl. (143) und Gl. (144).

Betrachtet man die Anteile der einzelnen Leckspaltflächen an der Gesamtleckspaltfläche, so erkennt man, daß der Hauptanteil von den Kopfspaltlinien herrührt. Das Blasloch gibt ebenfalls einen nicht vernachlässigbaren Anteil, der besonders für große Drehwinkel α, bei denen die übrigen Spaltflächen sehr klein werden, unangenehm in Erscheinung tritt. Der Anteil der Berührungslinienspalte und der Stirnspalte ist größenordnungsmäßig gleich und beträgt im Mittel je 25 bis 30% der Gesamtspaltfläche.

Zur Ermittlung des genauen Fördervolumens der Verzahnung und der Lage und Gestalt der Steuerkanten im Verdichtergehäuse muß der Volumsverlauf $V(\alpha)$ über dem Läuferdrehwinkel errechnet werden. Erster Schritt dazu ist die Ermittlung des Verlaufes der Zahnlückenfläche $F(\alpha)$ gemäß 3.4. Er ist in Abb. 40 wiedergegeben.

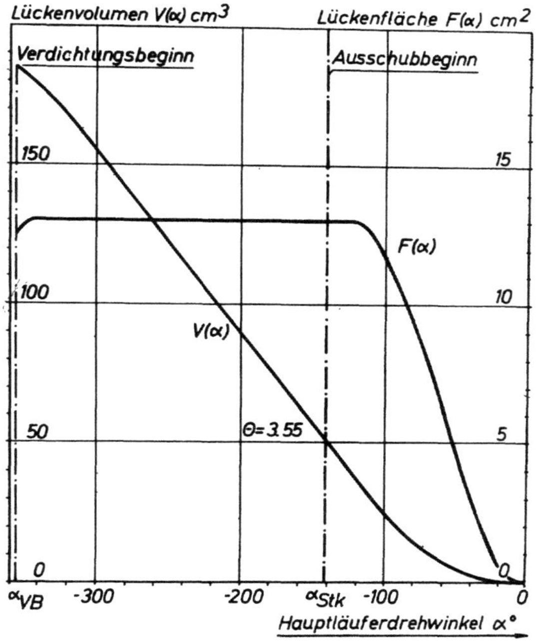

Abb. 40. Verlauf der Zahnlückenfläche und des Zahnlückenvolumens über dem Drehwinkel α eines Läuferpaares mit asymmetrischem SRM-Profil in üblicher Ausführung.

Für die außer Eingriff befindliche Hauptläuferlücke erhält man als Lückenfläche

$$F_1 = 6{,}84\ cm^2$$

und für die Nebenläuferlücke

$$F_2 = 6{,}18\ cm^2$$

Das Maximum der gesamten Lückenfläche beträgt demnach

$$F_1 + F_2 = 13{,}02\ cm^2$$

Durch Integration des Lückenflächenverlaufes für verschiedene Läuferstellungen erhält man nach 3.7 die Volumskurve $V(\alpha)$ eines Zahnlückenpaares. Sie ist ebenfalls in Abb. 40 dargestellt. Wie man sich leicht überzeugen kann, wird für den gewählten Verschraubungswinkel das für die Verzahnung theoretisch mögliche maximale Lückenvolumen von

$$V_{max} = (F_1 + F_2)\ L = 195{,}3\ cm^3$$

nicht erreicht. Das tatsächliche Maximum des Lückenvolumens liegt vielmehr bei

$$V(\alpha)_{max} = V(-\ 355°) = 185{,}2\ cm^3$$

Läßt man den Verdichtungsbeginn, was zweckmäßig ist, mit dem Erreichen von $V(\alpha)_{max}$ zusammenfallen, so muß die für die Zahnstellung $\alpha = -355°$ saugseitig offene Zahnlücke (Abb. 1) durch den saugseitigen Stirndeckel passend abgeschlossen werden. Dann erhält man das theoretische Fördervolumen der Verzahnung mit Gl. (138) und die Volumskonstante C_1 zu

$$C_1 = \frac{V(\alpha_{VB})}{(F_1 + F_2)\ L} = 185{,}2/195{,}3 = 0{,}95$$

und damit

$$Q_{theor} = C_1\ C_2\ (L/D_1)\ D_1^3\ n_1 = C_1\ C_2\ (L/D_1)\ D_1^2\ \frac{60\ v}{\pi} =$$

$$= 0{,}1416\ v = Q/\lambda_v = 3/0{,}79$$

sodaß die Umfangsgeschwindigkeit zur Erzielung der gewünschten Fördermenge Q sich ergibt zu

$$v = 26{,}8\ m/s$$

Dies entspricht einer Antriebsdrehzahl am Hauptläufer von

$$n_1 = (60\, v)/(D_1\, \pi) = 5018\ \text{min}^{-1}$$

Bei gegebener Volumskurve $V(\alpha)$ kann nun die Form und die Lage der Steuerkanten für das gewünschte eingebaute Volumsverhältnis der Maschine festgelegt werden (vgl. 3.8). Knapp vor Öffnen des Zahnlückenraumes durch die Auslaßöffnung muß gelten

$$V(\alpha_{Stk}) = V_i = V(\alpha_{VB})/\Theta = 185{,}2/3{,}55 = 52{,}17\ \text{cm}^3$$

Aus der Volumskurve $V(\alpha)$ kann der zu $V(\alpha_{Stk})$ gehörige Läuferdrehwinkel von

$$\alpha = -\ 142°30'$$

abgelesen werden (Abb. 40). Für diese Winkelstellung wird nun der Läuferstirnschnitt in $z = 0$ gezeichnet und die achsiale Auslaßöffnung gemäß Abb. 33 konstruiert. Zur Festlegung der radialen Auslaßöffnung benötigt man noch die Größen z_{Stk}, σ_A und $\hat{\sigma}$ (Abb. 33). Man erhält nach den Gln. (140 bis 142)

$$\sigma_A = 11{,}25\ \text{mm} \qquad z_{Stk} = 7{,}08\ \text{mm} \qquad \hat{\sigma} = 1{,}86\ \text{mm}$$

Abb. 33 stellt die maßstäbliche Abbildung der Gestalt der Auslaßöffnungen für das betrachtete Beispiel dar.

3.11 Auswirkung der einzelnen Angabegrößen für die Läuferverzahnung auf Fördervolumen und Dichtheit der Zahnlücken

Für eine Läuferverzahnung ist anzustreben, daß sie möglichst dicht ist. Das bedeutet, daß im Drehwinkelbereich der Verdichtung und des Ausschiebens die Leckspaltflächen einer Zahnlücke, durch die Gasmasse verloren geht, bezogen auf das in dem Zahnlückenpaar transportierte Volumen, möglichst klein sind.

Eine Kenngröße hiefür stellt etwa der Ausdruck /14/

$$K = \frac{1}{V(\alpha_{VB})} \int_{\alpha}^{\alpha_{VB}} (F_S(\alpha) + F_B(\alpha))\, d\alpha \qquad (153)$$

dar.

Je kleiner der Ausdruck in Gl. (153), umso "dichter" ist die Zahnlücke, betrachtet über der Verdichtungs- und Ausschubperiode, also in jenem Drehwinkelbereich, in dem infolge von Druckunterschieden in den einzelnen Zahnlücken Leckströmungen auftreten können. Die Größe K kann als grobe Vergleichsgröße einzelner Läuferverzahnungen herangezogen werden. Sie darf aber nicht unmittelbar mit den Verlusten durch Leckströmungen in Verbindung gebracht werden, da diese noch von vielen anderen Parametern, wie Gaszustand in benachbarten Lücken, Läuferdrehzahl, Spaltformen usw., abhängen /14/.

Wollte man nun sämtliche Angabegrößen für eine Läuferverzahnung durchvariieren und die Ergebnisse hinsichtlich Dichtheit und Fördervolumen vergleichen, würde dies zu einer unübersichtlichen Vielzahl von Ergebnissen führen. Um dennoch die grundsätzlichen Einflüsse aufzeigen zu können, soll folgender Weg beschritten werden:

Ausgangspunkt der Betrachtung soll die in 3.9.2 behandelte Standardverzahnung bleiben. Die Abänderung soll so erfolgen, daß nur jeweils eine Angabegröße variiert und ihr Einfluß auf die Verzahnung dargestellt wird.

1.) Änderung der Hauptläufersteigung: Die Hauptläufersteigung und damit der Verschraubungswinkel der in 3.9.2 behandelten Verzahnung wurde im Bereich von φ_{Hmin} gemäß Gl. (126) - dies entspricht einer Steigung h_1 = 1084 mm - bis h_1 = 50 mm variiert. Der Einfluß auf den Verlauf der Volumskurven $V(\alpha)$ ist in Abb. 32 wiedergegeben. Der Verlauf des maximalen Lückenvolumens, der Blaslochfläche, der Nebenläuferzahnstärke und des Kennwertes K ist in Abb. 41 dargestellt.

Bei Läufern mit großer Steigung der Zähne ist der Verdichtungsvorgang nur auf einen kleinen Drehwinkelbereich beschränkt (Abb. 32). Wegen der geringen Zeitspanne, in der die Verdichtung erfolgt, sind die auftretenden Leckgasmengen bezogen auf die geförderte Gasmenge klein. Aus thermischen und thermodynamischen Gründen wird von dieser Eigenschaft zur Erhöhung der "Dichtheit" aber in der Regel kein Gebrauch gemacht.

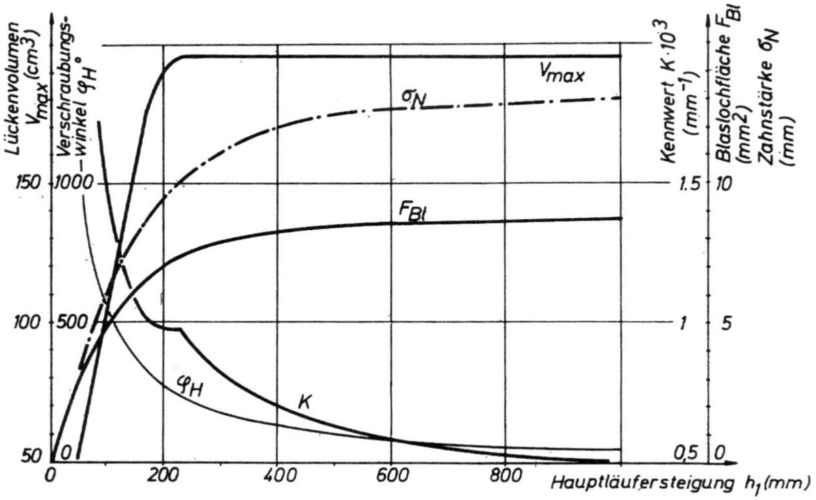

Abb. 41. Variation der Hauptläufersteigung bei einem Verdichterläufer nach 3.9.2.

2.) Variation des Längen-Durchmesserverhältnisses der Läufer bei konstantem Verschraubungswinkel: Das Längen-Durchmesserverhältnis kann bei Schraubenverdichteläufern nur in Grenzen geändert werden. Zu lange Läufer mit großem L/D_1 sind wegen der zunehmenden Läuferdurchbiegung nicht ausführbar. Ändert man in dem in 3.9.2 gebrachten Beispiel das Verhältnis L/D_1, behält aber den Verschraubungswinkel bei, so erhält man die in Abb. 42 dargestellten Zusammenhänge. Danach weisen lange Läufer eine höhere relative "Dichtheit" auf als kurze Läufer.

3.) Änderung der Läuferdurchmesser bei konstanten Zähnezahlen und bei konstantem Achsabstand: Vergegenwärtigt man sich die Konstruktion der Läuferverzahnung im Stirnschnitt (Abb. 11), so erkennt man, daß bei vorgegebenem Achsabstand a und vorgegebenen Zähnezahlen die Wälzkreise bestimmt sind. Eine Änderung des Nebenläuferdurchmessers D_2 ist daher nur möglich bei gleichzeitiger Änderung des Kopfrundungskreises. Dadurch ändert sich die Verzahnung und das Blasloch wesentlich. Die Blaslochfläche steigt durch Vergrößerung des Kopfrundungshalbmessers am Nebenläufer an. Der Kopfrundungskreis soll deshalb, soweit es die Laufeigenschaften und die Herstellungsverfahren zulassen, möglichst klein gehalten werden.

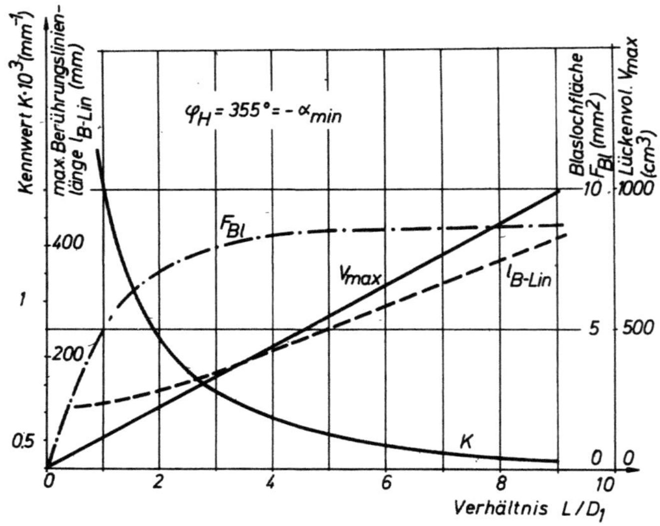

Abb. 42. Einfluß des Längen-Durchmesserverhältnisses auf die Verdichterläufer nach 3.9.2.

Es sollen Verzahnungen verglichen werden, die gleiche Kopfrundungsradien aufweisen. Damit muß D_2 in seiner Größe konstant gelassen werden. Die Hauptläuferdurchmesser können theoretisch zwischen D_{w1} und einem maximalen Durchmesserwert, für den die Nebenläuferzahnstärke zu Null wird, variieren.

Der Einfluß dieser Variation von D_1 auf die wesentlichen Größen der Verzahnung ist in Abb. 43 und in Abb. 44 dargestellt. Aus Abb. 43 folgt zunächst, daß bereits bei einem Verhältnis D_1/D_2 von 1,1 die Nebenläuferzahnstärke σ für die betrachteten Läufer verschwindet und damit die Verzahnung unbrauchbar wird. Je größer der Hauptläuferdurchmesser gewählt wird, desto tiefere Zahnlücken entstehen und desto größer werden die Lückenflächen (Abb. 43). Ebenso muß daher mit zunehmendem D_1/D_2 das Fördervolumen der Verzahnung steigen. Wegen der geänderten Zahnstärken ändert sich auch der theoretisch mögliche Verdichtungsbeginn (Abb. 44).

Die Blaslochfläche erreicht bei D_1/D_2 = 0,98 einen minimalen Wert. Sie steigt für kleiner werdende Hauptläuferdurchmesser leicht, für größer werdende Hauptläuferdurchmesser stärker an. Die relative Dichtheit der Zahnlücke, ausgedrückt durch den Kennwert K, weist mit zunehmendem D_1 wegen des starken Ansteigens der Lückenflächen sinkende Tendenz auf. Eine Verzahnung ist daher umso dichter, je tiefere Zahnlücken entstehen, d.h. je größer das Verhältnis D_1/D_2 gewählt wird. Begrenzt wird die Wahl von D_1/D_2 durch die technisch mögliche minimale Zahnstärke im Normalschnitt am Nebenläufer.

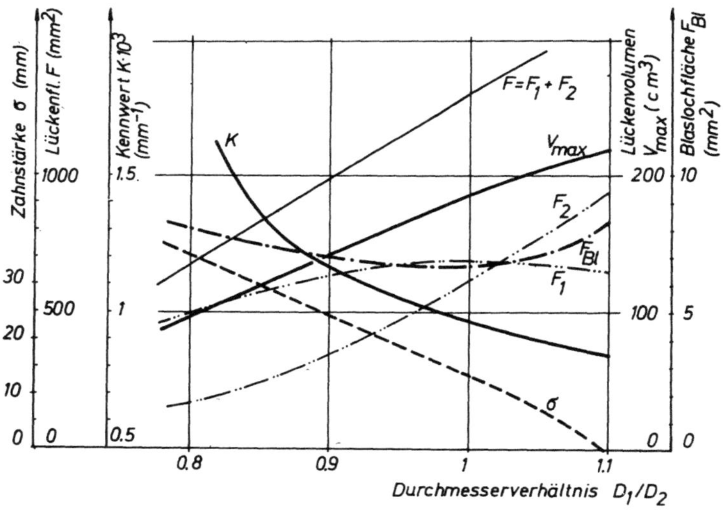

Abb. 43. Variation des Durchmesserverhältnisses von Haupt- und Nebenläufer bei den Läufern nach 3.9.2.

In Abb. 44 sind mit D_1/D_2 als Parameter Verdichtungsbeginn und Volumsverlauf des Zahnlückenpaares über dem Drehwinkel zu entnehmen. Der Rundungsradius am Nebenläufer ist unabhängig von der Wahl von D_1/D_2 möglichst klein zu halten, damit die Blaslochfläche ebenfalls möglichst klein wird.

4.) Untersuchung von Läufern mit verschiedenen Zähnezahlen.

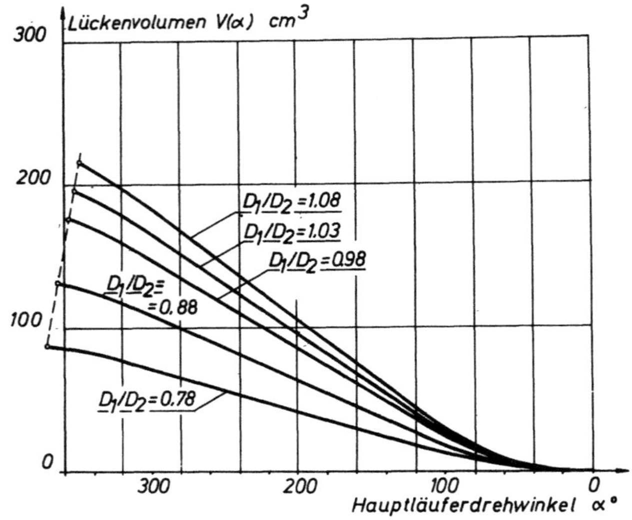

Abb. 44. Verlauf der Volumskurven V(α) eines Läuferpaares nach 3.9.2 für verschiedene Durchmesserverhältnisse D_1/D_2.

An dem bisher betrachteten Läuferpaar werden nun lediglich der Achsabstand a, die Läuferlänge L, die Hauptläufersteigung h_1 sowie die beiden Winkel φ_1 und φ_2 beibehalten. Variiert werden die Zähnezahlen sowohl vom Haupt- als auch vom Nebenläufer. Oben wurde gezeigt, daß die Zahnstärke am Nebenläufer unabhängig vom Zähnezahlverhältnis einen wesentlichen Einfluß auf die Lückenfläche und auf die Dichtheit der Zahnlücken hat. Es ist daher sinnvoll, Läufer mit gleicher möglichst minimaler Nebenläuferzahnstärke bei verschiedenen Zähnezahlen zu vergleichen. Die Hauptläuferzähnezahl wurde im Bereich von $\bar{z}_1 = 3$ bis $\bar{z}_1 = 6$, die Nebenläuferzähnezahl im Bereich von $\bar{z}_2 = 4$ bis $\bar{z}_2 = 10$ untersucht.

Bei vorgegebenem Achsabstand und vorgegebenem Zähnezahlverhältnis sind die Wälzkreise der Verzahnung bestimmt. Da der Nebenläuferdurchmesser D_2 bei konstantem Kopfrundungsradius r_2 unmittelbar aus seinem Wälzkreisdurchmesser folgt, hängt D_2 allein vom Zähnezahlverhältnis ab (Abb. 45).

Da die Nebenläuferzahnstärke konstant gehalten wird (σ = 11 mm), gehört zu jeder Hauptläuferzähnezahl bei vorgegebenem Zähnezahlverhältnis nur ein einziger möglicher Hauptläuferdurchmesser D_1.

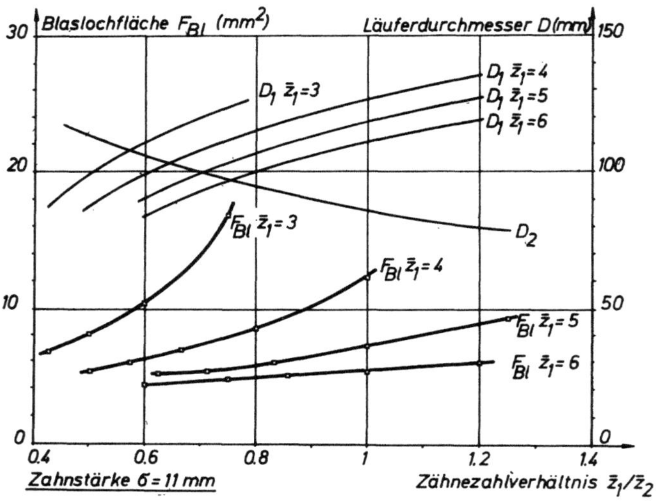

Abb. 45. Blaslochfläche und Läuferdurchmesser bei verschiedenen Zähnezahlen (Läufer nach 3.9.2).

Der Schnittpunkt der Durchmesserkurve des Nebenläuferdurchmessers D_2 mit einer Kurve D_1 in Abb. 45 gibt über ein mögliches Zähnezahlverhältnis Auskunft, bei dem beide Läufer mit gleichen Außendurchmessern ausgeführt werden können.

So kann man aus Abb. 45 ablesen, daß bei Zähnezahlen von $\bar{z}_1/\bar{z}_2$ = 3/5, 4/6, 5/7 und 6/8 die Läufer bei nur gering abgeänderter Zahnstärke σ mit gleichen Außendurchmessern ausgeführt werden können (Fertigungsvorteil).

In Abb. 45 sind darüber hinaus noch die Blaslochflächen in Abhängigkeit von den Zähnezahlen dargestellt. Je kleiner die Hauptläuferzähnezahl ist, umso größer ist das Blasloch. Die Blaslochfläche steigt mit zunehmendem Verhältnis $\bar{z}_1/\bar{z}_2$. Der Anstieg der Blaslochfläche ist besonders bei kleinen Hauptläuferzähnezahlen groß (Abb. 45).

Die Zahnlückenflächen nehmen bei konstanter Hauptläuferzähnezahl mit zunehmender Nebenläuferzähnezahl ab. Je größer die Hauptläuferzähnezahl ist, desto kleiner wird die Lückenfläche. Wird die Hauptläuferzähnezahl größer als die Nebenläuferzähnezahl, wächst der Winkel α_{min} für den frühest möglichen Verdichtungsbeginn (Gl.(118)).

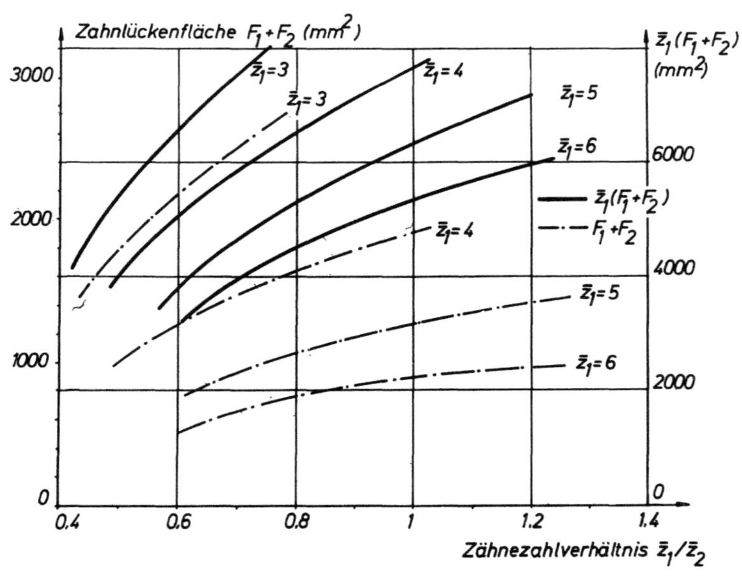

Abb. 46. Abhängigkeit der Zahnlückenflächen und der Volumskonstanten $\bar{z}_1$ $(F_1 + F_2)$ von den Läuferzähnezahlen.

In Abb. 46 wurde über dem Zähnezahlverhältnis $\bar{z}_1/\bar{z}_2$ und mit der Hauptläuferzähnezahl als Parameter die Größe der Haupt- und Nebenläuferzahnlücke eines außer Eingriff befindlichen Lückenpaares dargestellt. Nun ist es aber wenig sinnvoll, die Flächen eines Zahnlückenpaares bei Läufern verschiedener Zähnezahlen zu vergleichen, da diese Größe nicht unmittelbar mit dem maximal erzielbaren Fördervolumen zusammenhängt. Sinnvoller ist es, das theoretische Fördervolumen der Verzahnung je Hauptläuferumdrehung zu vergleichen. Dies geschieht durch den Ausdruck (Gl. (135))

$\bar{z}_1 \ (F_1 + F_2)$

in Abb. 46. Aus den Kurvenverläufen ist zu sehen, daß bei gleichem Achsabstand das $\bar{z}_1 \ (F_1 + F_2)$ proportionale, maximale Fördervolumen einer Verzahnung bei gleicher Hauptläuferdrehzahl umso größer wird, je kleiner die Hauptläuferzähnezahl und je kleiner die Nebenläuferzähnezahl ist.

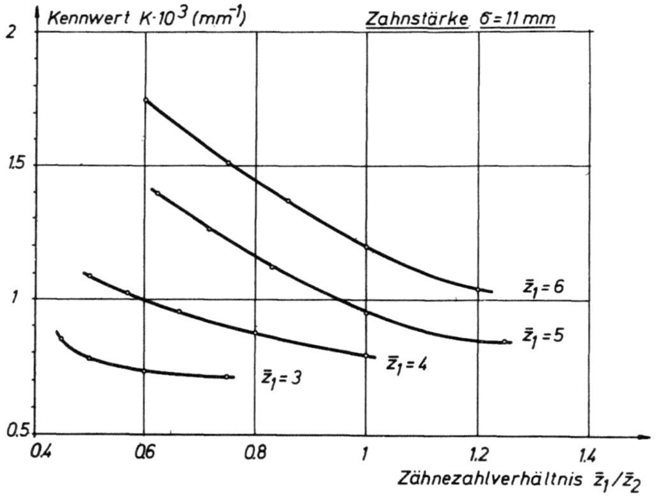

Abb. 47. Kennwert K in Abhängigkeit vom Zähnezahlverhältnis (Läuferverzahnung nach 3.9.2).

Abb. 47 zeigt den Kennwert K von Läuferverzahnungen mit gleichem Achsabstand, gleicher Nebenläuferzahnstärke, gleicher Hauptläuferlänge und Hauptläufersteigung in Abhängigkeit von $\bar{z}_1$ und $\bar{z}_2$. Die relativ dichtesten Verzahnungen erhält man demnach bei möglichst wenigen Hauptläuferzähnen. Je größer die Hauptläuferzähnezahl wird, desto größer sind die Leckspalte bezogen auf das Lückenvolumen. Ähnliches gilt für die Nebenläuferzähnezahl.

Eine Verkleinerung der Nebenläuferzähnezahl bei z.B. drei Hauptläuferzähnen bringt allerdings kaum eine Verbesserung der relativen Dichtheit, während eine Verkleinerung der Nebenläuferzähnezahl bei etwa sechs Hauptläuferzähnen eine merkbare Verbesserung im Kennwert K bewirkt (Abb. 47).

Wie schon erwähnt, kann das Ergebnis in Abb. 47 nicht unmittelbar mit den tatsächlichen bezogenen Leckspaltmengen in Verbindung gebracht werden. Bei einer Verkleinerung der Zähnezahl steigt nämlich das Druckverhältnis

$$p(\alpha)/p(\alpha - 2\pi/\bar{z}_1)$$

zweier benachbarter Zahnlückenräume, was zu einem Anstieg der Leckspaltmenge je Flächeneinheit der Spaltfläche führen kann, sodaß die geometrisch günstig erscheinenden 3/4 oder 3/5 Verzahnungen unter Umständen gegenüber Läuferverzahnungen mit größeren Zähnezahlen im Nachteil sind. Dies kann aber nur in jedem einzelnen Fall und bei Kenntnis der für das geförderte Medium geltenden Gesetze über die Spaltströmungen entschieden werden.

Zusammenfassend kann daher gesagt werden, daß man relativ dichte Verzahnungen mit dem asymmetrischen SRM - Profil dann erhält, wenn die Haupt- und Nebenläuferzähnezahlen klein sind (3 bis 6 Zähne), die Nebenläuferzahnstärke möglichst dünn ausgeführt ist,um tiefe Zahnlücken zu erhalten, der Kopfrundungsradius am Nebenläufer so klein als möglich gewählt wird,um kleine Blaslöcher zu erzeugen. Das Längen-Durchmesserverhältnis der Läufer soll, so groß es die Läuferdurchbiegung zuläßt, ausgeführt sein.

4. Thermodynamische Berechnung von Schraubenverdichtern

4.1 Allgemeines

Die wärmetechnische Berechnung von Schraubenverdichtern hat das Ziel, den Druck- und Temperaturverlauf beim Verdichtungsprozeß zu berechnen und daraus resultierend den Leistungsbedarf der Maschine zu ermitteln. Überdies muß der volumetrische Wirkungsgrad des Verdichters zumindest näherungsweise bestimmt werden. Bei einspritzölgekühlten Verdichtern kommt noch die Festlegung der Einspritzölmenge und Temperatur sowie die Auslegung des Ölkühlers hinzu, bei mehrstufigen Anlagen die Stufenaufteilung und die Auslegung der Zwischenkühler.

Der Großteil der Fördermedien verhält sich bei den für den Einsatz von Schraubenverdichtern in Frage kommenden Drücken und Temperaturen wie ideales Gas. Lediglich bei der Förderung von Dämpfen etwa in Kälteverdichtern gelten die Beziehungen für ideale Gase auch nicht annähernd.

Wird für ideale Gase der Zusammenhang zwischen den Zustandsgrößen Druck p, absolute Temperatur T und Dichte ρ in einfacher Weise durch die Gasgleichung (Gaskonstante R)

$$p/\rho = R\ T$$

beschrieben, ist dieser Zusammenhang für Dämpfe und darüber hinaus die Enthalpieänderung zweckmäßigerweise aus einem Zustandsdiagramm (h - s oder Mollierdiagramm) zu entnehmen.

Die tatsächlichen thermodynamischen Vorgänge in den Zahnlücken von Schraubenverdichtern sind auf Grund der hohen Läuferdrehzahlen, der ständigen Leckströmungen zwischen den einzelnen

Arbeitsräumen und der bei einspritzölgekühlten Verdichtern noch hinzukommenden intensiven Innenkühlung durch das eingespritzte Kühlöl sowie durch das kaum erforschte Verhalten des Öl-Gasgemisches in den Leckspalten der Verzahnung äußerst kompliziert und exakt theoretisch nicht erfaßbar.

Man muß daher für die wärmetechnischen Berechnungen von stark vereinfachten Modellvorstellungen Gebrauch machen. Dies bedingt, daß die aus solchen Überlegungen gewonnenen Ergebnisse oft nur schlecht mit der Wirklichkeit übereinstimmen. Wie in der Technik üblich, wird diese Diskrepanz durch Einführung empirisch gewonnener Korrekturfaktoren ausgeglichen.

4.2 Theorie des verlustfreien, dichten, trockenlaufenden Verdichters

4.2.1 p-V-Diagramm, Leistungsbedarf

Die einfachsten Beziehungen für die thermodynamische Berechnung eines Schraubenverdichters erhält man bei Vernachlässigung der Undichtheiten der Arbeitsräume und durch Vernachlässigung der dynamischen Wirbel- und Reibungsverluste im Gas. Bei Abwesenheit von Kühlflüssigkeit und bei Vernachlässigung der Wärmeverluste durch das Verdichtergehäuse erfolgt die Verdichtung, solange der Zahnlückenraum abgeschlossen ist, annähernd isentrop, sodaß zwischen Dichte ρ und Druck p die Beziehung

$$p/\rho^{\varkappa} = \text{konst.}$$

mit $\varkappa$ als Isentropenexponent gilt.

Sobald die betrachtete Zahnlücke die Steuerkante überfährt, wird sie mit der Druckleitung und dem Druckbehälter verbunden.

Im Verhältnis zum Volumen eines Zahnlückenpaares an der Steuerkante kann das Behältervolumen des Druckbehälters als unendlich groß angenommen werden. Es gilt damit nach Überfahren der Steuerkante für den Druck

$$p = \text{konst.} = p_2$$

Mit p_2 als Behälter - bzw. Verdichtungsenddruck.

Auf Grund der angenommenen dichten Zahnlücken bleibt die transportierte Gasmasse konstant. Mit der Beziehung

$$m = \rho\, V = \text{konst.}$$

m...Gasmasse, ρ...Gasdichte, V...Zahnlückenvolumen

kann das Druck-Volumen-Diagramm des Verdichters für die ideal dichte Maschine gezeichnet werden. Für

$$\alpha \leq \alpha_{Stk}$$

gilt bei gegebenem Ansaugzustand des Fördermediums (Ansaugdruck p_1, Ansaugdichte ρ_1 und Ansaugtemperatur T_1) für den Druckverlauf mit der Isentropenbeziehung

$$p(\alpha)/\rho(\alpha)^{\varkappa} = p_1/\rho_1^{\varkappa}$$

oder

$$p(\alpha) = p_1\left(\frac{\rho(\alpha)}{\rho_1}\right)^{\varkappa} = p_1\left(\frac{m/V(\alpha)}{m/V(\alpha_{VB})}\right)^{\varkappa} = p_1\left(\frac{V(\alpha_{VB})}{V(\alpha)}\right)^{\varkappa} \quad \text{für } \alpha \leq \alpha_{Stk} \tag{154}$$

Knapp vor Überschreitung der Auslaßsteuerkante wird:

$$p(\alpha_{Stk}) = p_1\left(\frac{V(\alpha_{VB})}{V_i}\right)^{\varkappa} = p_1\,\Theta^{\varkappa} = p_i \tag{155}$$

Analog zum eingebauten Volumsverhältnis des Verdichters wird das Verhältnis

$$p_i/p_1 = \Pi_i \tag{156}$$

als eingebautes inneres Druckverhältnis der idealen Maschine bezeichnet.

Man erhält aus Gl. (155)

$$\Pi_i = \Theta^{\varkappa} \tag{157}$$

Das eingebaute Druckverhältnis ist damit keine durch die Konstruktion festgelegte Maschinengröße wie das eingebaute Volumsverhältnis, sondern hängt von den Eigenschaften des Gases ($\varkappa$) und der Art der Verdichtung (isentrop, polytrop oder bei einspritzölgekühlten Verdichtern annähernd isotherm) ab.

Unter Annahme der Gültigkeit der Zustandsgleichung für ideale Gase erhält man den Temperaturverlauf (absolute Temperatur) bis zur Steuerkante aus

$$p(\alpha)/\rho(\alpha) = R\ T(\alpha)$$

bzw. unter Verwendung der Isentropenbeziehung

$$T(\alpha) = T_1 \left(\frac{p(\alpha)}{p_1}\right)^{\frac{\varkappa - 1}{\varkappa}} \qquad \text{für } \alpha \leq \alpha_{Stk} \tag{158}$$

An der Steuerkante herrscht dann die Temperatur

$$T(\alpha_{Stk}) = T_1\, \Pi_i^{\frac{\varkappa - 1}{\varkappa}} = T_1\, \Theta^{\varkappa - 1}$$

Nach Überfahren der Steuerkante springt der Druck in den Zahnlücken im Rahmen der vorgenommenen Idealisierung von p_i auf den Verdichtungsenddruck p_2, der im allgemeinen nicht mit p_i identisch ist.

$$p(\alpha) = p_2 \qquad \text{für } \alpha > \alpha_{Stk}$$

Damit erhält man das in Abb. 48 wiedergegebene p - V - Diagramm. Aus dem p - V - Diagramm kann die Betriebsarbeit für ein Zahnlückenpaar ermittelt werden.

Die technische Verdichtungsarbeit ist definitionsgemäß

$$W_t = \int_{p_1}^{p_2} m \frac{1}{\rho}\, dp = \int_{p_1}^{p_2} V\, dp$$

Sie kann als Fläche zwischen Verdichtungslinie und Ordinate des p - V - Diagramms entnommen werden.

Die Betriebsarbeit besteht für den Schraubenverdichter aus der technischen Verdichtungsarbeit bei isentroper Verdichtung von Ansaugdruck auf den Druck p_i und zusätzlich aus dem Arbeitsanteil für das Ausschieben des Gases mit dem konstanten Druck p_2 (vgl. z.B. /21/, /22/).

$$W_t = \underbrace{\frac{\varkappa}{\varkappa - 1} p_1 V(\alpha_{VB}) \left[\left(\frac{p_i}{p_1}\right)^{\frac{\varkappa - 1}{\varkappa}} - 1\right]}_{\text{isentr. Verd.Arbeit}} + \underbrace{(p_2 - p_i) V_i}_{\text{Ausschubarbeit}}$$

oder

$$W_t = \frac{\varkappa}{\varkappa - 1} p_1 V(\alpha_{VB}) [\Theta^{\varkappa - 1} - 1] + (p_2 - p_i) V_i \qquad (159)$$

Will man die Betriebsarbeit in Abhängigkeit vom Verdichtungsverhältnis p_2/p_1 darstellen, gelingt dies durch folgende Umformung der Gl. (159):

$$W_t = \frac{\varkappa}{\varkappa - 1} p_1 V(\alpha_{VB}) \Theta^{\varkappa - 1} - \frac{\varkappa}{\varkappa - 1} p_1 V(\alpha_{VB}) +$$

$$+ p_1 V(\alpha_{VB}) \frac{1}{\Theta} \frac{p_2}{p_1} - p_1 V(\alpha_{VB}) \Theta^{\varkappa - 1}$$

$$W_t = p_1 V(\alpha_{VB}) [\Theta^{\varkappa - 1} \left(\frac{\varkappa}{\varkappa - 1} - 1\right) - \frac{\varkappa}{\varkappa - 1} + \frac{p_2}{p_1} \frac{1}{\Theta}]$$

$$W_t = p_1 V(\alpha_{VB}) [\frac{\varkappa}{\varkappa - 1} \left(\frac{1}{\varkappa} \Theta^{\varkappa - 1} - 1\right) + \frac{p_2}{p_1} \frac{1}{\Theta}] \qquad (160)$$

Bei gegebenem Ansaugzustand des Gases steigt bei einem Verdichter mit fix eingebautem Volumsverhältnis Θ die Betriebsarbeit linear mit dem Druckverhältnis p_2/p_1.

Vergleicht man den in Gl. (159) bzw. (160) gegebenen Arbeitsbedarf eines Schraubenverdichters mit dem einer reinen isentropen Verdichtung zwischen Ansaug- und Verdichtungsendzustand

$$W_{is} = \frac{\varkappa}{\varkappa - 1} p_1 V(\alpha_{VB}) [\left(\frac{p_2}{p_1}\right)^{\frac{\varkappa - 1}{\varkappa}} - 1]$$

so erkennt man, daß nur für den Fall, daß der Verdichtungsenddruck identisch ist mit dem Druck p_i an der Steuerkante, also dann, wenn der Verdichter genau mit dem eingebauten Druckverhältnis Π_i betrieben wird, der Arbeitsbedarf W_t wegen

$$p_2 - p_i = 0$$

in Gl. (159) gleich ist dem Arbeitsbedarf bei rein isentroper Verdichtung. Bei allen anderen Betriebsdruckverhältnissen benötigt der Schraubenverdichter mehr Betriebsarbeit als bei rein isentroper Verdichtung (vgl. Abb. 48 kreuzschraffierte Flächen).

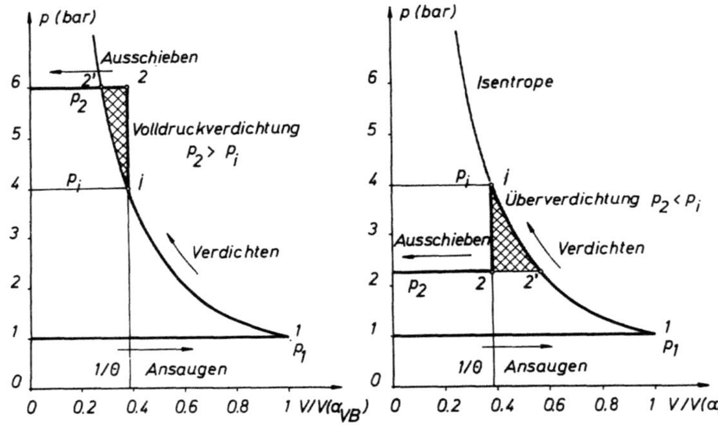

Abb. 48. p - V - Diagramm eines ideal dichten Schraubenkompressors ohne Innenkühlung für zwei Verdichtungsenddrücke.

Vom Arbeitsbedarf eines Zahnlückenpaares kann leicht der Leistungsbedarf des gesamten Verdichters berechnet werden.

Für eine Umdrehung des Hauptläufers wird die Arbeit

$$W_{1U} = W_t \bar{z}_1$$

und für eine Sekunde bei $n_1/60$ Umdrehungen des Hauptläufers je Sekunde ergibt sich die Arbeit je Sekunde als Leistung P_t zu

$$P_t = W_t \bar{z}_1 (n_1/60)$$

Mit Gl. (134) lautet dann die aus Gl. (160) gewonnene Leistungsformel

$$P_t = \frac{Q_{th}}{60} p_1 \left(\frac{\varkappa}{\varkappa - 1} \left(\frac{1}{\varkappa} \Theta^{\varkappa - 1} - 1 \right) + \frac{p_2}{p_1} \frac{1}{\Theta} \right) \tag{161}$$

Q_{th} ...(m^3/min) p_1 ...(N/m^2) P_t ...(W)

und analog die Formel für die rein isentrope Verdichterleistung

$$P_{is} = \frac{\varkappa}{\varkappa - 1} p_1 \frac{Q_{th}}{60} \left(\left(\frac{p_2}{p_1} \right)^{\frac{\varkappa - 1}{\varkappa}} - 1 \right)$$

4.2.2 Kennlinie und Wirkungsgrad eines verlustfreien idealen Schraubenverdichters

Trägt man die Verdichterleistung eines Schraubenverdichters mit fix eingebautem Volumsverhältnis Θ entsprechend der Gl. (161) über dem gefahrenen Druckverhältnis auf, erhält man als Kennlinie der Leistungsaufnahme eine Gerade. Die Leistungsgerade muß die Kurve der isentropen Verdichterleistung P_{is} im Punkt $p_2/p_1 = \Pi_i$ berühren (Abb. 49).

Läuft ein Schraubenverdichter im Leerlauf mit dem Druckverhältnis $p_2/p_1 = 1$ (Förderung gegen Ansaugdruck), nimmt er dennoch Leistung auf. Diese Leerlaufleistung folgt aus Gl. (161) zu

$$P_{to} = \frac{Q_{th}}{60} p_1 \left(\frac{\varkappa}{\varkappa - 1} \left(\frac{1}{\varkappa} \Theta^{\varkappa - 1} - 1 \right) + \frac{1}{\Theta} \right) \tag{162}$$

Sie ist umso größer, je größer das eingebaute Volumsverhältnis des Verdichters ist. Aus der Darstellung von tatsächlicher Verdichterleistung und isentroper Verdichterleistung in Abb. 49 kann die Leistungsgerade $P_t(p_2/p_1)$ auch als Tangente an die isentrope Leistungskurve gedeutet werden. Dies führt zur Darstellung der Leistungsgeraden in der Punkt-Richtungsform.

$$P_t = P_{is}\Big|_{p_2/p_1 = \Pi_{tg}} + \operatorname{tg} \tilde{\alpha} \left(\frac{p_2}{p_1} - \frac{p_{tg}}{p_1} \right) \tag{163}$$

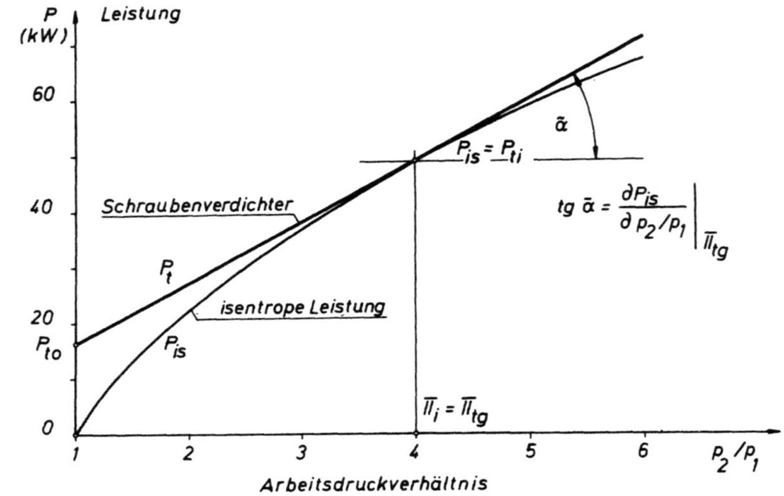

Abb. 49. Isentrope und tatsächliche Verdichterleistung für einen idealen Schraubenverdichter in Abhängigkeit vom Arbeitsdruckverhältnis.

Dabei ist vorerst allgemein das Druckverhältnis, bei dem die isentrope Leistungskurve von der Leistungsgeraden P_t des Schraubenverdichters berührt wird, als "tangentiales Druckverhältnis" bezeichnet.

$$\Pi_{tg} = p_{tg}/p_1 \tag{164}$$

Für die ideal dichte Maschine fällt dieses tangentiale Druckverhältnis mit dem inneren Druckverhältnis Π_i zusammen. Es gilt:

$$\Pi_{tg} = p_{tg}/p_1 = p_i/p_1 = \Pi_i$$

Die isentrope Leistung bei tangentialem Druckverhältnis wird dann

$$P_{is}\Big|_{\Pi_{tg}} = \frac{\varkappa}{\varkappa - 1}\, p_1 \,\frac{Q_{th}}{60}\, \left(\left(\frac{p_{tg}}{p_1}\right)^{\frac{\varkappa - 1}{\varkappa}} - 1\right) =$$

$$= \frac{\varkappa}{\varkappa - 1}\, p_1 \,\frac{Q_{th}}{60}\, \left(\Pi_i^{\frac{\varkappa - 1}{\varkappa}} - 1\right)$$

Der Anstieg der Leistungsgeraden P_t folgt aus der Berührbedingung:

$$\mathrm{tg}\,\bar{\alpha} = \frac{\partial P_{is}}{\partial (p_2/p_1)}\bigg|_{\Pi_{tg}} = \frac{\varkappa}{\varkappa - 1}\, p_1 \frac{Q_{th}}{60} \left(\frac{\varkappa - 1}{\varkappa} \left(\frac{p_2}{p_1}\right)^{-\frac{1}{\varkappa}}\right)\bigg|_{\Pi_{tg}} =$$

$$= p_1 \frac{Q_{th}}{60} \Pi_{tg}^{-1/\varkappa} = p_1 \frac{Q_{th}}{60}\, \Theta^{-1} \qquad (165)$$

Der Anstieg der Leistungsgeraden ist indirekt proportional dem eingebauten Volumsverhältnis des Schraubenverdichters. Die Darstellung der Leistungsgeraden P_t eines Schraubenverdichters in der Form der Gl. (163) bietet den Vorteil, daß sie später formal gleich auch für den realen Schraubenverdichter übernommen werden kann.

Zur Definition des Wirkungsgrades eines Verdichters gibt es zwei Möglichkeiten:

1.) Der isotherme Wirkungsgrad:

Will man Gas von einem bestimmten Ansaugzustand mit dem Druck p_1 auf einen höheren Druck p_2 verdichten, so geschieht dies mit dem geringsten Arbeitsaufwand bei rein isothermer Zustandsänderung mit

$$T = \text{konst.} \qquad \text{oder} \qquad p/\rho = \text{konst.}$$

Die dabei benötigte Verdichterleistung beträgt /22/:

$$P_{iso} = p_1\,(Q_{th}/60)\,\ln\,(p_2/p_1) \qquad (166)$$

Der isotherme Wirkungsgrad ist nun das Verhältnis von tatsächlich aufgewendeter Verdichterleistung zur isothermen Verdichterleistung.

$$\eta_{iso} = (P_{iso}/P) = (P_{iso}/P_t)\big|_{\text{idealer Verdichter}} \qquad (167)$$

2.) Der isentrope Wirkungsgrad:

Der isentrope Wirkungsgrad ist analog das Verhältnis von isentroper Verdichterleistung zur tatsächlichen Verdichterleistung.

Wegen

$$P_{is} = \frac{\varkappa}{\varkappa - 1} p_1 \frac{Q_{th}}{60} \left(\left(\frac{p_2}{p_1}\right)^{\frac{\varkappa - 1}{\varkappa}} - 1\right) > P_{iso}$$

ist der isentrope Wirkungsgrad stets größer als der isotherme Wirkungsgrad.

$$\eta_{is} = (P_{is}/P) = (P_{is}/P_t)\Big|_{\text{idealer Verdichter}} \tag{168}$$

Auch ein idealer Schraubenverdichter erreicht, wie aus Abb. 49 leicht abzulesen ist, nur in einem einzigen Betriebspunkt bei $p_2/p_1 = \Pi_i$ einen isentropen Wirkungsgrad von Eins.

Je weiter das gefahrene Druckverhältnis p_2/p_1 vom inneren Druckverhältnis abweicht, umso schlechter wird der Verdichterwirkungsgrad der idealen Maschine.

In Abb. 50 ist der isotherme und isentrope Verdichterwirkungsgrad eines idealen Schraubenverdichters wiedergegeben.

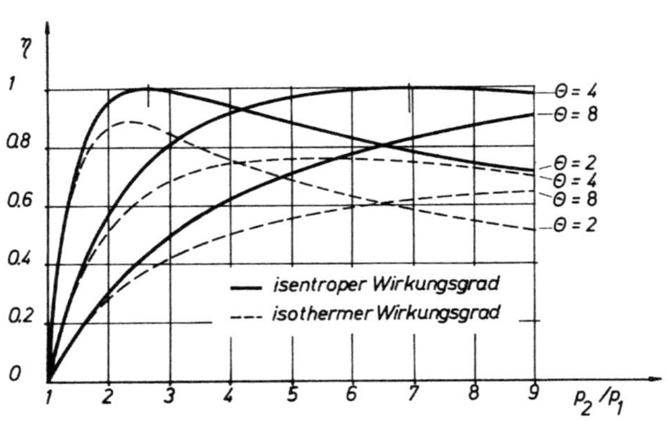

Abb. 50. Isothermer und isentroper Verdichterwirkungsgrad eines idealen Schraubenverdichters in Abhängigkeit vom Arbeitsdruckverhältnis bei verschiedenen eingebauten Volumsverhältnissen.

4.2.3 Verdichtungsendtemperaturen

Die Verdichtungsendtemperatur am Druckstutzen eines Schraubenverdichters errechnet man am zweckmäßigsten aus der Energiebilanz der Maschine.

Die von den Verdichterläufern an das Gas übertragene Leistung P abzüglich der durch das Gehäuse abgeführten Wärmeleistung $P_{Geh.}$ und abzüglich der im Kühlöl abtransportierten Wärmeleistung $P_{Öl}$ bewirkt den Enthalpieanstieg des geförderten Gases.

$$P - P_{Geh.} - P_{Öl} = \frac{Q}{60} \rho_1 (c_{pm2} t_2 - c_{pm1} t_1) \sim$$

$$\sim \frac{Q}{60} \rho_1 c_{pm} (t_2 - t_1) \qquad (169)$$

c_{pm} sind darin die mittleren spezifischen Wärmen des Gases bei konstantem Druck.

Diese allgemein auch für den realen Verdichter geltende Gleichung vereinfacht sich für den idealen trockenlaufenden Verdichter zu

$$P_t = (Q_{th}/60) \rho_1 c_{pm} (T_2 - T_1)$$

oder

$$T_2 = T_1 + \frac{P_t\ 60}{Q_{th} \rho_1 c_{pm}} \qquad (170)$$

mit Q_{th} ...(m^3/min) P_t ...(W) ρ_1 ...(kg/m^3) c_{pm} ...(kJ/kg°)

Da die vom Schraubenverdichter aufgenommene Leistung P_t stets größer oder höchstens gleich der isentropen Verdichterleistung ist, liegt die Verdichtungsendtemperatur T_2 beim trockenlaufenden Schraubenverdichter immer höher als jene bei einer rein isentropen Verdichtung von

$$T_{2_{is}} = T_1 \left(1 + \left(\left(\frac{p_2}{p_1}\right)^{\frac{\varkappa - 1}{\varkappa}} - 1\right)\right)$$

4.3 Vereinfachte Berechnung eines realen trockenlaufenden Schraubenverdichters

4.3.1 Leistungsbedarf und Wirkungsgrad

Die in 4.2 erläuterte Theorie des idealen Schraubenverdichters /21/ stimmt naturgemäß nicht mit dem tatsächlichen Betriebsverhalten der Maschine überein. Infolge der Leckverluste beim Verdichtungsprozeß und infolge dynamischer Verluste sind empirisch gefundene Korrekturen in den Leistungsformeln erforderlich.

Versuche ergeben, daß auch beim realen trockenlaufenden Schraubenverdichter die Leistungsaufnahme, aufgetragen über dem Arbeitsdruckverhältnis, annähernd eine Gerade bleibt. Der Anstieg der Geraden ist jedoch gegenüber der idealen Maschine ein anderer und die Gerade berührt zufolge zusätzlicher dynamischer Verluste die isotrope Leistungskurve nicht, sondern sie liegt höher (Abb. 49 und Abb. 51).

Denkt man sich die dynamischen Leistungsverluste eliminiert, so bedeutet dies, daß die Leistungsgerade der realen Maschine wieder die isentrope Leistungskurve tangiert. Allerdings liegt der Berührpunkt wegen des geänderten Anstiegs der Leistungsgeraden des verlustbehafteten Verdichters nicht mehr beim eingebauten Druckverhältnis. Es sind also bei der realen Maschine tangentiales und inneres Druckverhältnis verschieden (vgl.4.2.2). Die Gl. (163) muß daher sinngemäß abgeändert werden zu (Abb. 51)

$$P = P_{is}\Big|_{\Pi_{tg}} + \mathrm{tg}\,\bar{\bar{\alpha}}\,\left(\frac{p_2}{p_1} - \frac{p_{tg}}{p_1}\right) + P_{dyn} \qquad (171)$$

mit

$$P_{is}\Big|_{\Pi_{tg}} = \frac{\varkappa}{\varkappa - 1}\, p_1 \frac{Q_{th}}{60} \left(\Pi_{tg}^{\frac{\varkappa - 1}{\varkappa}} - 1 \right) \tag{172}$$

und

$$\mathrm{tg}\,\bar{\bar{\alpha}} = \frac{\partial P_{is}}{\partial (p_2/p_1)}\Bigg|_{\Pi_{tg}} = p_1 \frac{Q_{th}}{60} \Pi_{tg}^{-1/\varkappa} \tag{173}$$

analog zu Gl. (165).

Das für die Leistungsberechnung nun wesentliche tangentiale Druckverhältnis ist als Funktion der Verzahnungsgeometrie, der Spiele, der Umfangsgeschwindigkeit der Läufer und der Schallgeschwindigkeit des Fördermediums sowie des eingebauten Druckverhältnisses nur empirisch aus Versuchsläufen zu ermitteln. Es fällt nicht mehr mit dem inneren Druckverhältnis zusammen, wie dies beim ideal dichten Kompressor der Fall ist.

Als Beispiel für die Ermittlung des tangentialen Druckverhältnisses sei hier eine Formel für einen Trockenlaufverdichter üblicher Ausführung mit $\bar{z}_1 = 4$, $\bar{z}_2 = 6$, Verschraubungswinkel der Zähne des Hauptläufers $\varphi_H = 300°$ und einem Längen - Durchmesserverhältnis L/D = 1,5 angegeben /24/.

$$\Pi_{tg} = \Pi_i \frac{1}{1{,}058} \left[\frac{(v/\tilde{a}) \sqrt[3]{\dfrac{1{,}5}{\tau/D_1\ 10^3}}}{M_{op}\ S_1} \right]^{0{,}078\ (\Pi_i + 0{,}75)} \tag{174}$$

Der Wert M_{op} ist als Funktion von p_2/p_1 der Abb. 52 zu entnehmen. Die Funktion S_1 hängt ebenfalls von p_2/p_1 und vom Isentropenexponent $\varkappa$ ab (Abb. 53). Die weiteren Größen in Gl. (174) sind:

τ/D_1 ...die auf den Läuferdurchmesser bezogene mittlere Leckspalthöhe der Verzahnung.

v ...die Umfangsgeschwindigkeit am Läuferkopfkreis (m/s).

$\tilde{a}$ ...die Schallgeschwindigkeit des Fördermediums bei Ansaugzustand (m/s).

Die in Gl. (171) noch benötigten "dynamischen Leistungsverluste" P_{dyn} können aus

$$P_{dyn} = S_2 \varkappa\ p_1((Q_{th}\ 60)/1000)\ \bar{P}_{dyn} \qquad (175)$$

mit den Funktionen S_2 und $\bar{P}_{dyn}$ aus den Abb. 54 und 55 berechnet werden.

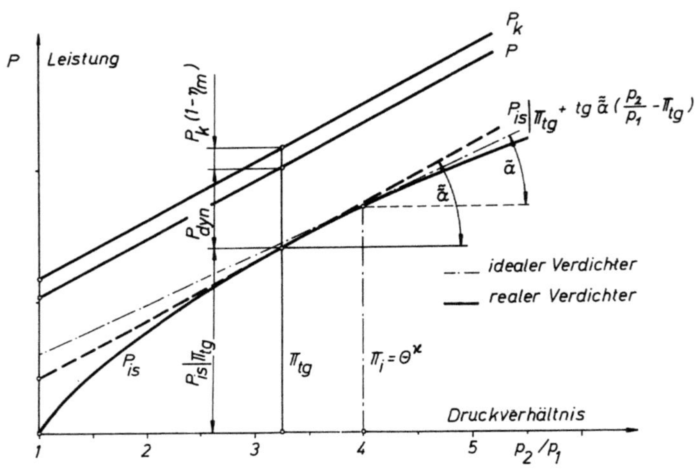

Abb. 51. Vergleich der isentropen und tatsächlichen Leistungskurven eines ideal dichten und eines realen Schraubenverdichters.

Damit wird aber letztlich die Verdichterleistung für ein bestimmtes Arbeitsdruckverhältnis wesentlich abhängig vom Verhältnis der Umfangsgeschwindigkeit an den Läuferzahnköpfen zur Schallgeschwindigkeit des Gases bei Ansaugzustand und vom eingebauten Volumsverhältnis bzw. Druckverhältnis.

Mit zunehmender Umfangsgeschwindigkeit bzw. mit zunehmendem Verhältnis $v/\bar{a}$ steigen naturgemäß die dynamischen Verluste der Maschine, während andererseits die Undichtheitsverluste abnehmen, da bei verkürzter Verweilzeit des Gases in den undichten Zahnlücken die Leckspaltmengen bezogen auf das je Zeiteinheit geförderte Gasvolumen kleiner werden. Kleiner werdende bezogene Leckspaltverluste verringern den Leistungsbedarf, da weniger in die Leckspaltmengen bereits hineingesteckte Verdichtungsarbeit verloren geht.

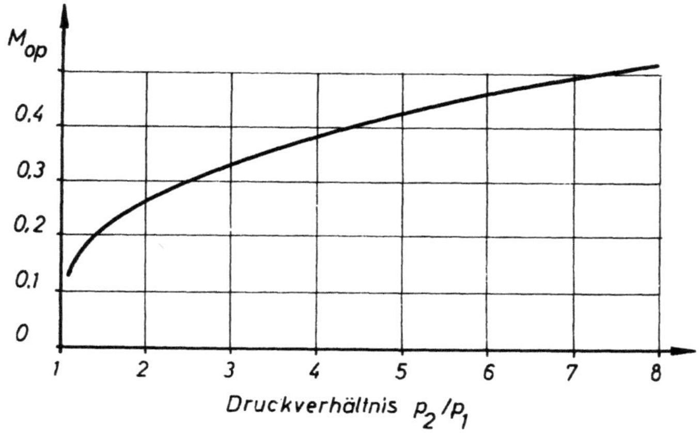

Abb. 52. Funktion M_{op} in Abhängigkeit vom Arbeitsdruckverhältnis zur Ermittlung des tangentialen Druckverhältnisses eines Schraubenverdichters (nach /27/).

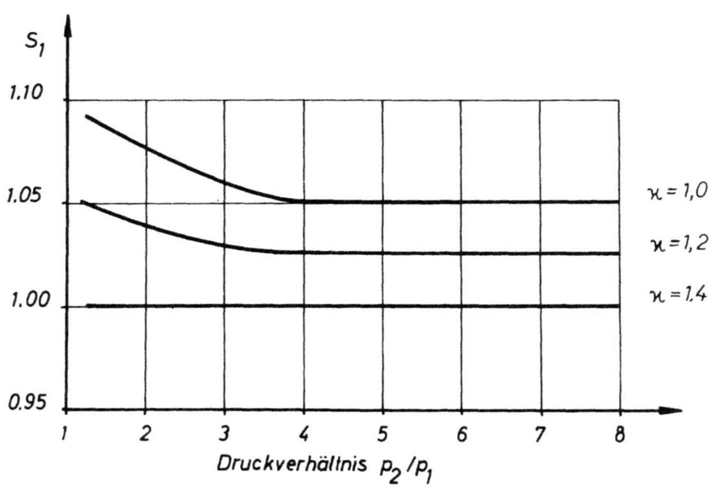

Abb. 53. Funktion S_1 zur Ermittlung des tangentialen Druckverhältnisses (nach /27/).

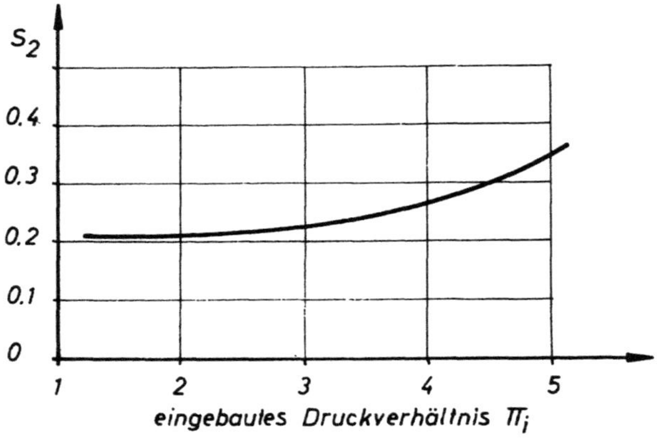

Abb. 54. Funktion S_2 zur Berechnung der dynamischen Verdichterverluste (nach /27/).

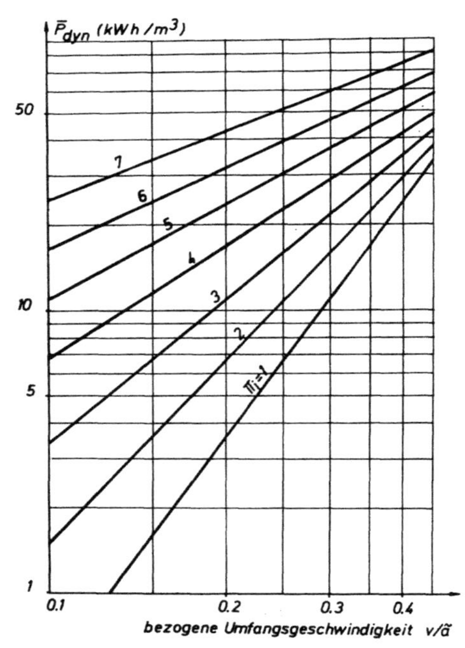

Abb. 55. Funktion $\bar{P}_{dyn}$ in Abhängigkeit vom Druckverhältnis und vom Verhältnis der Umfangsgeschwindigkeit der Läufer zur Schallgeschwindigkeit des Fördermediums (nach /27/).

Diese beiden gegenläufigen Einflüsse (dynamische Verluste und Leckverluste) bewirken, daß es für jeden Verdichter mit einem bestimmten eingebauten Volumsverhältnis und bestimmter Läufergeometrie bei Förderung eines bestimmten Gases eine optimale Umfangsgeschwindigkeit gibt, für die die Verdichterleistung ein Minimum wird (vgl. Abb. 56).

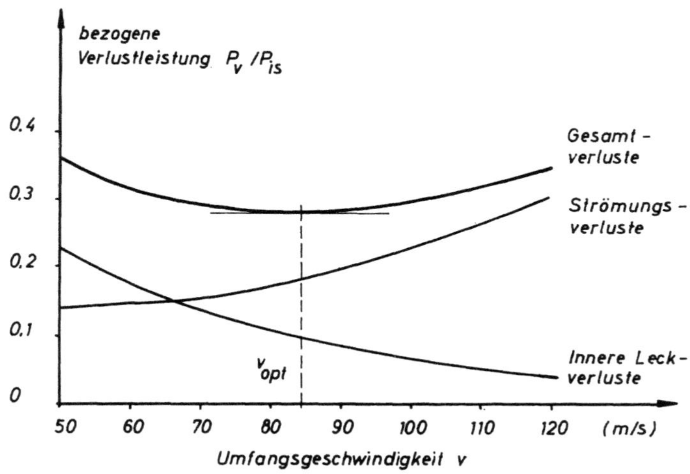

Abb. 56. Zusammenwirken von dynamischen Verlüsten und Leckspaltverlusten auf die Gesamtverluste eines Schraubenverdichters (nach /8/).

Bei Luft als Fördermedium liegt für die üblichen Rotorspiele diese optimale Umfangsgeschwindigkeit bei Trockenlaufverdichtern bei etwa 90 - 110 m/s.

Wie ebenfalls aus den empirischen Gln. (171) bis (175) zu ersehen ist, ist nur dann, wenn der Verdichter mit optimaler Umfangsgeschwindigkeit betrieben wird, das Betriebsdruckverhältnis annähernd gleich dem eingebauten Druckverhältnis zu wählen. Läuft der Verdichter mit einer höheren Umfangsgeschwindigkeit als der optimalen, so sollte das eingebaute Druckverhältnis zur Erzielung eines minimalen Leistungsbedarfes kleiner als das Betriebsdrucksverhältnis sein und umgekehrt.

Die zum Antrieb eines Schraubenverdichters erforderliche Kupplungsleistung P_k muß gegenüber der nach Gl. (171) berechneten inneren Leistung P des realen Schraubenverdichters noch um die mechanischen Verluste zufolge der Lagerreibung der Rotorlagerung (vier Radial- und zwei Axiallager), der Reibungsverluste an den Wellenabdichtungen und der Getriebeverluste des Koppelgetriebes und eines eventuell vorgeschalteten Übersetzungsgetriebes vermehrt werden. Ebenso verbrauchen Nebenaggregate wie Ölpumpen zur Versorgung der Lager und Getriebe mit Schmieröl, Lüfter bei Zwischenkühlern u.dgl. weitere Energie. Diese mechanischen Verluste können in einem mechanischen Wirkungsgrad η_{mech} Berücksichtigung finden, sodaß schließlich gilt

$$P_k = P\ (1/\eta_{mech}) \qquad (176)$$

Bei einstufigen Trockenlaufverdichtern liegen die mechanischen Wirkungsgrade bei etwa

$$\eta_{mech} = 0{,}9 \text{ bis } 0{,}95 \text{ bis } (0{,}98)$$

4.3.2 Angenäherte Berechnung des volumetrischen Wirkungsgrades

Das in 3.7 berechnete theoretische Fördervolumen einer Schraubenverdichterverzahnung stimmt mit jenem einer ausgeführten Maschine nicht voll überein. Dafür können drei Einflüsse verantwortlich gemacht werden.

1.) Masseverluste durch Aufheizen des Fördermediums:

Diese Gasmasseverluste kommen dadurch zustande, daß bei Verdichtungsbeginn in den Zahnlücken eines Läuferpaares eine höhere Temperatur als Ansaugtemperatur herrscht. Bei Verdichtungsbeginn würde die theoretisch geförderte Gasmasse ohne Aufheizung

$$\bar{m}\ (\alpha_{VB}) = V(\alpha_{VB})\ \rho_1 = V(\alpha_{VB})\ (p_1/R\ T_1)$$

betragen. Hat das Gas bei Verdichtungsbeginn die Temperatur $T(\alpha_{VB})$, beträgt die transportierte Gasmasse nur

$$m\ (\alpha_{VB}) = V(\alpha_{VB})\ \rho(\alpha_{VB}) = V(\alpha_{VB})\ (p_1/R\ T(\alpha_{VB}) =$$

$$= \bar{m}(\alpha_{VB})\ (T_1/T(\alpha_{VB}) \qquad (177)$$

Die Aufheizverluste kommen besonders bei einspritzölgekühlten Verdichtern zum Tragen, da mit den an die Saugseite des Verdichters rückströmenden Leckgasmengen auch heißes Kühlöl mit großem Wärmeinhalt zur Saugseite gelangt. Infolge der feinen Verteilung der Öltröpfchen im Gas erfolgt der Wärmeübergang zwischen Öl und Gas sehr rasch, sodaß in einspritzölgekühlten Verdichtern praktisch vom Verdichtungsbeginn bis zum Ausschubende annähernd konstante Temperatur herrscht /14/.

2.) Aufladeeffekt infolge der kinetischen Energie des angesaugten Gases:

Infolge der hohen Gasgeschwindigkeiten beim Füllen der Zahnlückenräume eines Schraubenverdichters kommt es infolge der hohen kinetischen Energie des Gases zu einer geringfügigen Überfüllung der Zahnlücke, d.h. es herrscht bei Verdichtungsbeginn bereits ein etwas höherer Druck als Ansaugdruck. Aus Gl. (177) wird dann:

$$m(\alpha_{VB}) = V(\alpha_{VB}) \frac{p(\alpha_{VB})}{R\ T(\alpha_{VB})} = \bar{m}(\alpha_{VB}) \frac{T_1}{T(\alpha_{VB})} \frac{p(\alpha_{VB})}{p_1} =$$

$$= \bar{m}(\alpha_{VB}) \frac{T_1}{T(\alpha_{VB})} \left(1 + \frac{\Delta p}{p_1}\right) \tag{178}$$

Der bezogene Druckanstieg infolge Aufladung $\Delta p/p_1$ kann nun, wie zahlreiche Versuche ergaben, proportional zur Umfangsgeschwindigkeit der Läufer angesetzt werden /23/.

$$\frac{\Delta p}{p_1} \approx 0{,}125 \sqrt{\frac{300}{\varphi_H}} \sqrt{\frac{L}{D}} \frac{v}{\tilde{a}} \tag{179}$$

Bei einspritzölgekühlten Verdichtern mit ihren niederen Umfangsgeschwindigkeiten von etwa v = 20 bis 40 m/s kann der Aufladeeffekt, wie eine einfache numerische Überprüfung zeigt, praktisch vernachlässigt werden.

3.) Masseverlust infolge der inneren Undichtheiten der Verdichterläufer:

Infolge der in 3.8 berechneten Leckspaltflächen eines Zahnlückenpaares kommt es im Schraubenverdichter zu einem relativ komplizierten System von Leckströmungen, durch das letztlich am Ausschubende von einem Zahnlückenpaar weniger Gasmasse geliefert wird, als am Verdichtungsbeginn vorhanden war. Die in den Zahnlücken transportierte Masse $m(\alpha)$ ist nicht mehr, wie bei der dichten Maschine angenommen, konstant, sondern eine Funktion des Drehwinkels α . Bezeichnet man die durch die Leckspaltfläche F_D eines Lückenpaares in einer bestimmten Läuferstellung α strömende Gasmasse je Zeiteinheit mit $\dot{m}_D(\alpha)$ und analog die durch die Leckspaltflächen F_S und F_B strömenden Leckgasmengen je Zeiteinheit mit $\dot{m}_S(\alpha)$ und $\dot{m}_B(\alpha)$, so gibt die Kontinuitätsbeziehung für die Gasmasse $m(\alpha)$ in einem Zahnlückenpaar

$$\frac{dm(\alpha)}{dt} = \dot{m}_D + \dot{m}_B + \dot{m}_S$$

und mit $\omega_1 = d\alpha/dt$

$$\frac{dm(\alpha)}{d\alpha} = \frac{1}{\omega_1} (\dot{m}_D + \dot{m}_B + \dot{m}_S) \tag{180}$$

Dabei wurden die der Zahnlücke zuströmenden Massen je Zeiteinheit als positiv, die aus der Zahnlücke abströmenden Massen als negativ eingeführt. Die Integration der Gl. (180) liefert unter Berücksichtigung der Anfangsbedingung

$$m(\alpha) - m(\alpha_{VB}) = \frac{1}{\omega_1} \int_{\alpha_{VB}}^{\alpha} (\dot{m}_D + \dot{m}_B + \dot{m}_S)\, d\alpha \tag{181}$$

Sind die Leckspaltmassen $\dot{m}_D$, $\dot{m}_B$, $\dot{m}_S$ etwa aus Messungen oder theoretischen Überlegungen bekannt, stellt die Gl. (181) eine Bestimmungsgleichung für den Verlauf der Gasmasse $m(\alpha)$ eines Zahnlückenpaares dar.

Insbesondere kann mit Gl. (181) dann auch die für die Berechnung des volumetrischen Wirkungsgrades wichtige Gasmasse eines Zahnlückenpaares am Ausschubende bei $\alpha = 0$ berechnet werden.

$$m(0) = m(\alpha_{VB}) + \frac{1}{\omega_1} \int_{\alpha_{VB}}^{\alpha = 0} (\dot{m}_D + \dot{m}_B + \dot{m}_S)\, d\alpha \tag{182}$$

Berücksichtigt man nun alle Einflüsse auf den volumetrischen Wirkungsgrad eines Schraubenverdichters, so erhält man durch Einsetzen von $m(\alpha_{VB})$ nach Gl. (178)

$$m(0) = \bar{m}(\alpha_{VB}) \frac{T_1}{T(\alpha_{VB})} (1 + 0{,}125 \sqrt{\frac{300}{\varphi_H}} \sqrt{\frac{L}{D}} \frac{v}{\tilde{a}}) + \frac{1}{\omega_1} \int_{\alpha_{VB}}^{0} (\dot{m}_D + \dot{m}_B + \dot{m}_S)\, d\alpha$$

Definitionsgemäß ist der volumetrische Wirkungsgrad das Verhältnis von tatsächlich ausgeschobener Gasmasse m(0) zur theoretisch geförderten Gasmasse $m(\alpha_{VB})$.

$$\lambda_v = \frac{m(0)}{\bar{m}(\alpha_{VB})} = \frac{Q}{Q_{theor}} = \frac{T_1}{T(\alpha_{VB})} (1 + 0{,}125 \sqrt{\frac{300}{\varphi_H}} \sqrt{\frac{L}{D}} \frac{v}{\tilde{a}}) + \frac{1}{\rho_1 V(\alpha_{VB})} \frac{1}{\omega_1} \int_{\alpha_{VB}}^{0} (\dot{m}_D + \dot{m}_B + \dot{m}_S)\, d\alpha \qquad (183)$$

Betrachtet man noch die Tatsache, daß die aus der der betrachteten Zahnlücke vorangehenden Zahnlücke (Winkellage $\alpha + 2\pi/\bar{z}_1$) rückfließende Masse $\dot{m}_S$ gleich sein muß der der betrachteten Zahnlücke zufließenden Masse $\dot{m}_D$, gilt:

$$\dot{m}_D(\alpha) = - \dot{m}_S(\alpha + 2\pi/\bar{z}_1)$$

Man kann nun schreiben:

$$\lambda_v = \frac{Q}{Q_{theor}} = \frac{T_1}{T(\alpha_{VB})} (1 + 0{,}125 \sqrt{\frac{300}{\varphi_H}} \sqrt{\frac{L}{D}} \frac{v}{\tilde{a}}) + \frac{1}{\rho_1 V(\alpha_{VB})} \frac{1}{\omega_1} \left(\int_{\alpha_{VB}}^{\alpha_{VB}+(2\pi/\bar{z}_1)} \dot{m}_S\, d\alpha + \int_{-(2\pi/\bar{z}_1)}^{0} \dot{m}_D\, d\alpha + \int_{\alpha_{VB}}^{0} \dot{m}_B\, d\alpha \right) \qquad (184)$$

Die Schwierigkeit in der Liefergradberechnung liegt bei der Bestimmung der Leckspaltmengen $\dot{m}$.

Diese Leckspaltmengen hängen ab von den Drücken und Temperaturen beiderseits des Spaltes, von der Spaltgeometrie und von den Geschwindigkeiten der bewegten Spaltberandungen, der Wandrauhigkeit und der Größe der Spaltfläche.

Nur bei einfachen Strömungsmodellen gelingt es, die Spaltmengen theoretisch zu errechnen /21/. Dabei müssen fast immer Reibungseinflüsse im Spalt vernachlässigt werden. Legt man etwa als Modell für die Spaltströmung eine reibungsfreie, isentrope Düsenströmung zugrunde, so erhält man für die Leckmengen in bekannter Weise die Beziehung /22/.

$$\dot{m}_x = F_x \, \psi\left(\frac{p_2^x}{p_1^x}\right) p_1^x \sqrt{\frac{2}{R\,T_1^x}} \tag{185}$$

Mit F_x als wirksame Spaltfläche, p_2^x und p_1^x als Drücke beiderseits des Spaltes, R als Gaskonstante und T_1^x als Temperatur auf der Spaltseite mit dem höheren Druck und ψ als Durchflußfunktion von der Form

$$\psi = \left(\frac{p_2^x}{p_1^x}\right)^{1/\varkappa} \sqrt{\frac{\varkappa}{\varkappa - 1}\left(1 - \left(\frac{p_2^x}{p_1^x}\right)^{\frac{\varkappa - 1}{\varkappa}}\right)} \quad \Bigg| \cdots \frac{p_2^x}{p_1^x} > \left(\frac{2}{\varkappa + 1}\right)^{\frac{\varkappa}{\varkappa - 1}} \tag{186}$$

und

$$\psi = \left(\frac{2}{\varkappa + 1}\right)^{\frac{1}{\varkappa - 1}} \sqrt{\frac{\varkappa}{\varkappa + 1}} = \psi_{max} \quad \Bigg| \cdots \frac{p_2^x}{p_1^x} < \left(\frac{2}{\varkappa + 1}\right)^{\frac{\varkappa}{\varkappa - 1}} \tag{187}$$

Als zusätzliche Schwierigkeit kommt hinzu, daß die Druckverteilung in den Zahnlückenräumen durch die Größe der Leckspaltmengen beeinflußt wird und umgekehrt, sodaß für die Berechnung zahlreiche Iterationsschritte erforderlich werden.

Aus Gl. (184) wird aber die grundsätzliche Abhängigkeit des volumetrischen Wirkungsgrades von der Umfangsgeschwindigkeit sichtbar. Wird der an sich geringe Aufladeeffekt vernachlässigt und wird weiters angenommen, daß die Reibungseinflüsse auf die Leckspaltmengen $\dot{m}$ nicht allzu groß sind, d.h. daß $\dot{m}$ annähernd unabhängig von der Umfangsgeschwindigkeit wird, so besteht die Abhängigkeit

$$\lambda_v \approx K_1 + K_2\,(1/\omega_1) \tag{188}$$

Tatsächlich gemessene Liefergradkurven (Abb. 57) zeigen im

wesentlichen den Verlauf nach Gl. (188). Da die Leckspaltmengen etwa proportional der Spaltfläche bzw. der Spalthöhe anzusetzen sind (Gl. (185)), erhält man in Abb. 57 wegen

$$K_2 = K_2(\tau/D)$$

eine Schar von volumetrischen Wirkungsgradkurven für verschiedene Spalthöhen. Aus den Kurvenverläufen wird deutlich, daß bei hohen Umfangsgeschwindigkeiten erhöhte Spaltspiele zufolge von Fertigungsungenauigkeiten u.dgl. kaum ins Gewicht fallen, daß aber bei Verdichtern mit geringen Umfangsgeschwindigkeiten erhöhte Spaltweiten zu enormen Wirkungsgradverschlechterungen führen können, die einen Betrieb des Verdichters unter Umständen unmöglich machen (Temperaturen).

Bleibt man beim einfachsten Modell für die Bestimmung der Leckspaltmengen, der isentropen Spaltströmung nach den Gln. (185) bis (187) und nimmt an, daß an der Mehrzahl der Spalten kritisches Druckverhältnis herrscht, also für die Durchflußfunktion Ψ die Gl. (187) gültig ist mit $\Psi = \Psi_{max}$ = konst, so bedeutet dies, daß im engsten Spaltquerschnitt dieser Spalte das Leckgas Schallgeschwindigkeit erreicht /22/.

Wegen der Kontinuitätsbeziehung gilt für die sekundliche Leckmenge auch

$$\dot{m}_x = F_x \, \rho_x \, w_x = F_x \, \rho_x \, \tilde{a}_x \qquad (189)$$

ρ_x ...Dichte im engsten Querschnitt mit der Fläche F_x,
w_x ...Strömungsgeschwindigkeit, $\tilde{a}_x$ ... Schallgeschwindigkeit.

Daraus erkennt man, daß bei Verdichtern zur Förderung von sehr leichten Gasen mit großen Schallgeschwindigkeiten die Leckspaltflächen bzw. -höhen möglichst klein zu halten sind.

Für die praktische Berechnung des volumetrischen Wirkungsgrades eines Schraubenverdichters wird allerdings das Integral über die Leckspaltmengen üblicherweise nicht speziell ausgewertet, da dies nur über die recht mühsame Berechnung des Verlaufes der Leckspaltflächen und unter Zugrundelegung oft unzureichender Strömungsmodelle in den Spalten möglich ist.

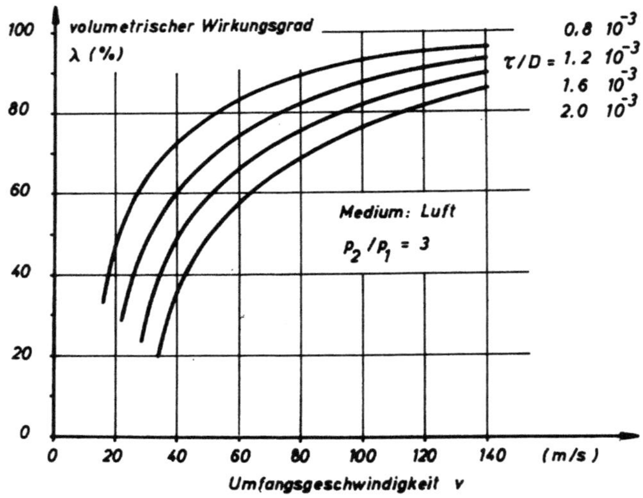

Abb. 57. Abhängigkeit des volumetrischen Wirkungsgrades von der bezogenen Leckspalthöhe und der Umfangsgeschwindigkeit (nach /8/).

Man greift auch für die Berechnung des volumetrischen Wirkungsgrades zu, aus Versuchsläufen gewonnenen, empirischen Formeln.

Das Integral

$$- \Delta m = \frac{1}{\omega_1} \int_{\alpha_{VB}}^{0} (\dot{m}_D + \dot{m}_S + \dot{m}_B)\, d\alpha \qquad (190)$$

stellt nach Gl. (182) den Masseverlust $-\Delta m$ auf Grund der Undichtheiten im Verdichter dar. Dieser Masseverlust tritt wegen der inneren Verdichtung der Maschine bis zur Steuerkantenlage auch dann auf, wenn der Verdichter gegen Ansaugdruck arbeitet ($p_2/p_1 = 1$). Er wird mit steigendem Gegendruck p_2 immer größer. Es ist daher naheliegend, für Δm den Ansatz zu machen

$$\Delta m = \Delta m \Big|_{p_2/p_1 = 1} + \Delta m \Big|_{p_2} \qquad (191)$$

Der Masseverlust bei steigendem Gegendruck ist, wie Versuchsläufe zeigen, etwa proportional dem Verhältnis p_2/p_1, sodaß man damit aus Gl. (184) erhält:

$$\lambda_v = \frac{T_1}{T(\alpha_{VB})} \left(1 + 0{,}125 \sqrt{\frac{300}{\varphi_H}} \sqrt{\frac{L}{D}} \frac{v}{\tilde{a}}\right) -$$

$$- \frac{1}{\rho_1 \ V(\alpha_{VB})} \frac{D_1}{2 \ v} \left(\Delta m\Big|_{p_2/p_1 = 1} + C_3 \frac{p_2}{p_1}\right)$$

Für Schraubenverdichter mit üblicher Läuferverzahnung wird

$$\lambda_v = \frac{T_1}{T(\alpha_{VB})} \left(1 + 0{,}125 \sqrt{\frac{300}{\varphi_H}} \sqrt{\frac{L}{D}} \frac{v}{\tilde{a}}\right) -$$

$$- C_1 \sqrt{\frac{\varphi_H}{300}} \sqrt{\frac{1}{(L/D)^2}} \frac{\tau}{D} \frac{\tilde{a}}{v} \sqrt{\frac{1{,}4}{\varkappa}} \left(\frac{\Psi(p_2/p_1)}{\Psi_{max}} \frac{p_2}{p_1} + C_4\right) \quad (192)$$

Beschränkt man sich auf die üblichen Verschraubungswinkel (φ_H = 300°) und die üblichen L/D-Werte (L/D = 1,5), erhält man schließlich

$$\lambda_v = \frac{T_1}{T(\alpha_{VB})} \left(1 + 0{,}153 \frac{v}{\tilde{a}}\right) - C_2 \frac{\tau}{D} \frac{\tilde{a}}{v} \sqrt{\frac{1{,}4}{\varkappa}} \left(\frac{\Psi(p_2/p_1)}{\Psi_{max}} \frac{p_2}{p_1} + \right.$$

$$\left. + C_4\right) \quad (193)$$

Die empirisch gefundenen Funktionen C_2 und C_4 sind aus Abb. 58 in Abhängigkeit vom eingebauten Druckverhältnis zu entnehmen. Die Größen Ψ und Ψ_{max} sind die Durchflußfunktionen für isentrope Spaltströmung nach den Gln. (186) und (187). Die für die Ermittlung des volumetrischen Wirkungsgrades erforderlichen bezogenen wirksamen Leckspalthöhen τ/D liegen bei kleineren Verdichtern bei 1 10^{-3} und bei großen Anlagen bei 0,5 10^{-3}.

Abschließend sei noch erwähnt, daß die Leckverluste in Schraubenverdichtern fast ausschließlich innere Leckverluste sind, d.h. daß alle aus einem Zahnlückenraum abströmenden Leckgasmengen nicht nach außen verloren gehen, sondern letztlich wieder zur Saugseite des Verdichters gelangen und neuerlich verdichtet werden. Bei Kolbenverdichtern gelangen die zwischen Zylinder und Kolben verloren gehenden Leckgasmengen im allgemeinen ins Freie.

Lediglich bei größeren trockenlaufenden Schraubenverdichteranlagen mit gleitgelagerten Läufern geschieht die Läuferabdichtung an den Wellendurchführungen der Druckseite gegen die Umgebung mit Kohledichtringen und nicht durch Kapselung der gesamten Lagerstellen.

Die Leckgasmengen an diesen Wellendichtungen können aber im allgemeinen für den Verdichtungsvorgang unberücksichtigt bleiben.

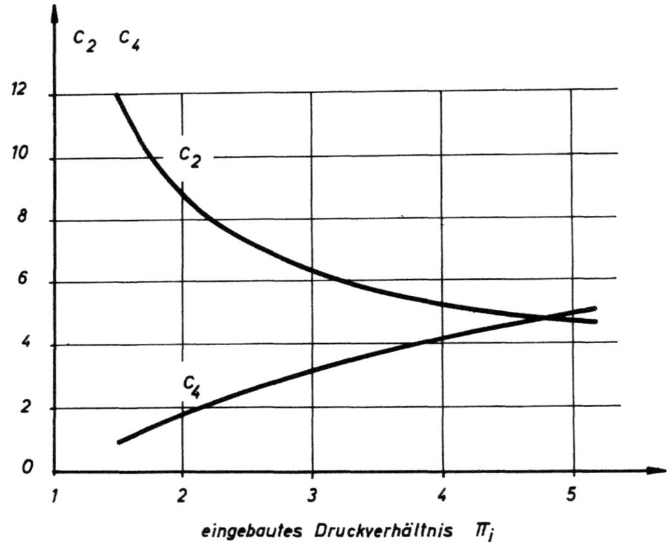

Abb. 58. Verlauf der Hilfsfunktionen C_2 und C_4 zur Berechnung des volumetrischen Wirkungsgrades bei trockenlaufenden Schraubenverdichtern in Abhängigkeit vom eingebauten Druckverhältnis (nach /27/).

Das bisher gebrachte Verfahren zur Berechnung des volumetrischen Wirkungsgrades gilt nur für Trockenlaufverdichter. Der volumetrische Wirkungsgrad ist nach Gl. (193) lediglich abhängig von der Läufergeometrie, dem eingebauten Druckverhältnis, den Eigenschaften des Gases und den Gaszuständen am Verdichtungsbeginn und am Verdichtungsende. Bei einspritzölgekühlten Verdichtern kommt als zusätzlicher Parameter noch die eingespritzte Kühlölmenge hinzu.

4.4 Das Betriebsverhalten einspritzölgekühlter Verdichter

4.4.1 Einfluß des Kühlöls auf den Verdichtungsprozeß

Einspritzölgekühlte Verdichter unterscheiden sich von den trockenlaufenden Schraubenverdichtern in zwei wesentlichen Punkten.

Erstens durch das Einspritzen von relativ großen Mengen von Kühlflüssigkeit in die Zahnlückenräume in der Größe von ca. 8 bis 15 l/m^3 angesaugten Gases. Dies bedeutet bei Förderung von Luft etwa ein Masseverhältnis Öl zu Luft von ca. 10 : 1, hingegen ein Volumsverhältnis Öl zu Luft von nur ca. 1 : 100 bezogen auf Ansaugzustand. Das Kühlöl tritt daher volumsmäßig etwa in einer Verkleinerung des Arbeitsraums kaum in Erscheinung. Von der Masse her ist aber das in der Luft fein verteilte Kühlöl ein großer Wärmespeicher (spezifische Wärme $c_{p\ddot{O}l} = 2{,}05$ kJ/kg°C, spezifische Wärme der Luft $c_{pLuft} = 1$ kJ/kg°C). Die je m^3 angesaugten Gases eingespritzte Ölmenge ist in der Lage, die vom Gas frei werdende Verdichtungswärme ohne nennenswerte Temperaturerhöhung aufzunehmen. Infolge der feinen, nebelartigen Verteilung des Kühlöls erfolgt der Wärmeübergang Öl - Gas sehr rasch, sodaß der Verdichtungsprozeß in einspritzölgekühlten Verdichtern für das Gas fast rein isotherm erfolgt.

Abb. 59 zeigt gemessene Temperaturverläufe in einem einspritzölgekühlten Schraubenverdichter bei verschiedenen Umfangsgeschwindigkeiten und Verdichtungsendtemperaturen. Das Gas ist bereits bei Verdichtungsbeginn vom Öl auf die annähernd konstante Verdichtungstemperatur aufgeheizt. Je schnelläufiger der Schraubenverdichter ist, umso größere Temperaturgradienten sind zu erwarten, da das Öl dann nicht mehr in der Lage ist, in der kurzen Zeit die Wärmeaufnahme voll zu bewerkstelligen.

Im allgemeinen sind am Verdichtungsende Öl- und Lufttemperatur praktisch gleich hoch.

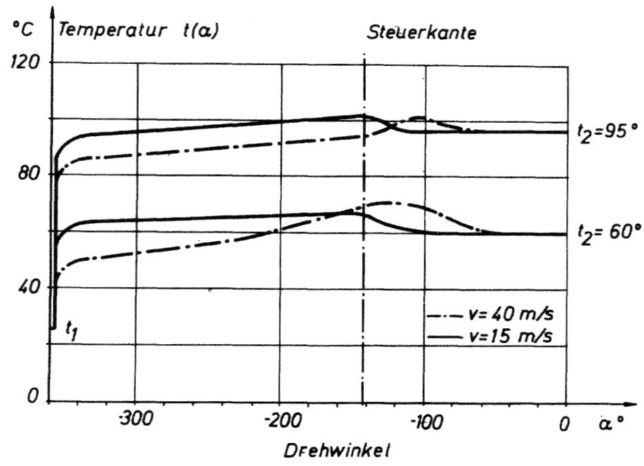

Abb. 59. Verlauf der Temperatur in Abhängigkeit von der Läuferstellung in einem einspritzölgekühlten Schraubenverdichter.

Will man die Theorie des dichten, verlustfreien Schraubenverdichters auch auf einspritzölgekühlte Verdichter anwenden, ist damit lediglich der Isentropenexponent $\varkappa$ in 4.2 durch einen mittleren Polytropenexponent n zu ersetzen, wobei gilt

$$n = 1{,}05 \text{ bis } 1{,}1$$

Neben der intensiven Innenkühlung des eingespritzten Öls bewirkt das Öl infolge seines hohen Masseanteils einerseits eine erhöhte Dichtwirkung in den Leckspalten des Verdichters, andererseits aber auch eine Vergrößerung der Wirbelverluste.

Der zweite wesentliche Unterschied der einspritzölgekühlten Schraubenverdichter gegenüber den trockenlaufenden liegt in den geringen gefahrenen Umfangsgeschwindigkeiten (v = 20 bis 40 m/s). Dies bedeutet, daß alle dynamischen Effekte des Gases wie Aufladeeffekt, dynamische Strömungsverluste u.dgl. eher in den Hintergrund treten, daß aber die Undichtheitsverluste und Leckmengen von Bedeutung werden (vgl. Abb. 55 bis 57).

Konnte für die raschlaufenden Trockenlaufverdichter die Theorie der ideal dichten Maschine mit konstanter Gasmasse m(α) in den Zahnlückenräumen als Basis für die Berechnung angesehen werden, die dann durch geringe Korrekturen für die reale Maschine angepaßt wurde, so scheint dies bei einspritzölgekühlten Verdichtern nicht mehr sinnvoll.

Druckmessungen zeigen, daß die Einflüsse der Leckmengen auf die Masseverteilung in den Zahnlücken $m(\alpha)$ einen wesentlichen Einfluß haben.

4.4.2 Auswirkung der Undichtheiten auf den Druck- und Masseverlauf in den Zahnlücken eines einspritzölgekühlten Schraubenverdichters

Durch Messung des Druck- und Temperaturverlaufes in den Zahnlücken eines einspritzölgekühlten Schraubenverdichters ist es möglich, den Masseverlauf $m(\alpha)$ der eingeschlossenen Gasmasse zu berechnen. Mit der Gasgleichung für ideale Gase wird

$$p(\alpha)/\rho(\alpha) = R\ T(\alpha)$$

oder

$$\rho(\alpha) = p(\alpha)/(R\ T(\alpha))$$

Bei gegebenem Volumenverlauf des Zahnlückenpaares $V(\alpha)$ folgt

$$m(\alpha) = \rho(\alpha)\ V(\alpha) = p(\alpha)\ V(\alpha)/(R\ T(\alpha)) \qquad (194)$$

Auf Grund von Messungen (Abb. 59) kann der Verlauf $T(\alpha)$ als annähernd konstant angesehen werden (isotherme Zustandsänderung).

$$T(\alpha) = \text{konst.} = T_2$$

oder

$$p(\alpha)/\rho(\alpha) = \text{konst.} \qquad (195)$$

In Abb. 60 ist nun eine gemessene Druckverteilung $p(\alpha)$ für einen einspritzölgekühlten Schraubenverdichter der theoretischen Druckverteilung der dichten Maschine nach

$$p(\alpha)/\rho(\alpha) = \text{konst.} = p_1/\rho_1$$

gegenübergestellt. Die Läuferausbildung und Steuerkantenlage entspricht dem in 3.9.2 behandelten Verdichter.

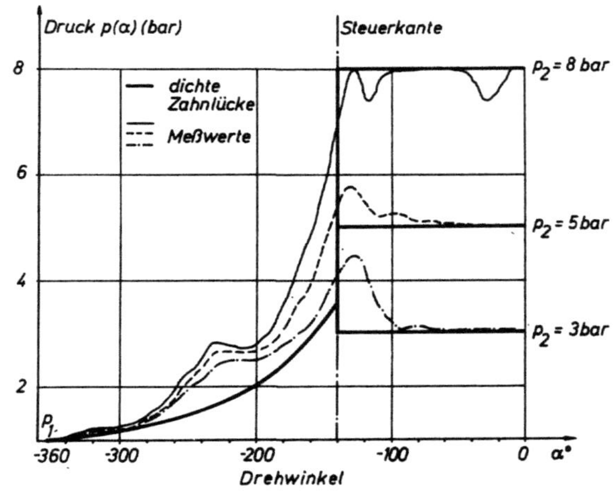

Abb. 60. Gemessener und theoretischer Druckverlauf in einem einspritzölgekühlten Schraubenverdichter.

Die gemessenen Drücke liegen im Bereich vom Verdichtungsbeginn bis zur Steuerkante durchwegs höher als jene bei einer dichten Maschine. Dies bedeutet mit Gl. (194), daß sich vom Verdichtungsbeginn bis etwa zur Steuerkante mehr Gasmasse in den Zahnlücken befindet als bei einer ideal dichten Maschine.

Überdies zeigt Abb. 60, daß infolge der Leckgasmengen auch dann, wenn der Verdichter nicht mit dem eingebauten Druckverhältnis betrieben wird, keine ausgeprägten Sprünge im Druckverlauf auftreten und daß infolge des allmählichen Öffnens des Ausschubquerschnitts an den Steuerkanten der Druck erst nach Überfahren der Steuerkanten allmählich auf den Verdichtungsenddruck p_2 fällt oder steigt.

Diese vorerst paradox klingende Feststellung, daß sich bei undichten Zahnlückenräumen etwa bis zur Steuerkante mehr Masse im Arbeitsraum befindet als bei dichten Zahnlückenräumen, findet ihre Erklärung im System der Leckströmungen im Verdichter, welche in Abb. 61 für eine Zahnlücke in der Stellung α modellhaft wiedergegeben sind.

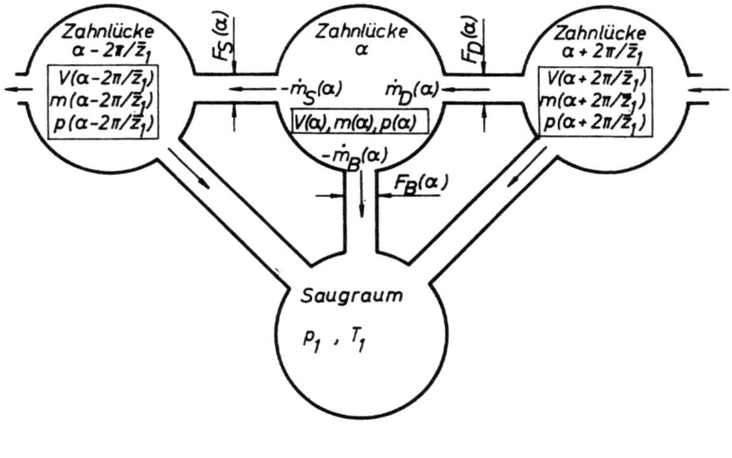

Abb. 61. Modell für die Leckspaltströmungen in einem Schraubenverdichter.

Solange

$$\dot{m}_D > -(\dot{m}_B + \dot{m}_S)$$

gilt, erhöht sich die Masse in dem betrachteten Lückenraum (Winkellage α). Dies ist auf Grund des größeren Druckverhältnisses am Spalt F_D $(p(\alpha + 2\pi/\bar{z}_1)/p(\alpha))$ gegenüber dem Druckverhältnis am Spalt F_S $(p(\alpha)/p(\alpha - 2\pi/\bar{z}_1))$ etwa bis zur Steuerkante der Fall, obwohl die Spaltfläche F_D kleiner ist als F_S.

Die Verlustmenge durch die Berührungslinienspalte spielt wegen der Kleinheit von F_B keine entscheidende Rolle (vgl. Abb. 39).

Mit Hilfe des Leckströmungsmodells nach Abb. 61 wird es möglich, nach passenden Strömungsmodellen für die Spaltströmung des Zweiphasengemisches Öl - Luft in den Leckspalten eines Schraubenverdichters zu suchen, bzw. andererseits mit passenden Spaltströmungsmodellen die Druckverteilung $p(\alpha)$ und damit den Leistungsbedarf des Verdichters vorauszuberechnen.

Die Berechnung der Druckverteilung kann hier nur iterativ erfolgen. Ausgangspunkt des Iterationsverfahrens ist dabei die Druckverteilung des ideal dichten Kompressors bei annähernd isothermer Zustandsänderung mit

$$p(\alpha)_{dicht} = p_1 \ (V(\alpha_{VB})/V(\alpha)) \qquad (196)$$

Die Druckverteilung der dem betrachteten Zahnlückenraum nachfolgenden Zahnlücke ist um einen Zahnteilungswinkel phasenverschoben, ebenso die Druckverteilung der vorangehenden Zahnlücke (Abb. 62).

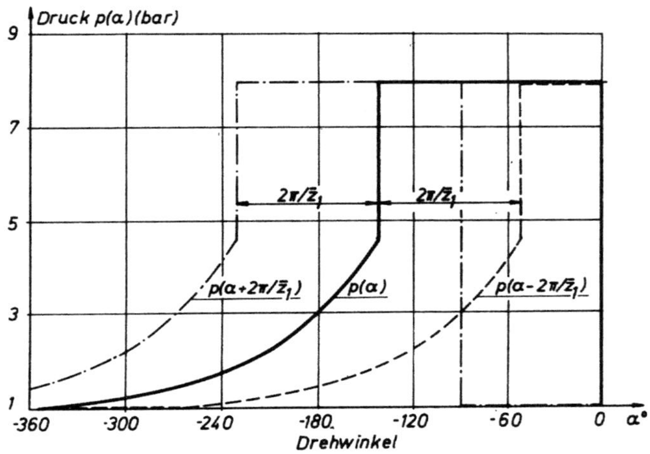

Abb. 62. Druckverläufe für die Berechnung der Leckmengen.

Ist nun das Durchflußgesetz durch die Leckspalten bekannt und wegen $T(\alpha) \sim$ konst. näherungsweise in der Form

$$\dot{m}_D = F_D \ \Phi(p(\alpha), \ p(\alpha + 2\pi/\bar{z}_1))$$

$$\dot{m}_S = F_S \ \Phi(p(\alpha), \ p(\alpha - 2\pi/\bar{z}_1))$$

$$\dot{m}_B = F_B \ \Phi(p(\alpha), \ p_1) \qquad (197)$$

gegeben, wobei die Funktionen Φ neben anderen Parametern sicher von der eingespritzten Ölmenge abhängig sind, so können mit der Druckverteilung der dichten Kammer in erster Näherung die Leckmengen $\dot{m}$ berechnet werden. Damit kann aus Gl. (181) die Masseverteilung in den Zahnlücken in erster Näherung berechnet werden.

$$m(\alpha) = m(\alpha_{VB}) + \frac{1}{\omega_1} \int_{\alpha_{VB}}^{\alpha} (\dot{m}_B + \dot{m}_D + \dot{m}_S)\, d\alpha$$

wobei $m(\alpha_{VB})$ bei Vernachlässigung des Aufladeeffekts und unter Beachtung von Gl. (195) sich ergibt zu

$$m(\alpha_{VB}) = \rho(\alpha_{VB})\, V(\alpha_{VB}) \approx p_1/(R\, T_2)$$

Aus dieser so gewonnenen, in erster Näherung verbesserten Masseverteilung $m(\alpha)$ der undichten Maschine kann nun die dieser Masseverteilung entsprechende und gegenüber der ursprünglichen Annahme verbesserte Druckverteilung erhalten werden.

$$p(\alpha)_{neu} = (m(\alpha)\, R\, T_2)/V(\alpha) \qquad (198)$$

Bei dichter Kammer war

$$p(\alpha)_{dicht} = (m(\alpha_{VB})\, R\, T_2)/V(\alpha) \qquad (199)$$

und damit

$$p(\alpha)_{neu} = p(\alpha)_{dicht}\, m(\alpha)/m(\alpha_{VB}) \qquad (200)$$

Mit der verbesserten Druckverteilung muß nun wieder eine neuerliche Berechnung der Leckmengen $\dot{m}$ erfolgen. Dies ergibt mit Gl. (181) eine in zweiter Näherung verbesserte Masseverteilung $m(\alpha)$ und eine neue Druckverteilung $p(\alpha)_{neu}$ u.s.w.

Das Verfahren ist solange zu wiederholen, bis die neue Druckverteilung eines Iterationsschrittes identisch ist mit jener des vorangegangenen. Erfahrungsgemäß sind etwa 6 bis 8 Iterationsschritte erforderlich.

Legt man einer Leckmengenberechnung als einfachstes Modell eine isentrope Einphasenspaltströmung zu Grunde (Gl. (185)), so erhält man keine brauchbare Übereinstimmung zwischen gemessenem und errechnetem Druckverlauf (Abb. 63). D.h., daß das eingespritzte Kühlöl einen entscheidenden Dichteffekt in den Spalten hat.

Für eine brauchbare Übereinstimmung von gemessener und errechneter Druckverteilung müßte die Durchflußfunktion nach Gl.(186) und Gl. (187), rein formal betrachtet, etwa den in Abb. 64 wiedergegebenen Verlauf haben.

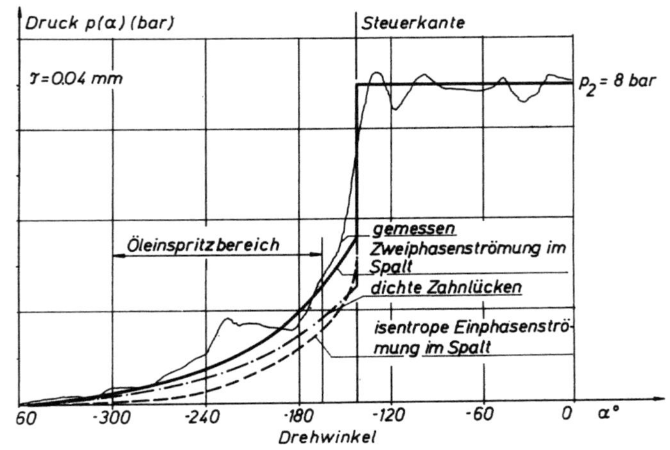

Abb. 63. Gegenüberstellung von gemessenen und gerechneten Druckverläufen für einen einspritzölgekühlten Schraubenverdichter.

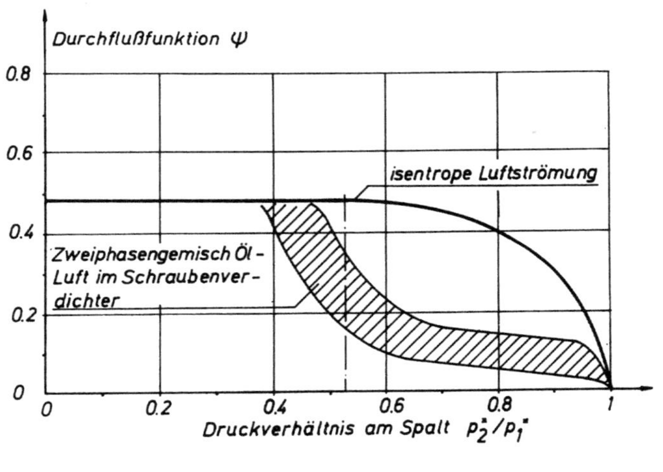

Abb. 64. Ausflußfunktion der isentropen Spaltströmung und Verhalten des Zweiphasengemisches Öl - Luft.

Dies zeigt, daß die Dichtwirkung des Öls bei geringen Druckunterschieden groß ist, in der Nähe des kritischen Druckverhältnisses aber fast völlig verloren geht.

Gute Übereinstimmung zwischen gemessenen und errechneten Druckverläufen erhält man, wenn man bei Druckverhältnissen am Spalt, die größer sind als das kritische Druckverhältnis, näherungsweise mit den Durchflußgesetzen einer homogenen isothermen Zweiphasenströmung rechnet, bei Druckverhältnissen, die kleiner sind als das kritische, jedoch die Durchflußgesetze einer isentropen Einphasenspaltströmung verwendet (Abb. 63 u. 64). /14/, /25/.

In beiden Fällen müssen Reibungseinflüsse unberücksichtigt bleiben.

Ihre Erklärung kann dieses Verhalten dadurch finden, daß bei kleinen Druckunterschieden am Spalt die Strömungsgeschwindigkeiten im Spalt nicht hoch werden, sodaß das annähernd von Ruhezustand auf die Spaltströmungsgeschwindigkeit beschleunigte Zweiphasengemisch wegen der geringen wirkenden Trägheitskräfte annähernd homogen bleibt und überdies das thermische Gleichgewicht zwischen den beiden Phasen annähernd erhalten bleibt, daß aber diese Voraussetzungen bei hohen Druckunterschieden am Spalt nicht mehr gelten. Es ist hier denkbar, daß eine Entmischung von Öl und Luft beim Beschleunigen der Strömung im Spalt eintritt und außerdem in der kurzen Zeit ein Wärmeausgleich Öl - Gas im Spalt nicht stattfinden kann.

In Abb. 65 sind nun die Masseverläufe der in einem Zahnlückenraum befindlichen Luftmasse $m(\alpha)$ für die in 3.9.2 behandelte Läuferausbildung wiedergegeben.

Liegt der Druck p_2 über jenem an der Steuerkante p_i, wie dies in Abb. 65 für p_2 = 8 und 5 bar der Fall ist, steigt die Gasmasse von α_{VB} bis in die Nähe der Steuerkante stark an. Da aber einen Zahnteilungswinkel vor Erreichen der Steuerkante der Druck in der vorangehenden Zahnlücke nicht mehr steigt, wird ab diesem Winkel der Druckunterschied am Spalt F_D immer kleiner, sodaß der Zahnlücke immer weniger Masse zufließt, bis schließlich die durch F_S und F_B abfließenden Massen überwiegen.

Der Masseverlauf erreicht ein Maximum und fällt dann ab. Hat die Zahnlücke selbst die Steuerkante erreicht, ist ihr Druck gleich dem der vorangehenden Lücke, die Menge $\dot{m}_D$ wird Null. Nun verliert die Zahnlücke nur mehr Masse an die nachfolgende Lücke und zum Saugraum, sodaß am Ausschubende bei $\alpha = 0$ letztlich um Δm weniger Masse vorhanden ist als am Verdichtungsbeginn. Mit den aus Abb. 65 ablesbaren Masseverlusten Δm können die volumetrischen Wirkungsgrade nach den Gln. (190), (182), (183) vorausberechnet werden.

Etwas komplizierter gestalten sich die Leckströmungen, wenn p_2 kleiner p_i wird (p_2 = 3 bar in Abb. 65). Hier kommt es an der Steuerkante zu einer Überverdichtung. D.h. aber, daß in einem Bereich etwa um $\alpha = (\alpha_{Stk} + 2\pi/\bar{z}_1)$ in der nachfolgenden Zahnlücke höherer Druck herrscht als in der betrachteten. Die Leckmenge $\dot{m}_S$, die sonst stets von der betrachteten Zahnlücke zur nachfolgenden Lücke fließt, strömt nun in umgekehrter Richtung und erhöht die Masse $m(\alpha)$ während des Ausschiebens geringfügig (vgl. Abb. 65).

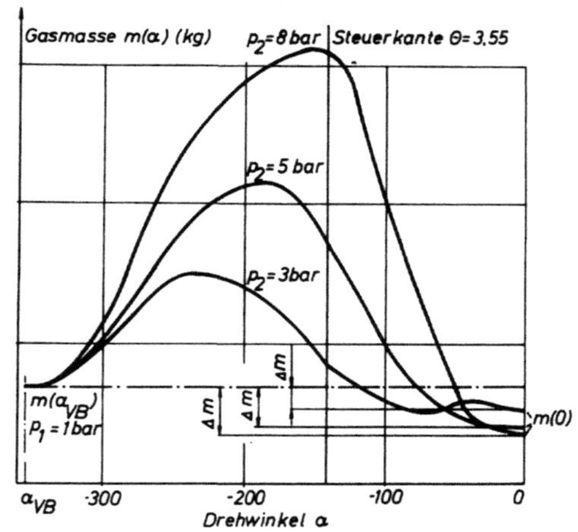

Abb. 65. Masseverlauf in einem Zahnlückenraum bei verschiedenen Verdichtungsenddrücken.

Berechnet man nach dem hier geschilderten Verfahren mit dem Strömungsmodell homogener Zweiphasenströmung kombiniert mit isentroper Spaltströmung die Gasmasseverläufe für verschiedene Spalthöhen, erhält man die in Abb. 66 wiedergegebenen Verläufe.

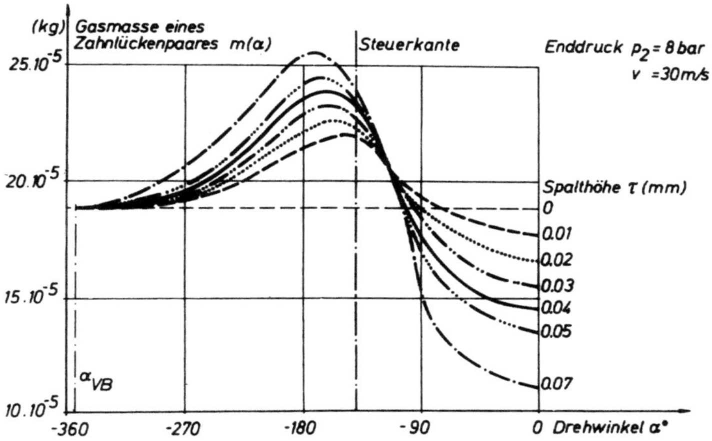

Abb. 66. Masseverlauf in Abhängigkeit von der Spalthöhe.

Dies bedeutet, daß der aus Abb. 66 aus Δm errechenbare volumetrische Wirkungsgrad unter Berücksichtigung der Aufheizverluste etwa linear mit zunehmender Spalthöhe abfällt, ein Ergebnis, das auch durch Messungen bestätigt wird /17/. Der Abfall des volumetrischen Wirkungsgrades beträgt dabei, je nach Läufergröße, ca. 1 bis 3% je hundertstel Millimeter Spalterhöhung.

Obwohl die Vorausberechnung der Druckverteilung eines Schraubenverdichters über die Leckspaltmengen auf zahlreichen Vereinfachungen beruht, wie etwa homogener Verteilung von Öl und Luft im gesamten Läuferbereich, senkrechter Spaltdurchströmung, Gelten der Gesetze für stationäre Spaltströmungen, Vernachlässigung der Änderung der Spalthöhe durch Wärmedehnung und Lagerspiele u.s.w., ermöglicht sie dennoch eine verbesserte Vorausberechnung des volumetrischen Wirkungsgrades und des Leistungsbedarfs unter Berücksichtigung der Parameter Spalthöhe, Steuerkantenlage, Läufergeometrie, Verdichtungsendtemperatur und eingespritzter Ölmenge.

4.4.3 Auswirkungen der Undichtheiten auf den Leistungsbedarf und Wirkungsgrad eines einspritzölgekühlten Verdichters

Aus der gemessenen oder nach 4.4.2 errechneten Druckverteilung und Masseverteilung im Zahnlückenraum einer Schraubenverdichterverzahnung kann nun die technische Verdichtungsarbeit einer Zahnlücke für die reale Maschine angegeben werden.

$$W_t = \int_{p(\alpha_{VB})}^{0} m(\alpha) \frac{1}{\rho(\alpha)} \, dp(\alpha) = \int_{\alpha VB}^{0} V(\alpha) \frac{dp}{d\alpha} \, d\alpha \qquad (201)$$

Die innere Verdichterleistung erhält man dann zu

$$P = \bar{z}_1 \; W_t \; (n_1/60) \qquad (202)$$

Das Integral in Gl. (201) muß im allgemeinen numerisch berechnet werden. Für eine gegebene Läufergeometrie, Steuerkantenlage und Leckspalthöhe hängt die Leistungsaufnahme so wie die Druckverteilung in den Zahnlücken von den Parametern Verdichtungsenddruck p_2, Verdichtungsendtemperatur T_2, Umfangsgeschwindigkeit am Zahnkopf v bzw. Winkelgeschwindigkeit des Hauptläufers ω_1 und von der eingespritzten Ölmenge ab.

Die in 4.4.2 erwähnte Theorie zur Vorausberechnung der Druckverteilung auf Grund der Leckgasmengen läßt Reibungseinflüsse und Wirbelverluste unberücksichtigt. Diese Verluste steigen mit zunehmender Umfangsgeschwindigkeit der Läufer, sodaß nicht, wie etwa nach Gl. (181) zu erwarten wäre, mit zunehmender Umfangsgeschwindigkeit der Wirkungsgrad stetig steigt, sondern nach Erreichen eines Maximums wieder abfällt.

Durch zunehmende eingespritzte Kühlölmengen steigen ebenfalls die Reibungs- und Wirbelverluste. Je mehr Öl je m^3 angesaugten Gases eingespritzt wird, bei umso kleineren Umfangsgeschwindigkeiten wird das Wirkungsgradmaximum erreicht. Wegen der Unanschaulichkeit der Wirkungsgradverläufe hat es sich im Verdichterbau eingebürgert, statt des Wirkungsgrades häufig die spezifische Verdichterleistung bzw. -arbeit zu verwenden. Sie ist definiert als

$$W_{spez} = P/Q \qquad (203)$$

P (kW) ... Verdichterleistung, Q (m^3/min) ... Fördermenge

Mit zunehmendem Verdichtungsenddruck steigt auch die spezifische Arbeit des Verdichters, sodaß die Werte von W_{spez} nur für gleiche Verdichtungsenddrücke vergleichbar sind, demnach weniger Aussagekraft besitzen als der Verdichterwirkungsgrad.

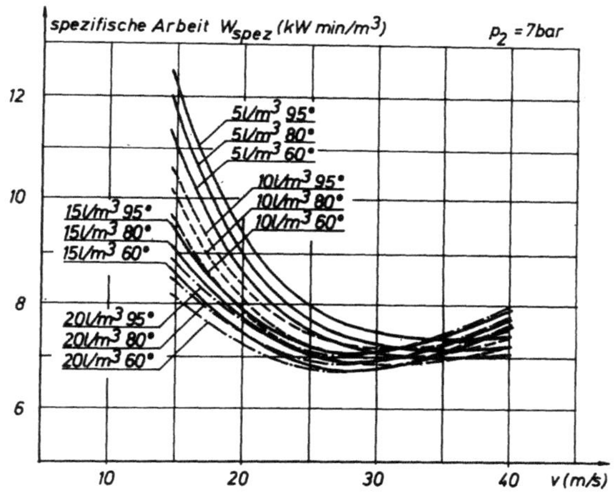

Abb. 67. Verlauf der spezifischen Arbeit eines einspritzölgekühlten Schraubenverdichters für 7 bar Enddruck.

Abb. 67 zeigt den Verlauf der spezifischen Arbeit für einen einspritzölgekühlten Luftverdichter bei 7 bar Verdichtungsenddruck in Abhängigkeit von den Betriebsparametern Umfangsgeschwindigkeit v, Verdichtungsendtemperatur T_2 und spezifischer Ölmenge $Q_{Öl}^{x}$.

$$Q_{Öl}^{x} = Q_{Öl}/Q \quad (l/m^3) \qquad (204)$$

Die spezielle Auswirkung der spezifischen Ölmenge, also der je m^3 angesaugten Gases eingespritzten Ölmenge auf den isothermen Wirkungsgrad eines einspritzölgekühlten Schraubenverdichters findet sich in Abb. 68.

Man sieht daraus, daß auch bei geringen Umfangsgeschwindigkeiten eine Steigerung der spezifischen Ölmenge über 15 bis 20 l/m^3 keine Verbesserung des Wirkungsgrades mehr bringt.

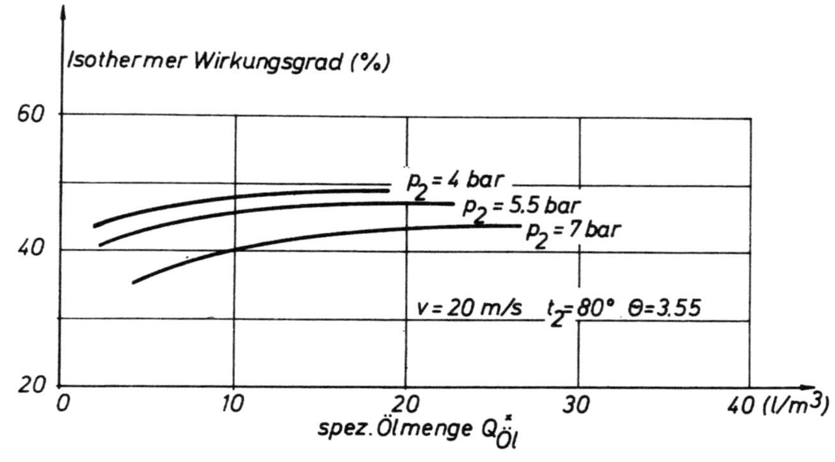

Abb. 68. Abhängigkeit des isothermen Wirkungsgrades eines einspritzölgekühlten Verdichters von der spezifischen Ölmenge.

Die Abhängigkeit des isothermen Wirkungsgrades vom Verdichtungsenddruck zeigt für den gleichen Verdichter Abb. 69.

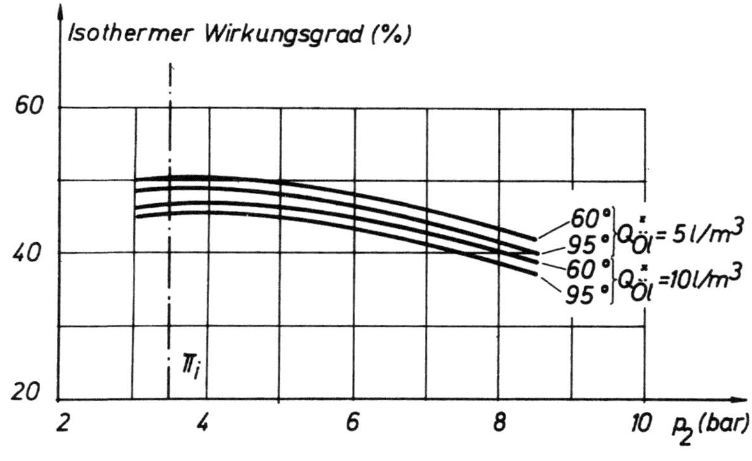

Abb. 69. Abhängigkeit des Wirkungsgrades eines einspritzölgekühlten Schraubenverdichters vom Verdichtungsenddruck.

4.4.4 Einflüsse auf den volumetrischen Wirkungsgrad eines einspritzölgekühlten Schraubenverdichters

Ebenso wie die spezifische Arbeit eines einspritzölgekühlten Schraubenverdichters hängt auch der volumetrische Wirkungsgrad einer bestimmten Maschine von den Betriebsparametern Umfangsgeschwindigkeit, Verdichtungsenddruck, Verdichtungsendtemperatur und spezifischer Ölmenge ab.

Dabei ist der Abfall des volumetrischen Wirkungsgrades mit der Verdichtungsendtemperatur nach der allgemeinen Gl. (184) gegeben und durch Messungen gut bestätigt. Der Einfluß der Umfangsgeschwindigkeit ist nach Gl. (184) bei Vernachlässigung der Reibungseinflüsse im Spalt ($\dot{m}$ unabhängig von v) durch die Gesetzmäßigkeit

$$\lambda_v = \text{konst}_1 - (\text{konst}_2/v) \qquad (205)$$

gegeben. Die gemessenen Verläufe des volumetrischen Wirkungsgrades geben auf Grund der Reibungseinflüsse nur angenähert den Kurvenverlauf nach Gl. (205) wieder (Abb. 70).

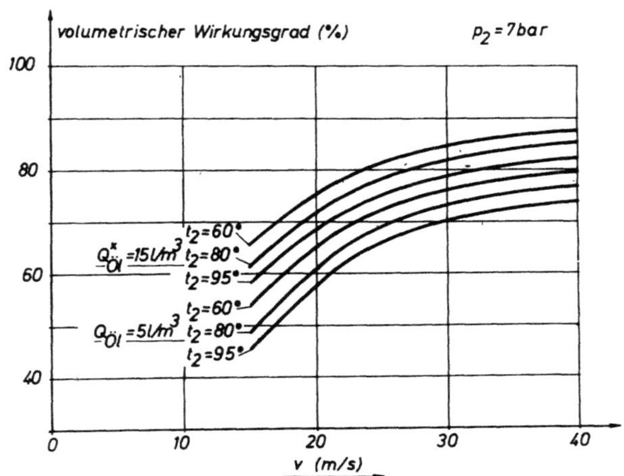

Abb. 70. Abhängigkeit des volumetrischen Wirkungsgrades von der Umfangsgeschwindigkeit bei einem einspritzölgekühlten Schraubenverdichter.

Der Einfluß des Verdichtungsenddrucks auf den volumetrischen Wirkungsgrad ist ein annähernd linearer (Abb. 71).

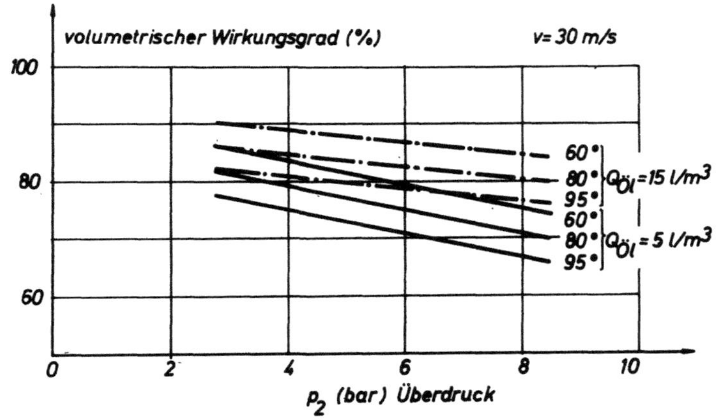

Abb. 71. Abhängigkeit des volumetrischen Wirkungsgrades vom Verdichtungsenddruck bei einem einspritzölgekühlten Schraubenverdichter.

Die grundsätzliche Abhängigkeit des volumetrischen Wirkungsgrades eines einspritzölgekühlten Schraubenverdichters von der spezifischen Ölmenge gibt Abb. 72 wieder.

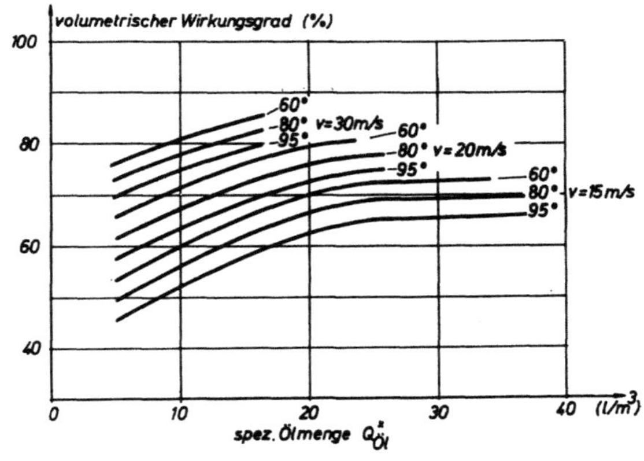

Abb. 72. Abhängigkeit des volumetrischen Wirkungsgrades von der spezifischen Ölmenge bei einem einspritzölgekühlten Verdichter.

Grundsätzlich wird der volumetrische Wirkungsgrad mit zunehmender spezifischer Ölmenge verbessert. Aber auch beim volumetrischen Wirkungsgrad zeigt sich, ähnlich wie bei der spezifischen Verdichterarbeit, daß spezifische Ölmengen von über 15 - 20 l/m^3 kaum nennenswerte Verbesserungen bringen.

5. Berechnung der Lagerbelastungen und Drehmomente an den Läufern von Schraubenverdichtern

5.1 Allgemeines

Zufolge der Druckverteilung in den Zahnlücken der Läufer eines Schraubenverdichters entsteht sowohl auf den Haupt- als auch auf den Nebenläufer eine Kraftwirkung. Diese auf die Läufer einwirkenden Kräfte verursachen eine radiale und achsiale Belastung der Läuferlager und überdies Drehmomente um die Läuferachsen.

Das aus dem Gasdruck resultierende Nebenläuferdrehmoment wird bei trockenlaufenden Schraubenverdichtern über das Koppelgetriebe, bei einspritzölgekühlten Verdichtern durch die Zahnkräfte in der Läuferverzahnung aufgebracht.

Das Hauptläuferdrehmoment muß direkt von der Antriebsmaschine eingeleitet werden, sofern man den im allgemeinen üblichen Hauptläuferantrieb voraussetzt. Die Berechnung der resultierenden Lagerkräfte aus dem Druckverlauf in einem Zahnlückenpaar ist für die Auslegung der Wälz- oder Gleitlager der Läufer erforderlich.

Dabei darf für die weitere Rechnung die Druckverteilung $p(\alpha)$ in einem Zahnlückenpaar vom Verdichtungsbeginn bis Ausschubende als bekannt vorausgesetzt werden (vgl. 4.3 und 4.4). Wie leicht einzusehen ist, sind sämtliche Lagerkräfte und Drehmomente abhängig von der jeweiligen Läuferstellung α . Sie müssen einen periodischen Verlauf mit der Periode eines Zahnteilungswinkels am Hauptläufer von $2\pi/\bar{z}_1$ aufweisen.

Zur Berechnung der Lagerkräfte und Läufermomente scheint folgende Vorgangsweise zweckmäßig.

1. Man trennt vorerst die aus der Druckverteilung resultierende radiale und achsiale Lagerbelastung.

2. Infolge des exzentrisch zur Läuferachse angreifenden Achsschubes entstehen zusätzliche Radialbelastungen in den Lagern, die noch zu überlagern sind.

3. Die rein von den Zahnkräften des Koppelgetriebes oder eines vorgeschalteten Übersetzungsgetriebes herrührenden Lagerkräfte sind in üblicher Weise getrennt zu ermitteln und ebenfalls den Läuferlagern zuzuschlagen.

5.2 Bestimmung der radialen Lagerkräfte und der Läufermomente aus dem Verlauf des Verdichtungsdruckes in einem Zahnlückenpaar

Zur Bestimmung der radialen Lagerkräfte an Haupt- und Nebenläufer geht man vorerst von den Lagerkräften, die durch ein Zahnlückenpaar verursacht werden, aus. Sind die Lagerkräfte, die von einem Zahnlückenpaar herrühren, bekannt, kann die gesamte Lagerbelastung in einfacher Weise durch Überlagerung der um jeweils einen Zahnteilungswinkel phasenverschobenen Lagerkraftverläufe der anderen Zahnlückenpaare erhalten werden.

Zur Berechnung der Lagerkräfte, die von einem Zahnlückenpaar in der Drehwinkelstellung α unter der Gasdruckbelastung $p(\alpha)$ hervorgerufen werden, denkt man sich den Läufer in schmale Scheiben senkrecht zur Drehachse mit der differentiellen Breite dz zerlegt. Für eine Scheibe werden nun die aus den Druckkomponenten, welche senkrecht auf die Zahnflanken angreifen, resultierenden Kräfte und Momente gebildet und daraus die Auflagerkomponenten. Die Gesamtlagerbelastung, herrührend von einer Zahnlücke, erhält man schließlich als Integral über die Teillagerlasten aller Scheiben der Breite dz über die gesamte Läuferlänge.

Für die weitere Rechnung werden die gleichen kartesischen Koordinatensysteme wie in 3.2.1 verwendet. Alle Kräfte werden positiv in positiver Koordinatenrichtung gezählt. Die z-Abstände der Läuferlager hängen von vielen konstruktiven Erfordernissen ab und sind von Maschine zu Maschine verschieden. Es ist daher sinnvoll, die Auflager fiktiv für die Läuferenden $z = 0$ und $z = L$ zu bestimmen. Eine Umrechnung auf die tatsächlichen Auflagerentfernungen wird damit jederzeit in einfacher Weise möglich. Die Läuferstellung für eine Zahnlücke ist durch den Hauptläuferdrehwinkel α aus der "Nullstellung" in der Ebene $z = 0$ gegeben (vgl. 3.2 und 3.4). In der beliebigen Schnittebene z = konst. beträgt wegen der Verschraubung der Läuferzähne die Verdrehung des dortigen Stirnschnittes $\alpha + 2\pi\ (z/h_1)$.

Das Problem reduziert sich damit vorerst auf die Ermittlung der resultierenden Kräfte und Momente aus dem Druck auf die Zahnflanken von Haupt- und Nebenläufer im Stirnschnitt der Läuferverzahnung in Abhängigkeit vom Drehwinkel.

Genau wie bei der Berechnung der Zahnlückenfläche in 3.4 sind auch jetzt wieder mehrere Drehwinkelbereiche zu unterscheiden.

Im Bereich 1 mit zwei Eingriffspunkten (vgl. Abb. 73) wirkt der Druck p auf die Haupt- und auf die Nebenläuferflanke zwischen den Eingriffspunkten P_1 und P_2. Die Eingriffspunkte wurden bereits für die Flächenberechnung in 3.4 benötigt und dürfen als bekannt vorausgesetzt werden.

Im Bereich 2 mit nur einem Eingriffspunkt (vgl. Abb. 74) greift der Druck p entlang dem Flankenzug vom Eingriffspunkt P_{1H} bis zum Kopfpunkt P_{2H} am Hauptläufer und von P_{1N} bis zum Kopfpunkt P_{2N} am Nebenläufer an. Sowohl der Eingriffspunkt $P_{1H} = P_{1N}$ als auch die Kopfpunkte wurden in 3.4 bereits bestimmt und sind ebenfalls aus 3.4 bekannt.

Im Drehwinkelbereich 3 kommen die Zahnlücken von Haupt- und Nebenläufer außer Eingriff (vgl. Abb. 75). Der Druck p greift am ganzen Flankenzug einer Lücke von Haupt- und Nebenläufer an. Die Endpunkte des Druckangriffs P_{1H} und P_{2H} bzw. P_{1N} und P_{2N} sind als Zahnkopfpunkte ebenfalls aus 3.4 bekannt. Die Resultierenden aus dem Druckangriff geben für diesen Bereich aus

Symmetriegründen kein Drehmoment um die Läuferachsen.

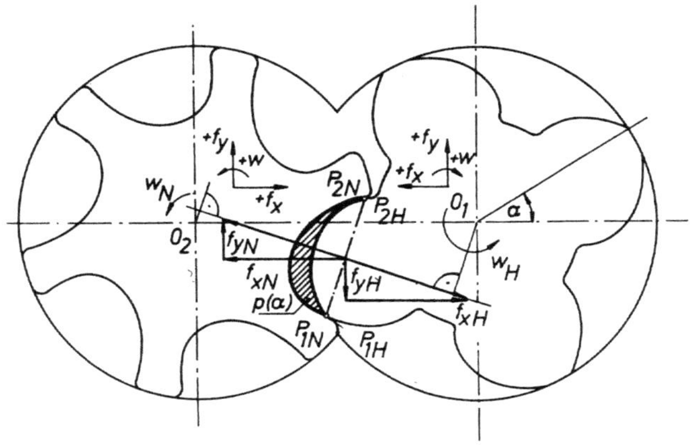

Abb. 73. Resultierende aus dem Druck in der Zahnlücke im Drehwinkelbereich 1 mit zwei Eingriffspunkten.

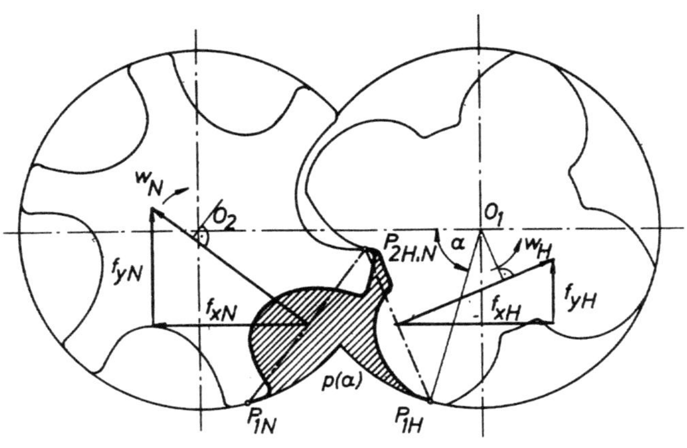

Abb. 74. Resultierende aus dem Druck in der Zahnlücke im Drehwinkelbereich 2 mit einem Eingriffspunkt.

Aus den Abb. 73 bis 75 ist bereits zu erkennen, daß das resultierende Drehmoment um die Läuferachse am Nebenläufer stets sehr klein gegenüber jenem am Hauptläufer ist.

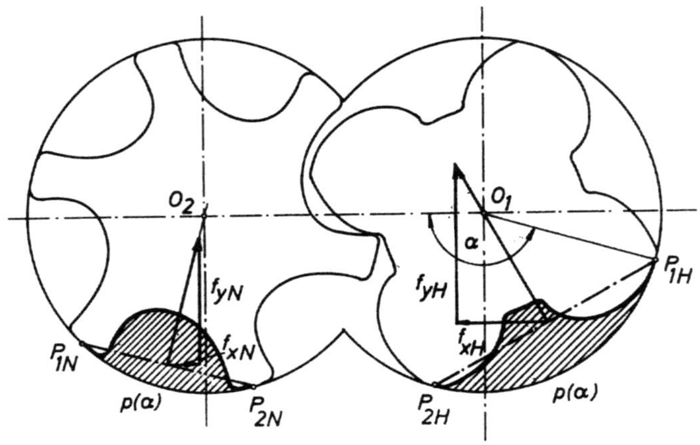

Abb. 75. Resultierende aus dem Druck in der Zahnlücke im Drehwinkelbereich 3 bei zwei getrennten Lückenflächen.

Das heißt, daß die mechanische Energie zum größten Teil direkt vom Hauptläufer auf das Gas übertragen wird und der Nebenläufer praktisch leer mitläuft.

Da im gesamten Drehwinkelbereich von α_{VB} bis $\alpha = 0$ nun die Endpunkte des Druckangriffs an den Zahnflanken von Haupt- und Nebenläufer als gegeben vorausgesetzt werden dürfen (vgl. 3.4), gilt es im weiteren, die Resultierenden aus einem Druckangriff längs einer beliebigen Kurve zwischen zwei vorgegebenen Endpunkten P_1 und P_2 anzugeben.

Mit Abb. 76 erhält man für die differentiellen Kraftkomponenten

$$- df_x = p\ ds \sin\delta = p\ ds\ (dy/ds) = p\ dy$$

$$df_y = p\ ds \cos\delta = p\ ds\ (dx/ds) = p\ dx$$

und für das Drehmoment um die z-Achse

$$dw = df_y\ x - df_x\ y = p\ (y\ dy + x\ dx)$$

und durch Integration

$$f_x = - p \int_{y_1}^{y_2} dy = -p\ (y_2 - y_1)$$

$$f_y = p \int_{x_1}^{x_2} dx = p(x_2 - x_1)$$

$$w = p \left(\int_{y_1}^{y_2} y \, dy + \int_{x_1}^{x_2} x \, dx \right. = p \left(\frac{y_2^2 - y_1^2}{2} + \frac{x_2^2 - x_1^2}{2} \right) \qquad (206)$$

Die Anwendung der Gln. (206) auf Haupt- und Nebenläufer in einer vorgegebenen Drehwinkelstellung α liefert die Belastungen je Längeneinheit für den Hauptläufer:

$$f_{xH}(\alpha) = - p \, (y_{2H}(\alpha) - y_{1H}(\alpha))$$

$$f_{yH}(\alpha) = p \, (x_{2H}(\alpha) - x_{1H}(\alpha))$$

$$w_H(\alpha) = p\left(\frac{y_{2H}^2(\alpha) - y_{1H}^2(\alpha)}{2} + \frac{x_{2H}^2(\alpha) - x_{1H}^2(\alpha)}{2} \right) \qquad (207)$$

und analog für den Nebenläufer

$$f_{xN}(\alpha) = - p \, (y_{2N}(\alpha) - y_{1N}(\alpha))$$

$$f_{yN}(\alpha) = p \, (x_{2N}(\alpha) - x_{1N}(\alpha))$$

$$w_N(\alpha) = p\left(\frac{y_{2N}^2(\alpha) - y_{1N}^2(\alpha)}{2} + \frac{x_{2N}^2(\alpha) - x_{1N}^2(\alpha)}{2} \right) \qquad (208)$$

Aus diesen für eine beliebige Winkelstellung α der Verzahnung im Stirnschnitt gegebenen Kraftkomponenten und Momente erhält man nun die Lagerbelastungen und die Gesamtdrehmomente an den Läufern zufolge des Druckes p in einer Zahnlücke.

Vorerst ergibt sich das Drehmoment für den Hauptläufer (Index H) bzw. für den Nebenläufer (Index N) zu:

$$M_{H,N} = \int_0^{z_E} w_{H,N}(z) \, dz$$

In der Schnittebene z = konst weisen die Läufer einen Drehwinkel von

$$\alpha + \gamma_1 = \alpha + 2\pi \, (z/h_1)$$

auf. Damit wird (vgl. auch 3.6.2):

$$dz = (h_1/2\pi)\, d\gamma_1$$

und

$$M_{H,N}(\alpha) = (h_1/2\pi)\, p(\alpha) \int_0^{\hat{\gamma}} w_{H,N}(\alpha + \gamma_1)\, d\gamma_1 \qquad (209)$$

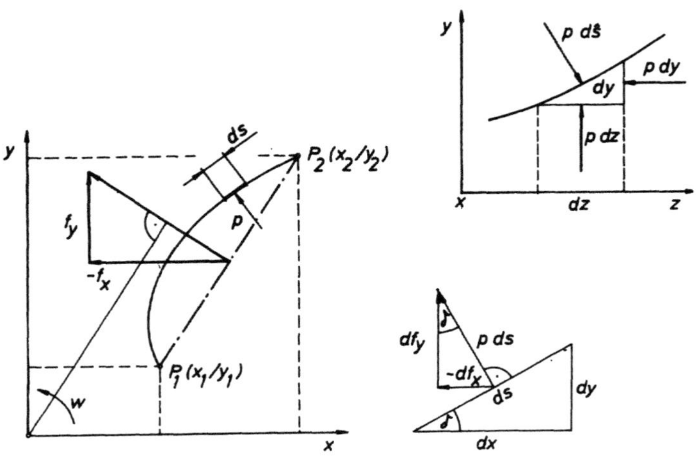

Abb. 76. Resultierende aus dem Druckangriff auf eine Zahnflanke zwischen den Punkten P_1 und P_2 im Schnitt z = konst.

Analog zu 3.6.2 gilt in z = 0, $w_{H,N} = w_{H,N}(\alpha)$ oder $\gamma_1 = 0$ und in $z = z_E$ gilt $w_{H,N} = w_{H,N}(\alpha + \hat{\gamma})$.

Für Drehwinkel $-\alpha \leq \varphi_H$ sind die Zahnlücken zur Saugseite hin geschlossen. Der Integrationsbereich endet in $z = z_E$ mit $w_{H,N}(0)$ und es gilt

$$\hat{\gamma} = -\alpha$$

Ist jedoch $-\alpha \geq \varphi_H$, so sind die Zahnlücken saugseitig bis $z_E = L$ offen. In $z_E = L$ beträgt der Drehwinkel der Verzahnung $\alpha + \varphi_H$ oder

$$\hat{\gamma} = \varphi_H$$

sind nun die Drehmomente von Haupt- und Nebenläufer mit den Gln. (206) bis (209) im Drehwinkelbereich α_{VB} bis 0 für eine Zahnlücke berechnet, so erhält man schließlich die Gesamtmomente an den Läufern zufolge des Gasdruckes in allen Zahnlücken

$$M_{Hges}(\alpha) = \sum_{j=0}^{z_1-1} M_H(\alpha - \frac{2\pi}{\bar{z}_1} j)$$

$$M_{Nges}(\alpha) = \sum_{j=0}^{z_1-1} M_N(\alpha - \frac{2\pi}{\bar{z}_1} j) \qquad (210)$$

In den Abb. 77 und 78 ist der Verlauf des Haupt- und Nebenläuferdrehmomentes für einen einspritzölgekühlten Schraubenverdichter bei 8 bar Verdichtungsenddruck wiedergegeben. Die Läuferausbildung ist identisch mit jener in 3.9.2. Als Druckverteilung wurde die in Abb. 60 wiedergegebene, an der Maschine gemessene Druckverteilung der Rechnung zugrunde gelegt.

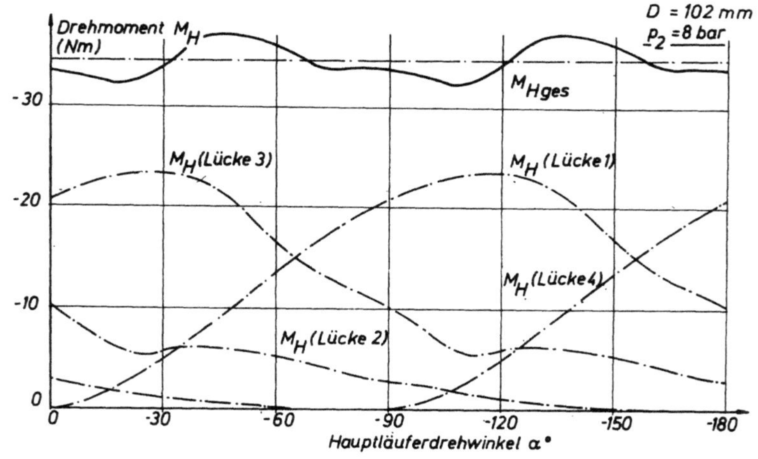

Abb. 77. Verlauf des Hauptläuferdrehmomentes über dem Drehwinkel in einem einspritzölgekühlten Schraubenverdichter.

Die Abb. 77 und 78 zeigen die Überlagerung der phasenverschobenen Momentenverläufe für die einzelnen Zahnlücken zum Gesamtläufermoment entsprechend Gl. (210).

Obwohl die Momentenverläufe der einzelnen Zahnlücken ungleichmäßig sind, ist das Gesamtdrehmoment infolge der Überlagerung der Einzelmomente annähernd konstant.

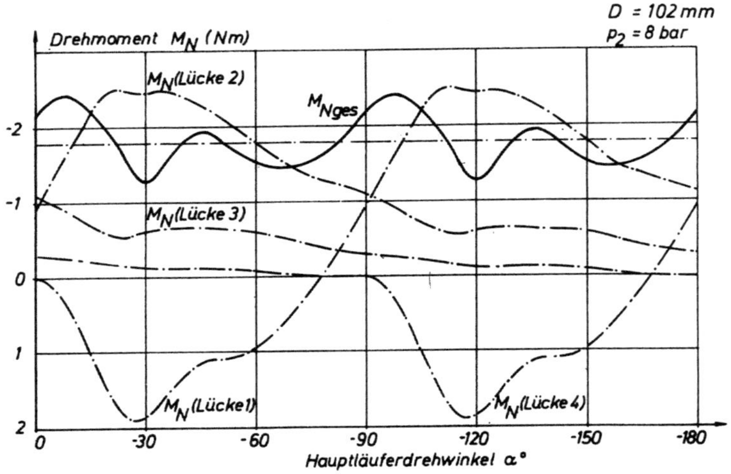

Abb. 78. Verlauf des Nebenläuferdrehmomentes über dem Drehwinkel in einem einspritzölgekühlten Schraubenverdichter.

Das Nebenläufermoment ist im Verhältnis zum Hauptläuferdrehmoment sehr klein. Es beträgt im Mittel nur ca. 6% des Hauptläufermomentes. Das heißt, daß über die Verzahnung zwischen Haupt- und Nebenläufer nur etwa 6% der Verdichterleistung fließt. Dies bedeutet, daß auch bei Schraubenverdichtern ohne Koppelgetriebe die Flankenbeanspruchung und Abnutzung, aber auch der Verzahnungswirkungsgrad zufolge der Flankenreibung zwischen Haupt- und Nebenläufer keine wesentliche Rolle spielt und in der Regel nicht gesondert nachgerechnet werden muß.

Erst aus dem Vorzeichen des errechneten Nebenläuferdrehmomentes kann nun die Antriebsflanke der Verdichterverzahnung bei einspritzölgekühlten Maschinen ohne Koppelgetriebe zwischen Haupt- und Nebenläufer eindeutig angegeben werden. Es ist dies, wie in 3.1 ohne Beweis vorausgesetzt wurde, der Flankenzug mit den Flankenstücken 1,2 und 3 an Haupt- und Nebenläufer lt. Abb. 12.

An der Antriebsflanke eines Schraubenverdichters muß demnach bei Vernachlässigung der Zahnreibungsverluste ein Drehmoment von der Größe

$$M_{ges}(\alpha) = |M_{Hges}(\alpha)| + (\bar{z}_1/\bar{z}_2)\,|M_{Nges}(\alpha)| \qquad (211)$$

aufgebracht werden.

Abb. 79 zeigt den Verlauf des Hauptläuferdrehmomentes für einen einspritzölgekühlten Schraubenverdichter nach 3.9.2 für verschiedene Verdichtungsenddrücke.

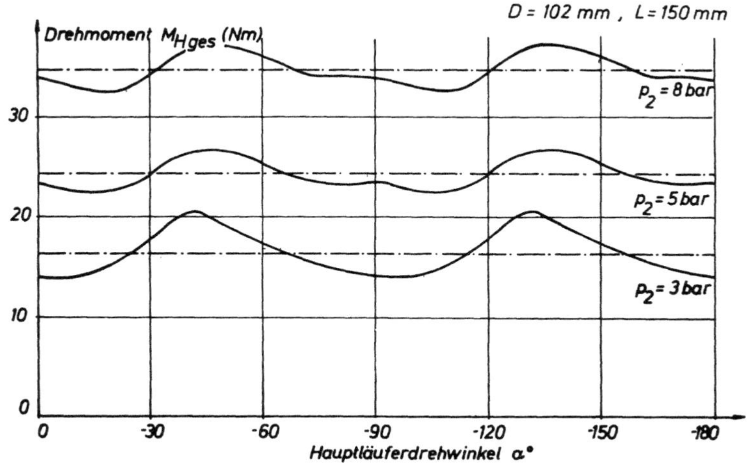

Abb. 79. Verlauf des Antriebsdrehmomentes am Hauptläufer bei einem Schraubenverdichter in Abhängigkeit vom Verdichtungsenddruck.

Die aus der Druckbelastung einer Zahnlücke resultierenden radialen Lagerbelastungen folgen ebenfalls aus den Gln. (207) und (208).

Die Kräfte f_x und f_y, die in der Schnittebene z = konst auf den Läufer einwirken, verursachen die differentiellen Auflagerkräfte dA_x in x-Richtung und dA_y in y-Richtung bzw. dB_x und dB_y (Abb. 80).

Aus Abb. 80 folgt:

$$dA_{x,y} = - f_{x,y} \, dz \, (L - z)/L$$

$$dB_{x,y} = - f_{x,y} \, dz \, z/L$$

Die Integration über den gesamten Lückenbereich z = 0 bis $z = z_E$ liefert analog zur Momentenberechnung für einen Läufer (Haupt- oder Nebenläufer):

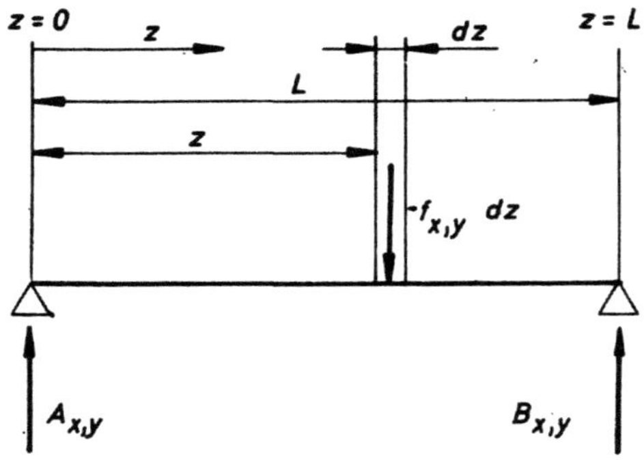

Abb. 80. Berechnung der Auflagerkräfte aus den Resultierenden der Druckbelastung in einer Schnittebene z = konst.

$$A_{x,y} = - \int_0^{z_E} f_{x,y} \frac{L - z}{L} dz$$

$$B_{x,y} = - \int_0^{z_E} f_{x,y} \frac{z}{L} dz \tag{212}$$

Wieder gilt mit

$$dz = (h_1/2\pi)\, d\gamma_1$$

und

$$L = (h_1/2\pi)\, \varphi_H$$

$$f_{x,y}(z) = f_{x,y}(\alpha + \gamma_1)$$

$$(L - z)/z = (\varphi_H - \gamma_1)/\varphi_H \qquad z/L = \gamma_1/\varphi_H$$

sodaß aus Gl. (212) schließlich wird (Index H für den Hauptläufer, Index N für den Nebenläufer):

$$A_{xH,N}(\alpha) = (h_1/2\pi)\, p(\alpha) \int_0^{\hat{\gamma}} (y_{2H,N}(\alpha + \gamma_1) - y_{1H,N}(\alpha + \gamma_1)) .$$

$$.(\frac{\varphi_H - \gamma_1}{\varphi_H})\, d\gamma_1$$

$$A_{yH,N}(\alpha) = - (h_1/2\pi)\ p(\alpha) \int_0^{\hat{\hat{\gamma}}} (x_{2H,N}(\alpha + \gamma_1) - x_{1H,N}(\alpha + \gamma_1)).$$

$$.(\frac{\varphi_H - \gamma_1}{\varphi_H})\ d\gamma_1 \qquad (213)$$

$$B_{xH,N}(\alpha) = (h_1/2\pi)\ p(\alpha) \int_0^{\hat{\hat{\gamma}}} (y_{2H,N}(\alpha + \gamma_1) - y_{1H,N}(\alpha + \gamma_1)).$$

$$.(\gamma_1/\varphi_H)\ d\gamma_1$$

$$B_{yH,N}(\alpha) = - (h_1/2\pi)\ p(\alpha) \int_0^{\hat{\hat{\gamma}}} (x_{2H,N}(\alpha + \gamma_1) - x_{1H,N}(\alpha + \gamma_1)).$$

$$.(\gamma_1/\varphi_H)\ d\gamma_1 \qquad (214)$$

Die obere Integrationsgrenze $\hat{\hat{\gamma}}$ bestimmt man wieder wie bei der Momentenberechnung aus

$$\hat{\hat{\gamma}} = -\alpha \qquad \text{für } -\alpha \leq \varphi_H$$

$$\hat{\hat{\gamma}} = \varphi_H \qquad \text{für } -\alpha \geq \varphi_H$$

Aus den Auflagerkräften in x- und y-Richtung zufolge der Druckverteilung einer Zahnlücke in der Stellung α können durch Superposition die gesamten Lagerkräfte der Läufer ermittelt werden.

$$A_{xgesH,N} = \sum_{j=0}^{z_1-1} A_{xH,N}(\alpha + \frac{2\pi}{\bar{z}_1}\ j)$$

$$A_{ygesH,N} = \sum_{j=0}^{z_1-1} A_{yH,N}(\alpha + \frac{2\pi}{\bar{z}_1}\ j) \qquad (215)$$

$$B_{xgesH,N} = \sum_{j=0}^{z_1-1} B_{xH,N}(\alpha + \frac{2\pi}{\bar{z}_1}\ j)$$

$$B_{ygesH,N} = \sum_{j=0}^{z_1-1} B_{yH,H}(\alpha + \frac{2\pi}{\bar{z}_1}\ j) \qquad (216)$$

A_{xges} und A_{yges} sind dabei die Lagerkraftkomponenten der druckseitigen Läuferlager, B_{xges} und B_{yges} jene der saugseitigen Läuferlager (Abb. 80).

5.3 Berechnung der Achsialkräfte und der aus der Achsiallastverteilung hervorgerufenen radialen Lagerbelastung an den Läufern eines Schraubenverdichters

Die Berechnung der Achsialkräfte eines Verdichterläufers geschieht am besten aus den Reaktionskräften des Zahnlückendruckes $p(\alpha)$ auf die Gehäusestirnwand auf der Druck- und Saugseite des Verdichtergehäuses.

Infolge der Undichtheiten in den Stirnspalten wirkt auf das Gehäuse von einem Zahnlückenraum nicht allein die Kraft, gebildet aus Druck mal Zahnlückenfläche, sondern eine größere Kraft, zufolge des Druckabbaues in den Stirnspalten zwischen zwei Zahnlücken.

Messungen ergeben /14/, daß der Druckabfall über dem Läuferzahn zwischen der Zahnlücke mit dem Druck $p(\alpha)$ zur Nachbarlücke mit dem Druck $p(\alpha - 2\pi/\bar{z}_1)$ annähernd linear erfolgt (Abb. 81).

Mit guter Näherung kann daher die Achsialkraft herrührend von einer Zahnlücke mit dem Druck $p(\alpha)$ errechnet werden aus der Kreisringsektorfläche zwischen den in 5.2 bestimmten Endpunkten des Druckangriffs P_1 und P_2 und dem Läuferaußendurchmesser D_1 bzw. D_2 sowie dem Lagerzapfendurchmesser der Läuferwelle D_{k1} bzw. D_{k2} (Abb. 81) mal dem Druck $p(\alpha)$.

Der Angriffspunkt der Achsialkraft liegt dann im Rahmen der vorgenommenen Näherung jeweils im Schwerpunkt der Kreisringsektorfläche. Die Achsialkraft einer Zahnlücke in der Stellung α beträgt damit an der Druckseite

$$Z^D_{H,N}(\alpha) = A^D_{H,N}(\alpha)\ p(\alpha) \tag{217}$$

Die Kreisringsektorfläche $A(\alpha)^D$ erhält man mit den gegebenen Koordinaten der Punkte $P_1(x_1/y_1)$ und $P_2(x_2/y_2)$ des jeweiligen

Läufers zu

$$A_H^D(\alpha) = ((D_1/2)^2 - (D_{k1}/2)^2)\ 1/2\ (\varphi_{S2}(\alpha) - \varphi_{S1}(\alpha))$$

$$A_N^D(\alpha) = ((D_2/2)^2 - (D_{k2}/2)^2)\ 1/2\ (\psi_{S2}(\alpha) - \psi_{S1}(\alpha)) \qquad (218)$$

Die Sektorbegrenzungswinkel φ_S und ψ_S folgen aus

$$\varphi_{S1,2}(\alpha) = \mathrm{arctg}(y_{1,2H}(\alpha)/x_{1,2H}(\alpha)) \pm \pi\ j$$

$$\psi_{S1,2}(\alpha) = \mathrm{arctg}(y_{1,2N}(\alpha)/x_{1,2N}(\alpha)) \pm \pi\ j$$

je nach Quadrant des Achsenkreuzes und Drehsinn.

Die gesamte Achsialkraft an der Druckseite der Läufer wird dann

$$Z_{H,Nges}^D(\alpha) = \sum_{j=0}^{\bar{z}_1-1} Z_{H,N}^D(\alpha - \frac{2\pi}{\bar{z}_1}\ j)$$

solange $-\alpha \leq \varphi_H$ gilt, bleibt die Zahnlücke saugseitig geschlossen und die saugseitige Achsialkraftkomponente $Z_{H,N}^S(\alpha)$ ist identisch Null. Für $-\alpha \leq \varphi_H$ gilt jedoch an der Saugseite

$$Z_{H,N}^S(\alpha) = -\ A_{H,N}^S(\alpha)\ p(\alpha) = -\ A_{H,N}^D(\alpha + \varphi_H)\ p(\alpha) \qquad (219)$$

sodaß die gesamte Achsialkraft eines Läufers (Haupt- oder Nebenläufer je nach Index H oder N) wird:

$$Z_{H,Nges}(\alpha) = \sum_{j=0}^{\bar{z}_1-1} A_{H,N}^D(\alpha - \frac{2\pi}{\bar{z}_1}\ j)\ p(\alpha) - A_{H,N}^D(\alpha + \varphi_H - \frac{2\pi}{\bar{z}_1}\ j) .$$

$$.p(\alpha) \qquad (220)$$

wobei dann gelten muß $A_{H,N}^D(\alpha) = 0$ für $\alpha > 0$ und für $\alpha < 0$ $A_{H,N}^D(\alpha)$ aus Gl. (218) zu ermitteln ist. Für geradverzahnte Läufer gilt $\varphi_H = 0$ und Gl. (219) liefert

$$Z_H = Z_N = 0$$

Die resultierende Achsialkraft einer Zahnlücke greift im Rahmen der vorgenommenen Näherung im Flächenschwerpunkt der Kreisringsektorfläche an.

Diese Schwerpunktlage ist bestimmt aus dem Schwerpunktradius $D_S/2$ und dem Winkel $\varphi_{SS}(\alpha)$ bzw. $\psi_{SS}(\alpha)$ (Haupt- und Nebenläufer), den der Radiusvektor mit der jeweiligen x-Achse einschließt.
Es gilt mit Abb. 82:

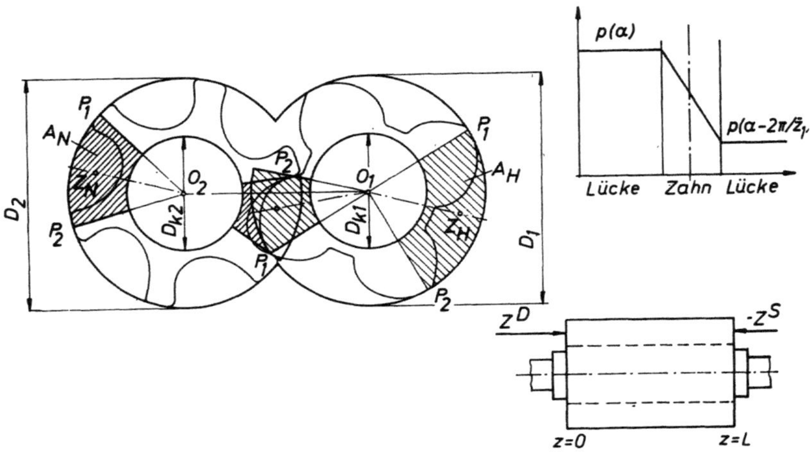

Abb. 81. Berechnung der Achsialkraft einer Läuferzahnlücke.

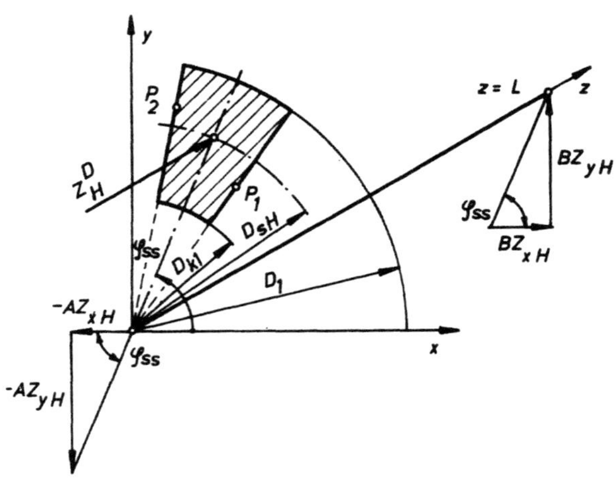

Abb. 82. Zusätzliche Radialbelastung zufolge des exzentrischen Achsialkraftangriffs an den Läufern eines Schraubenverdichters.

für den Hauptläufer

$$\varphi_{SS}(\alpha) = (\varphi_{S1}(\alpha) + \varphi_{S2}(\alpha))/2$$

und für den Nebenläufer

$$\psi_{SS}(\alpha) = (\psi_{S1}(\alpha) + \psi_{S2}(\alpha))/2 \qquad (221)$$

damit wird für den Hauptläufer

$$D_{SH}(\alpha)/2 = 2/3\ ((D_1/2)^3 - (D_{k1}/2)^3)\ \sin(1/2(\varphi_{S2}(\alpha) -$$

$$- \varphi_{S1}(\alpha)))/A_H^D(\alpha)$$

und für den Nebenläufer

$$D_{SN}(\alpha)/2 = 2/3\ ((D_2/2)^3 - (D_{k2}/2)^3)\ \sin\ (1/2(\psi_{S2}(\alpha) -$$

$$- \psi_{S1}(\alpha)))/A_N^D(\alpha)$$

Zufolge des exzentrischen Angriffs der Kraft $Z(\alpha)$ ergibt sich nach Abb. 82 eine zusätzliche radiale Lagerbelastung am Hauptläufer von der Größe (für den Nebenläufer ist sinngemäß einzusetzen):

$$BZ_{xH}(\alpha) = Z_H^D(\alpha)\ (D_{SH}(\alpha)/2L)\ \cos\ \varphi_{SS}(\alpha)$$

$$BZ_{yH}(\alpha) = Z_H^D(\alpha)\ (D_{SH}(\alpha)/2L)\ \sin\ \varphi_{SS}(\alpha)$$

$$AZ_{xH}(\alpha) = -\ BZ_{xH}(\alpha)$$

$$AZ_{yH}(\alpha) = -\ BZ_{yH}(\alpha) \qquad (222)$$

Die Gln. (222) gelten, solange an der Saugseite $Z^S(\alpha) = 0$ ist, also für Drehwinkel $-\alpha < \varphi_H$ für Haupt- und Nebenläufer.

Für $-\alpha > \varphi_H$ kommt noch die Kraftwirkung von $Z^S(\alpha)$ hinzu. Mit $Z^S(\alpha)$ nach Gl. (219) gilt analog für den Hauptläufer (für den Nebenläufer ist sinngemäß einzusetzen):

$$BZ_{xH}(\alpha) = Z_H^D(\alpha)\ (D_{SH}(\alpha)/2L)\ \cos\ \varphi_{SS}(\alpha) + Z_H^S(\alpha)\ (D_{SH}(\alpha + \varphi_H)/$$

$$/2L)\ \cos\ \varphi_{SS}(\alpha + \varphi_H)$$

$$BZ_{yH}(\alpha) = Z_H^D(\alpha)\ (D_{SH}(\alpha)/2L) \sin\varphi_{SS}(\alpha) + Z_H^S(\alpha)\ (D_{SH}(\alpha + \varphi_H)/$$

$$/2L) \sin\varphi_{SS}(\alpha + \varphi_H)$$

$$AZ_{xH} = - BZ_{xH}$$

$$AZ_{yH} = - BZ_{yH} \tag{223}$$

Die zusätzlichen Lagerlasten AZ und BZ sind immer für alle Läuferzahnlücken zu bilden und gemäß den Gln. (215) und (216) zu überlagern. Ihr Anteil an der gesamten Radialbelastung ist in der Regel sehr klein. Er beträgt etwa 5% der gesamten Radiallast.

In Abb. 83 ist der Verlauf des Achsschubes am Haupt- und Nebenläufer des in 3.9.2 behandelten Verdichters mit dem in Abb. 60 dargestellten, gemessenen Druckverlauf p(α) wiedergegeben.

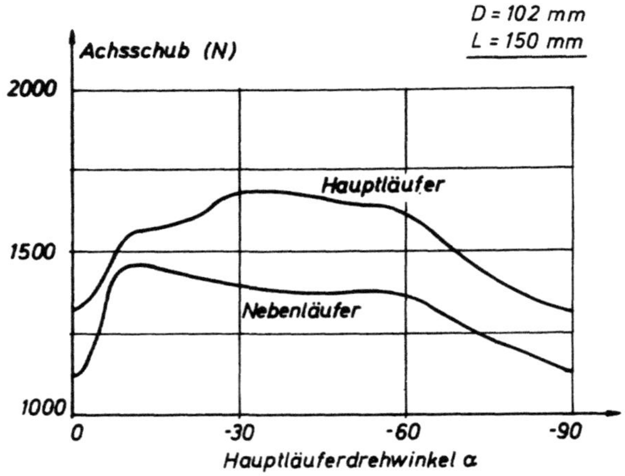

Abb. 83. Achsschub am Haupt- und Nebenläufer eines einspritzölgekühlten Schraubenverdichters bei 8 bar Verdichtungsenddruck, in Abhängigkeit vom Drehwinkel.

Die radialen Lagerkomponenten der gesamten Radialbelastung sind für den gleichen Verdichter in Abb. 84 für den Hauptläufer und in Abb. 85 für den Nebenläufer dargestellt. Der Absolutbetrag der Lagerbelastung folgt aus den Komponenten zu

$$A_{H,N} = \sqrt{A_{xH,N}^2 + A_{yH,N}^2}$$

$$B_{H,N} = \sqrt{B_{xH,N}^2 + B_{yH,N}^2} \qquad (224)$$

Die Verläufe der absoluten Lagerkräfte $A_{H,N}$ und $B_{H,N}$ wurden für Haupt- und Nebenläufer in Abb. 86 dargestellt.

Die druckseitigen Lager sind durch die Gaskräfte höher beansprucht als die saugseitigen Lager. Die Nebenläuferlager sind dabei sowohl auf der Druck- als auch auf der Saugseite höher belastet als die Hauptläuferlager. Der Verlauf der saugseitigen Lagerkräfte ist gleichmäßiger als jener der druckseitigen Lagerbelastung.

Die Größe der Lagerbelastungen hängt von sehr vielen Parametern ab, wie von der Läufergeometrie, vom eingebauten Volumsverhältnis, vom gefahrenen Druckverhältnis, vom geförderten Gas und von den Kühlbedingungen im Verdichter. Überdies beeinflussen die konstruktive Ausbildung der Lagerzapfen und die Anordnung der Lager im Gehäuse die Größe der Lagerkräfte, sodaß die Berechnung der Lager für jeden Verdichter und für jeden Betriebsfall gesondert in der dargestellten Weise erfolgen muß.

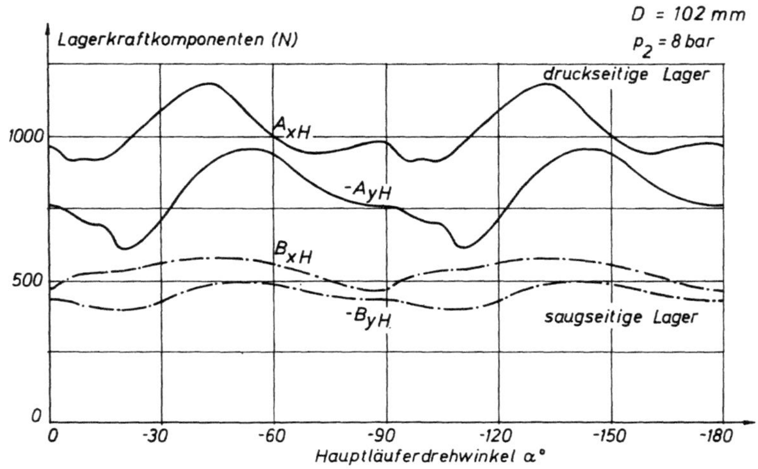

Abb. 84. Radiale Lagerkräfte am Hauptläufer.

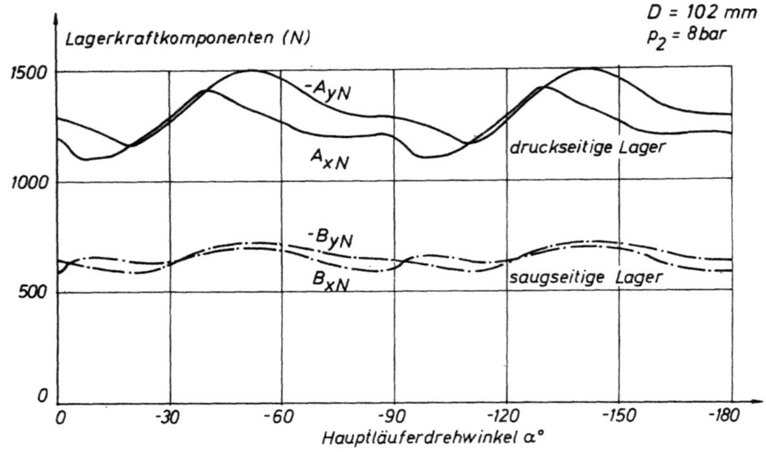

Abb. 85. Radiale Lagerkräfte am Nebenläufer.

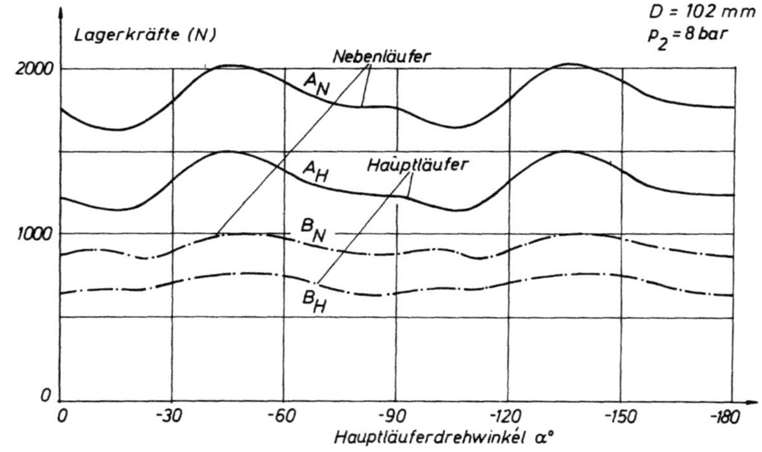

Abb. 86. Verlauf der absoluten Radialbelastung an den Haupt- und Nebenläuferlagern eines Schraubenverdichters in Abhängigkeit vom Drehwinkel.

6. Regelung von Schraubenverdichtern

6.1 Allgemeines

Schraubenverdichter sind Verdrängermaschinen, das heißt, daß ihre Fördermenge je Zeiteinheit im stationären Betrieb praktisch unabhängig vom Verdichtungsenddruck ist. Sinkt der Gasverbrauch einer Verdichteranlage unter die vom Kompressor geförderte Menge, so bedeutet dies, daß der Druck zufolge der unverminderten Förderung im Druckbehälter des Verdichters immer weiter ansteigt, bis die Sicherheitsventile ansprechen.
Zweck aller Verdichterregelsysteme ist es, unabhängig von der verbrauchten Gasmenge den Verdichtungsenddruck der Schraubenverdichteranlage annähernd konstant zu halten. Die üblichen zulässigen Druckschwankungen betragen etwa 5 bis 10% des Verdichtungsenddruckes.

Wird ein Verdichter häufig im Teillastbereich betrieben, sollte die Regelung so beschaffen sein, daß der Leistungsverbrauch der Anlage im Teillastbetrieb entsprechend geringer ist als im Vollastbetrieb.

6.2 Bypaß-Regelung

Die Bypaß-Regelung stellt die einfachste Art dar, die Fördermenge eines Schraubenverdichters bei konstantem Verdichtungsenddruck zu regeln. Sie funktioniert so, daß die an der Druckseite überschüssige Gasmenge über ein Drosselventil entspannt und wieder dem Saugstutzen des Verdichters zugeführt wird. Die Leistungsaufnahme der Verdichtungsanlage sinkt im Teillastbetrieb nicht. Die Bypaß-Regelung wird deshalb nur bei solchen Schraubenverdichteranlagen angewendet, die im normalen Betrieb stets unter Vollast laufen und nur ganz selten im Teillastbetrieb arbeiten.

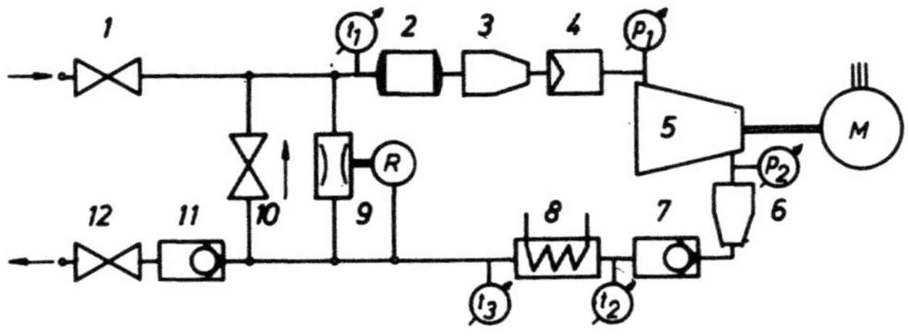

1 Saugschieber
2 Ansaugfilter
3 Schalldämpfer
4 Kegelsieb
5 Schraubenverdichter
6 Schalldämpfer
7 Rückschlagklappe
8 Nachkühler
9 Bypaßregler
10 Rückstromschieber
11 Rückschlagklappe
12 Druckschieber

Abb. 87. Schraubenverdichter mit Bypaß-Regelung.

Abb. 87 zeigt schematisch das Schaltbild eines Schraubenverdichters mit Bypaß-Regelung. Bei mehrstufigen Schraubenverdichteranlagen kann die Mengenrückführung unter Umständen auch nach dem Druckstutzen der Niederdruckstufe zur Saugleitung erfolgen, wenn die Hochdruckstufe das bei herabgesetztem Zwischendruck höhere Druckverhältnis im Teillastbetrieb erträgt. In diesem Fall tritt auch bei der Bypaß-Regelung im Teillastbereich eine Leistungsersparnis auf.

6.3 Ein-Aus-Regelung

Ähnlich einfach wie die Bypaß-Regelung ist die Ein-Aus-Zweipunktregelung eines Schraubenverdichters. Sie erfordert einen entsprechend großen Druckbehälter in der Druckleitung der Anlage. Sinkt infolge des Gasverbrauchs der Druck im Behälter unter einen bestimmten Mindestwert, schaltet der Verdichter ein und fördert unter Vollast bis zum Erreichen eines maximalen

Behälterdrucks, dann schaltet die Anlage ab. Die Ein-Aus-Regelung ist vorwiegend auf elektrischen Verdichterantrieb und auf Anlagen kleiner bis mittlerer Leistung beschränkt. Die Einschalthäufigkeit wird durch die Art des Verbrauches und durch die Größe des Luftbehälters bestimmt, sie darf nicht zu groß sein. Die Ein-Aus-Regelung bringt bei häufig im Teillastbereich betriebenen Verdichtern die größte Leistungsersparnis, da der Verdichter selbst nur im optimalen Betriebspunkt unter Vollast arbeitet oder still steht.

6.4 Drehzahlregelung

Betrachtet man die Gln. (134) und (184), so gilt für die tatsächliche Fördermenge eines Schraubenverdichters die Beziehung

$$Q = \lambda_V \; V(\alpha_{VB}) \; n_1 \; \bar{z}_1 \tag{225}$$

Danach ist die Fördermenge, sieht man von der Abhängigkeit des volumetrischen Wirkungsgrades von der Umfangsgeschwindigkeit bzw. der Hauptläuferdrehzahl ab (Abb. 70), proportional der Hauptläuferdrehzahl n_1. Durch Regelung der Verdichterdrehzahl ist daher in nahezu idealer Weise eine Mengenregelung bei konstantem Druck möglich.

Mit der verringerten Fördermenge sinkt auch der Leistungsbedarf der Anlage (Gln.(171, 172, 175)). Allerdings gibt es für jeden Schraubenverdichter eine optimale Umfangsgeschwindigkeit, für die die spezifische Verdichterarbeit zu einem Minimum wird (Abb. 56 und 67). Bei Drehzahlregelung im Teillastgebiet entfernt man sich naturgemäß von diesem Optimalpunkt, sodaß sich die Teillastwirkungsgrade im Regelbereich gegenüber dem Optimum verschlechtern. Die Drehzahlregelung kommt hauptsächlich bei von Verbrennungsmotoren betriebenen Verdichtern zur Anwendung. Bei Dieselmotoren kann dabei eine minimale Verdichterdrehzahl von etwa 50% der Nenndrehzahl erhalten werden. Dies ermöglicht eine Mengenregelung etwa im Verhältnis 1:2. Sinkt der Gasbedarf an der Druckseite des Verdichters unter die halbe Nennmenge, so muß die Drehzahlregelung noch mit einem anderen Regelsystem kombiniert werden (vgl.6.7).

6.5 Saugdrosselregelung

Das Prinzip der Saugdrosselregelung beruht auf einer Herabsetzung der angesaugten Gasmasse durch Reduzierung des Druckes in den Läuferzahnlücken des Verdichters bei Verdichtungsbeginn.

Dies kommt in Gl. (225) in einer Herabsetzung des volumetrischen Wirkungsgrades zum Ausdruck (4.3.2).

Nach Gl. (178) befindet sich bei Verdichtungsbeginn die Masse

$$m(\alpha_{VB}) = V(\alpha_{VB})\,\rho_1\,(T_1/T(\alpha_{VB}))\,(p(\alpha_{VB})/p_1)$$

in den Zahnlücken eines Lückenpaares. Durch Änderung des Druckverhältnisses zwischen Ansaugdruck und Kammerdruck bei Verdichtungsbeginn durch Drosselung (Temperatur konstant), $(p(\alpha_{VB})/p_1)$ kann die Fördermenge eines Lückenpaares $m(\alpha_{VB})$ verändert werden. Dies geschieht konstruktiv durch eine Drosselklappe oder einen Drosselschieber in der Saugleitung des Verdichters. Bei geschlossener Saugdrossel herrscht im Verdichtersaugraum etwa 80% Vakuum. Eine gewisse Restförderung bleibt infolge von Undichtheiten aufrecht. Bei geschlossener Saugdrossel erhöht sich das Arbeitsdruckverhältnis des Schraubenverdichters entsprechend. Dies hat eine erhöhte Lagerbelastung zur Folge, aber auch eine Verschlechterung des Verdichterwirkungsgrades. Es führt dazu, daß selbst bei Annahme einer ideal dichten Maschine der Leistungsbedarf bei voller Saugdrosselung nur etwa um ca. 30% gegenüber dem Vollastleistungsbedarf sinkt.

Folgende einfache Rechnung macht es deutlich:

Mit Gl. (160) ist der Arbeitsbedarf eines idealen Schraubenverdichters bei isentroper Zustandsänderung

$$W_t = p_1\,V(\alpha_{VB})\,\left(\frac{\varkappa}{\varkappa - 1}\left(\frac{1}{\varkappa}\,\Theta^{-1} - 1\right) + \frac{p_2}{p_1}\,\frac{1}{\Theta}\right)$$

Unter der Annahme eines eingebauten Volumsverhältnisses von $\Theta = 3{,}6$ und bei einem Verdichtungsenddruck von $p_2 = 5$ bar (Absolutdruck) wird bei Vollastbetrieb ($p_1 = 1$ bar):

$$W_t = 10^5 \; V(\alpha_{VB}) \; (1{,}4/0{,}4((1/1{,}4)\, 3{,}6^{0{,}4} - 1) + 5/3{,}6) =$$

$$= 2{,}06 \; 10^5 \; V(\alpha_{VB})$$

und bei voller Saugdrosselung ($p_1 = 0{,}2$ bar)

$$W_t = 0{,}2 \; 10^5 \; V(\alpha_{VB}) \; (1{,}4/0{,}4((1/1{,}4)\, 3{,}6^{0{,}4} - 1) + 5/0{,}2 \; 3{,}6) =$$

$$= 1{,}52 \; 10^5 \; V(\alpha_{VB})$$

Dies ergibt ein Leistungsverhältnis von Vollast- zu Leerlaufleistung von 1/0,74 obwohl die Fördermenge nach Gl. (226) auf 1/5 zurückgegangen ist.

Die Verdichtungsendtemperaturen sind nach Gl. (169) zu bestimmen. Saugdrosselgeregelte Schraubenverdichter haben im Teillastgebiet einen schlechten Wirkungsgrad. Selbst dann, wenn der Verdichteranlage keine Luft entnommen wird, benötigt der Schraubenverdichter noch 70 bis 80% seiner Vollastleistung. Dies gilt auch für Schraubenverdichter mit Öleinspritzung.

Die hohe Leerlaufleistung kann bei Nullentnahme herabgesetzt werden, wenn die Anlage im Leerlauf nicht gegen den Behälterdruck p_2, sondern über ein Entlastungs- oder Abblaseventil nur gegen Ansaugdruck arbeitet. Dies wird ebenfalls mit Gl.(160) an obigem Beispiel deutlich. Es ergäbe sich dann in obigem Beispiel ein Leistungsverhältnis von ca. 1/0,2.

Bei realen Maschinen kann damit die Leerlaufleistung allerdings nur auf ca. 30% der Vollastleistung herabgesetzt werden.

Die Saugdrosselregelung wird bei elektrisch betriebenen Schraubenverdichtern allein oder in Kombination mit einer Ein-Aus-Regelung sowohl mit als auch ohne Abblasevorrichtung angewendet. Bei Verdichtern mit einem Antrieb durch einen Dieselmotor wird die Saugdrosselregelung immer in Kombination mit einer Drehzahlregelung verwendet (siehe 6.7).

6.6 Schieberregelung

Wurde in Gl. (225) für die Fördermenge bei der Drehzahlregelung die Größe n_1 und bei der Drosselregelung der volumetrische Wirkungsgrad λ_v verändert, so wird bei der Schieberregelung nun der noch verbleibende Faktor $V(\alpha_{VB})$, also das Zahnlückenvolumen bei Verdichtungsbeginn zur Mengenregelung verändert.

Wie bereits in 3.7 erwähnt, setzt der Verdichtungsvorgang im Schraubenverdichter beim erstmaligen Abschluß eines Zahnlückenpaares ein. Je nach Ausbildung der saugseitigen Steuerkante im Gehäuse kann damit $V(\alpha_{VB})$ bei einer vorgegebenen Volumskurve $V(\alpha)$ einer Verdichterverzahnung beliebig festgelegt werden.

Bei der Schieberregelung befindet sich die radiale saugseitige Steuerkante des Verdichters auf einem auf der Druckseite befindlichen, in Achsrichtung im Gehäuse längsverschiebbaren Kolbenschieber.

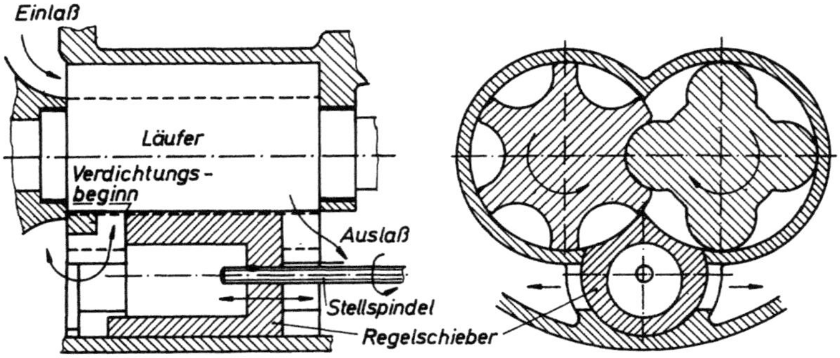

Abb. 88. Schraubenverdichter mit Schieberregelung.

Damit läßt sich das Kammervolumen der Verzahnung bei Verdichtungsbeginn von $V(\alpha_{VB})_{max}$ bis auf etwa $V(\alpha_{VB})_{min} = 0,1\ V(\alpha_{VB})_{max}$

verändern. Gleichzeitig muß aber, um das eingebaute Volumsverhältnis

$$\Theta = V(\alpha_{VB})/V(\alpha_{Stk})$$

annähernd beizubehalten, auch die druckseitige Steuerkantenlage verändert werden. Dies geschieht, soweit es die radiale Auslaßöffnung betrifft (3.8), ebenfalls durch den Steuerkolbenschieber im Gehäuse. Die achsiale Ausschuböffnung im Gehäusestirndeckel bleibt dabei konstant. Mit 3.8 wird klar, daß im Vollastbetrieb, bei dem der Steuerschieber maximal zur Saugseite verschoben ist, die radiale Auslaßöffnung dominiert, während bei Teillast mit immer mehr zur Druckseite verschobenem Steuerschieber die achsiale Auslaßöffnung maßgebend wird. Durch geeignete Bemessung der beiden Auslaßöffnungen kann der Verdichter in seiner Vollast- und Teillastcharakteristik optimal dem Betrieb angepaßt werden.

Überdies ermöglicht der Steuerschieber in seiner Minimalförderstellung infolge des eingebauten Volumsverhältnisses von etwa 1 ein sehr leichtes Anfahren der Anlage und eine geringe Leerlaufleistung.

Der Zusammenhang zwischen Fördermenge und Schieberhub ergibt sich aus dem Verlauf der Volumskurve der Verdichterverzahnung (Abb. 89).

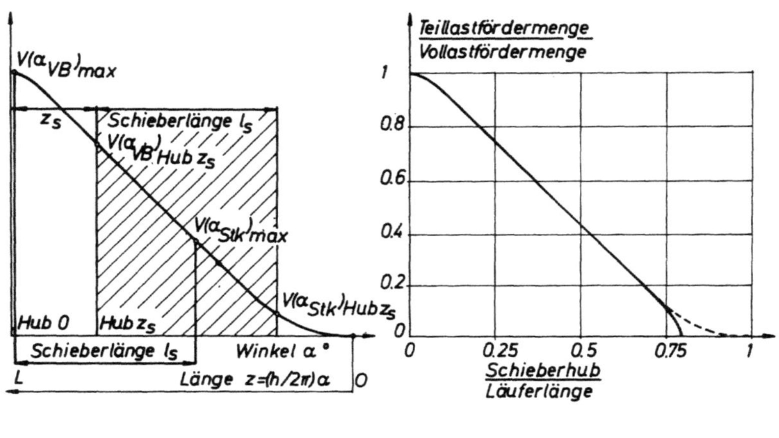

Abb. 89. Abhängigkeit der Fördermenge von der Schieberstellung.

Der Teillastleistungsbedarf eines schiebergeregelten Schraubenverdichters ist in Abb. 90 dargestellt.

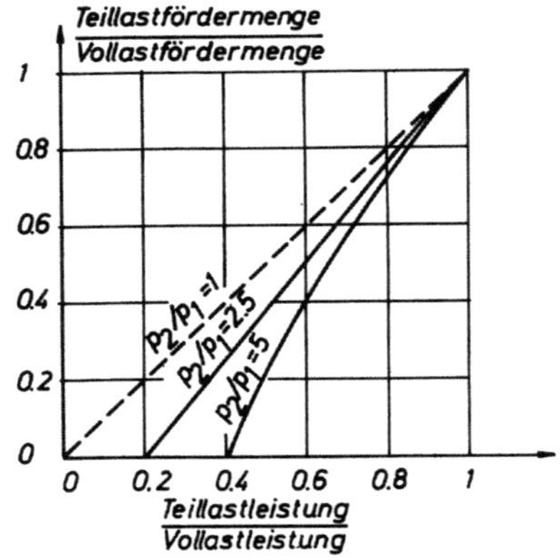

Abb. 90. Leistungsbedarf eines schiebergeregelten Schraubenverdichters bei verschiedenen Arbeitsdruckverhältnissen (GHH).

Die Schieberregelung wird vorwiegend für die Regelung der Kälteleistung bei einspritzölgekühlten Kälteverdichtern verwendet. Abb. 91 zeigt den Schnitt durch einen solchen Kälteverdichter. Die Verstellung des Regelschiebers geschieht über eine Spindel und über den hydraulisch betätigten Stellmotor. Um die Spindel und den Regelmechanismus kraftmäßig möglichst weitgehend zu entlasten, ist der Regelschieber mit einem Ausgleichskolben in Abb. 91 Pos. 12 verbunden.

6.7 Beispiele ausgeführter Regelsysteme

6.7.1 Saugdrosselregelung für den Antrieb durch Diesel- oder Elektromotor bei einem einspritzölgekühlten Schraubenverdichter

Abb. 92 zeigt schematisch eine einfache Saugdrosselregelung für einen einspritzölgekühlten Luft-Schraubenverdichter mit Dieselmotorantrieb.

Der Verdichter erhält die Ansaugluft vom Luftfilter über die vom Reglerkolben 7 gesteuerte Drosselklappe 2. Die mit Kühl-

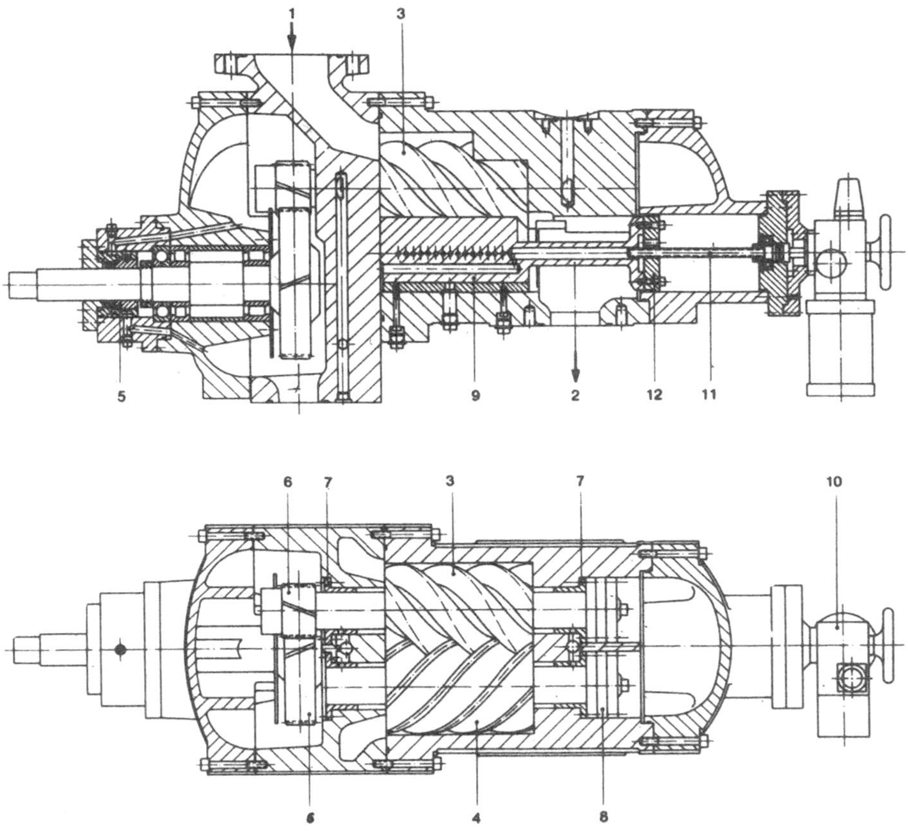

1 Eintritt
2 Austritt
3 Hauptläufer
4 Nebenläufer

5 Gleitringdichtung
6 Übersetzungsgetriebe
7 Radialgleitlager
8 Achsialgleitlager

9 Steuerschieber
10 Schieberstell-antrieb
11 Stellspindel
12 Ausgleichskolben

Abb. 91. Schnitt durch einen schiebergeregelten Kälteverdichter (GHH).

öl versetzte Druckluft gelangt über ein Rückschlagventil in den Ölabscheidebehälter 9 und von dort in vom Öl gereinigten Zustand über ein federbelastetes Überströmventil, welches den Ölabscheidebehälter zur Aufrechterhaltung des Ölkreislaufs stets auf 3 bis 4 bar Überdruck hält, in die Druckleitung. Lediglich beim Abstellen der Anlage wird der Ölabscheidebehälter über das druckluftgesteuerte Abblaseventil 8 drucklos. Der Drosselregler 3 besteht aus einem Servozylinder, in dem sich ein Stufenkolben 7 (große Kolbenfläche links, kleinere Kolbenfläche rechts) hin- und herbewegt. Die Ruhelage des Kolbens wird durch eine Feder 6 hergestellt, welche den Kolben in eine Stellung bringt, bei der die Drosselklappe leicht geöffnet ist. Der Zylinderraum rechts vom Kolben 7 wird über ein Rohr mit der Luftentnahmeleitung der Verdichteranlage verbunden.

Der linke Zylinderraum hingegen wird über ein einstellbares Druckregelventil mit dem Ölabscheidebehälter verbunden. Die Reglerkolbenstange betätigt nun die Drosselklappe und den Drehzahlverstellhebel des Dieselmotors. Wird der Verdichter in Betrieb gesetzt, befindet sich der Reglerkolben vorerst in der durch die Feder 6 festgelegten Ruhelage bei wenig geöffneter Drosselklappe. Die in geringer Menge geförderte Luft baut zunächst im Ölabscheider den Mindestdruck von 3 bis 4 bar auf. Dadurch gelangt über das Regelventil 1 Druckluft auf die linke Kolbenseite und die Drosselklappe wird geöffnet, der Motor geht gleichzeitig auf volle Drehzahl.

Durch die volle Fördermenge baut sich in der Entnahmeleitung der Anlage der gewünschte Verdichtungsdruck auf. Gleichzeitig steigt damit der Druck auf der rechten Reglerzylinderseite proportional dem Verdichtungsenddruck an. Der Druck auf der linken Seite des Reglerzylinders bleibt aber zufolge des Druckregelventils 1 auf einem eingestellten konstanten Wert.

Wird nun der Verbrauch an Druckluft eingeschränkt, steigt der Druck am Luftentnahmerohr über den Sollwert an. Dadurch wird die rechte Kolbenkraft am Druckregler größer als die linke und der Kolben bewegt sich nach links, bei gleichzeitiger Schließung der Drosselklappe und Verringerung der Motordrehzahl. Bei wieder sinkendem Entnahmedruck wird in gleicher Weise die Drosselklappe wieder geöffnet und die Motordrehzahl erhöht.

Wird überhaupt keine Luft entnommen, ist die Drosselklappe geschlossen und die Motordrehzahl auf ihrem Minimalwert. Die durch Undichtheiten der Drossel geförderte Restluft würde zu einem steten Ansteigen des Druckes im Abscheidebehälter führen. Um dies zu verhindern, wird die Restluft über Bohrungen in der

Reglerkolbenstange, die nur bei ganz geschlossener Drossel eine Verbindung zum Schalldämpfer 5 herstellen, über den Schalldämpfer 5 am Regler abgeblasen. Für den Antrieb durch einen Kurzschlußläufer-Drehstrommotor entfällt die Verbindung des Reglers mit dem Drehzahlverstellhebel. Gleichzeitig muß aber, um den Stern-Dreieck-Anlauf zu erleichtern, ein magnetbetätigtes Dreiwegeventil zwischen Druckregelventil 1 und dem Regleranschluß eingebaut werden.

Solange der Motor abgestellt ist oder in Sternschaltung anläuft, ist das Magnetventil stromlos. Damit ist die linke Seite des Reglerzylinders über das Dreiwege-Magnetventil mit dem Umgebungsdruck beaufschlagt und die Drosselklappe ist entweder nur wenig geöffnet oder ganz geschlossen; der Verdichter braucht nur die "Leerlaufleistung". Erst nach Umschalten auf Dreieck stellt das Magnetventil die ursprüngliche Verbindung zwischen Druckregelventil 1 und dem Reglerzylinder her.

6.7.2 Kombinierte kontinuierliche bzw. Zweipunkt-Drosselregelung mit Abblasevorrichtung und Ein-Aus-Regelung für einen Schraubenverdichter

Abb. 93 zeigt ein kombiniertes Regelsystem für einen durch Elektromotor betriebenen einspritzölgekühlten Schraubenverdichter, bestehend aus Zweipunkt-Drosselregelung, kontinuierlicher Drosselregelung, Abblasevorrichtung für den Nullastbetrieb und Zweipunkt-Ein-Aus-Regelung des Motors. Die für jeden Betriebsfall günstigste Regelungsart wird automatisch gewählt.

Die Ansaugdrossel 7 wird durch einen Stellzylinder 1 betätigt. Auf den Stellkolben wirkt links die Federkraft der Reglerfeder. Sie hält die Drosselklappe in Ruhestellung ganz offen. Die rechte Seite des Stellzylinders wird vom Druck im Ölabscheider entweder über das Proportionalregelventil 2 oder über das Magnetventil 3 direkt versorgt. Das Abblaseventil 4 hat die gleiche Funktion wie das in 6.7.1 beschriebene Ventil 8.

Die Druckluft gelangt, wie in 6.7.1 erläutert, über ein Druckhalteventil aus dem Ölabscheidebehälter und über ein Rückschlag-

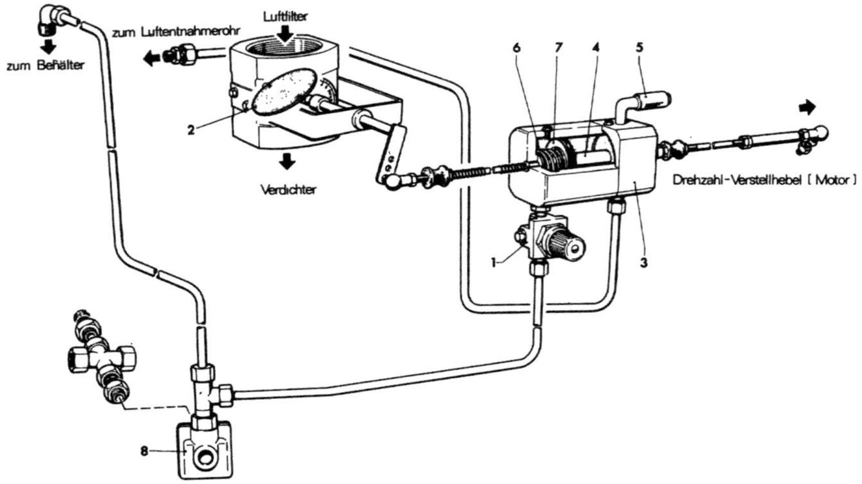

1 Druckregelventil
2 Drosselklappe
3 Reglergehäuse
4 Reglerkolben-stange
5 Schalldämpfer
6 Feder
7 Reglerkolben
8 Abblaseventil

Abb. 92. Drosselregelung für einen Schraubenverdichter (DEMAG).

ventil 8 zum Entnahmeflansch 9. In der Druckleitung befindet sich das magnetbetätigte Abblaseventil 6 vor dem Rückschlagventil und ein Druckschalter 5 nach dem Rückschlagventil.

Die Reglerkolbenfeder ist so bemessen, daß bei einem Druck von 2 bar die Drosselklappe zu schließen beginnt. Beim Sternanlauf gelangt der volle Abscheiderdruck über das offene Magnetventil 3 an den Stellzylinder. Sobald der Abscheidebehälterdruck 2 bar übersteigt, schließt die Drosselklappe und der weitere Sternanlauf wird erleichtert. Beim Umschalten auf Dreieck wird das Magnetventil 3 geschlossen.

Regelfall: kontinuierliche Saugdrosselung

Das Magnetventil 3 ist geschlossen. Über das Proportionalregelventil gelangt der reduzierte, dem Behälterdruck proportionale Regeldruck an den Stellzylinder 1. Jede Druckschwankung im Ölabscheider wird achtfach verstärkt. Steigt der Behälterdruck über den am Regler 2 eingestellten Sollwert, beginnt die Dros-

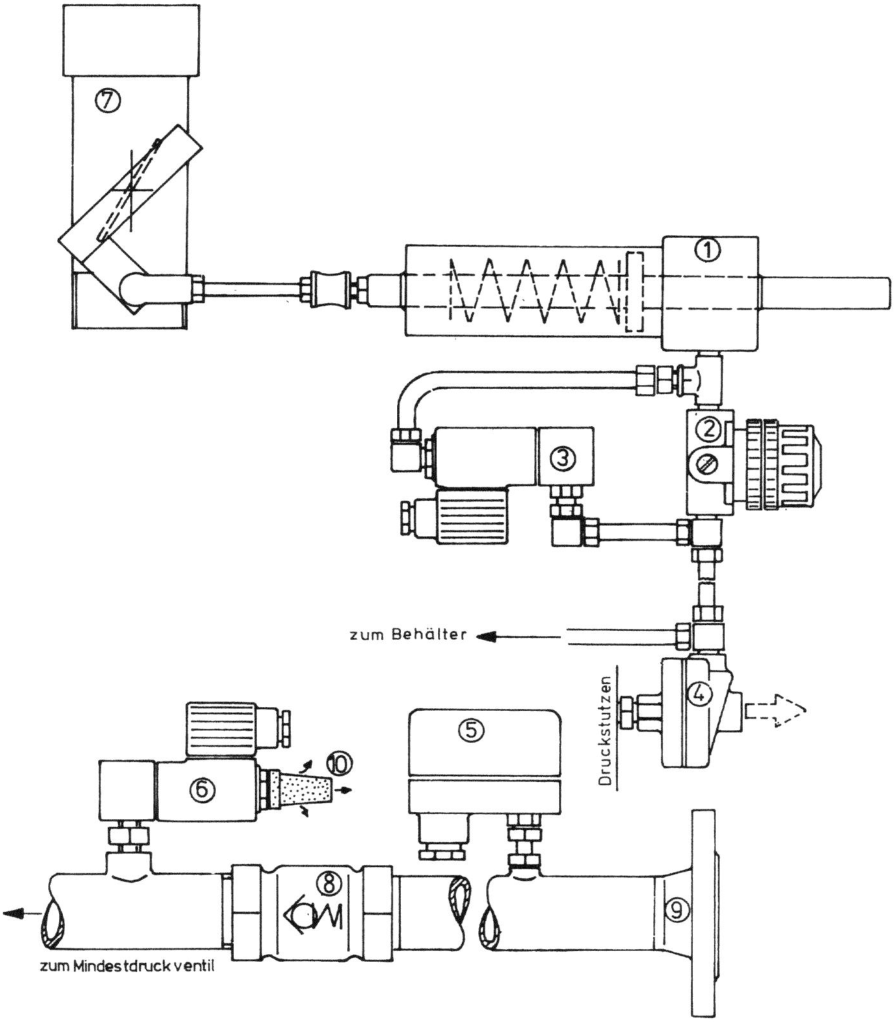

1 Regelzylinder
2 Proportional-regelventil
3 Magnetventil
4 Abblaseventil
5 Druckschalter
6 Magnetventil
7 Drosselklappe
8 Rückschlagventil
9 Luftentnahme
10 Schalldämpfer

Abb. 93. Schaltschema des "Kaskatronic Reglers" der Fa. Sullair.

selklappe proportional zur Drucküberschreitung zu schließen.

Regelfall: Zweipunkt-Saugdrosselregelung mit Abblasen

In diesem Regelfall ist der Druckregler 2 so hoch eingestellt, daß die Drosselklappe stets offengehalten wird.

Wird nun bei Übergang von Vollast auf Teillast der Solldruck überschritten, schaltet der Druckschalter 5 die Magnetventile 3 und 6, sodaß der hohe Abscheiderdruck direkt auf den Reglerkolben wirkt und die Drosselklappe ganz schließt. Gleichzeitig entströmt noch die geförderte Restluft und die im Ölabscheider gespeicherte Druckluft über das Magnetventil 6 und den Schalldämpfer 10 ins Freie. Damit sinkt der Druck im Ölabscheidebehälter auf den durch das Druckhalteventil eingestellten Mindestdruck von 3 bar, während der Druck am Entnahmeflansch gleich bleibt. Der Verdichter fördert im vollgedrosselten Zustand nicht gegen den hohen Nenndruck der Anlage, sondern nur gegen den Mindestdruck von 3 bar im Abscheidebehälter, sodaß die Leerlaufleistung von ca. 70 bis 80% beim kontinuierlichen Drosselbetrieb jetzt auf nur 30 bis 35% der Vollastleistung absinkt. Sinkt der Istdruck der Anlage ab, schaltet der Druckschalter 5 über die Magnetventile 3 und 6 wieder auf Vollast.

Regelfall: Ein-Aus-Regelung

Über den Druckschalter 5 wird bei Erreichen des Solldruckes der Antriebsmotor abgeschaltet. Sinkt der Istdruck unter den Sollwert, schaltet der Druckschalter 5 die Anlage wieder ein.

Die einzelnen Regelfälle können nun beliebig kombiniert werden, je nach Einstellung des Druckschalters 5 und des Proportionalreglers 2. Es sind sechs Betriebsfälle möglich:

1. Reiner Ein-Aus-Betrieb, durch Abschalten des Motors mit dem Druckschalter 5.

2. Kontinuierliche Saugdrosselung bis zum völlig geschlossenen Saugdrosselventil mit anschließendem Stillsetzen der Anlage. Zufolge der geförderten Restluft bei geschlossener Drosselklappe steigt der Anlagedruck weiter, bis der Druckschalter 5 den Motor abschaltet.

3. Zweipunkt-Drosselregelung mit Abblasen bei durchlaufendem Verdichter.

4. Zweipunkt-Drosselregelung mit Abblasen, wobei der Verdichter nach einer über ein Zeitrelais einstellbaren Leerlaufzeit abgeschaltet wird.

5. Kontinuierliche Drosselregelung bis zum völligen Schließen der Drosselklappe, anschließend, über den Druckschalter 5 gesteuert, der Übergang in die Zweipunkt-Drosselregelung in Leerlaufstellung mit Abblasen und schließlich Abschalten der Anlage über ein Zeitrelais.

6. Betrieb wie in 5. jedoch mit durchlaufendem Motor.

6.7.3 Kombinierte Drehzahl- und Drosselregelung für einen einspritzölgekühlten Luftverdichter mit Dieselmotorantrieb mit Warmlaufmöglichkeit für den Dieselmotor im Leerlauf

Abb. 94 zeigt das Schaltschema einer kombinierten Drehzahl-Saugdrosselregelung für einen einspritzölgekühlten Luftverdichter. In der unteren Bildhälfte ist der Luft- und Ölkreislauf dargestellt, in der oberen Bildhälfte das Regelsystem.

Die Luft gelangt über den Luftfilter K und über das Saugdrosselventil F in den Verdichter, von dort über das Rückschlagventil U in den Ölabscheidebehälter S und schließlich über das federbelastete Druckhalteventil L, welches bei 4 bar anspricht, zum Entnahmeflansch der Anlage. Am Ölabscheider befindet sich das Entlastungsventil I, welches selbsttätig bei Drücken unter 3 bar öffnet.

Das Regelsystem besteht aus dem Druckregelventil B, welches im Zusammenwirken mit der Drosselöffnung C einen dem Druck am Entnahmeflansch proportionalen, reduzierten Steuerdruck produziert. Jede Druckschwankung in der Entnahmeleitung wird zweifach verstärkt.

Der Motordrehzahlregler A besteht aus zwei Kolben (9 und 11). Der Kolben 9 betätigt den Drehzahlverstellhebel des Dieselmotors,

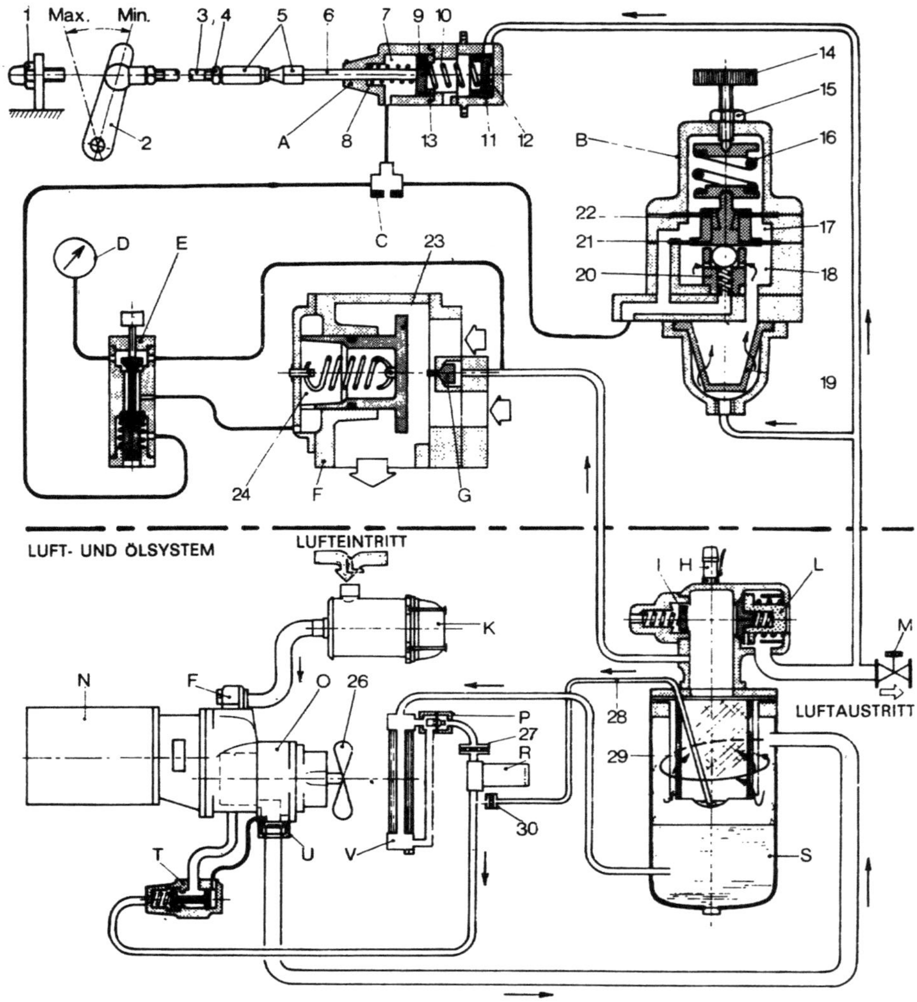

A Drehzahlregler	H Sicherheitsventil	R Ölfilter
B Regelventil	I Entlastungsventil	S Luftbehälter Ölabscheider
C Drossel	K Ansaugfilter	T Ölabsperrventil
D Manometer	L Druckhalteventil	U Rückschlagventil
E Belastungsventil	M Luftauslaß	V Ölkühler
F Entlastungsvorrichtung	N Antriebsmotor	
G Entlüftungsventil	O Kompressor	
	P Thermostat	

Abb. 94. Kombinierte Drehzahl-Saugdrosselregelung (Atlas-Copco).

seine Ruhelage ist die Minimalstellung. Die linke Kolbenseite wird vom Reglerdruck beaufschlagt. Der Kolben 11 steht auf der rechten Seite unter Verdichtungsenddruck. Er befindet sich im Betrieb der Anlage stets in seiner linken Endlage und erzeugt damit die Vorspannung der Reglerfeder 10, welche auf die rechte Kolbenseite des Kolbens 9 wirkt.

Das Saugdrosselventil F wird ebenfalls vom Reglerdruck betätigt. Bei ganz geschlossener Saugdrossel wird automatisch das Entlüftungsventil G geöffnet. Die Ruhelage des Drosselventils ist offen (Feder 24). Das Belastungsventil E ermöglicht das Warmlaufen des Dieselmotors ohne Last bei geschlossener Drosselklappe.

Funktionsweise:

1. Mit dem Anlassen des Motors beginnt die Luftförderung bei offener Saugdrossel. Im Ölabscheider baut sich ein Druck auf, der direkt über das Ventil E auf den Ventilschieber 23 wirkt und ihn schließlich zu schließen beginnt. Bei 2 bar ist die Drossel F geschlossen. Die noch geförderte Restluftmenge wird über die Ventile G und I abgeblasen. Der Verdichter läuft unbelastet mit einem Gegendruck von ca. 2 bar bei Minimaldrehzahl warm, da die Druckleitung noch drucklos ist und der Kolben 11 des Drehzahlreglerzylinders sich in der rechten Ruhelage befindet.

2. Wird der Belastungsventilknopf (E) gedrückt, wird die direkte Verbindung vom Abscheidebehälter zum Drosselventil 24 abgesperrt und das Drosselventil gleichzeitig mit der Steuerluftleitung verbunden. Dies hat zur Folge, daß die Drossel voll öffnet, da die Steuerluftleitung noch drucklos ist.

Der Verdichter fördert vorerst mit Minimaldrehzahl. Der Druck im Ölabscheider steigt. Bei 3 bar schließt das Ventil I, ab 4 bar öffnet das Druckhalteventil L. Im Druckrohr beginnt sich der Druck aufzubauen. Dadurch wird der Kolben 11 in seine linke Endlage verschoben. Der Motor geht auf volle Drehzahl. Über das Regelventil baut sich der einstellbare Reglerluftdruck proportional dem Verdichtungsenddruck auf. Wird der Sollwert des eingestellten Druckes überschritten, steigt auch der Reglerdruck über seinen Sollwert an und beginnt den Kolben 7 des Drehzahlreglers gegen den Federdruck der Feder 10 nach rechts zu verschieben. Die Motordrehzahl fällt ab. Gleichzeitig wirkt auch der erhöhte Reglerdruck auf die Saugdrossel und beginnt sie zu schließen. Der Verdichter läuft auf Teillast. Beim Absinken des Druckes in der Entnahmeleitung setzt der umgekehrte Vorgang ein und der Verdichter geht wieder auf Vollast.

Wird die Luftentnahme ganz eingestellt, geht infolge des steigenden Verdichtungsenddrucks die Motordrehzahl auf ihren Minimalwert und die Saugdrossel ist geschlossen. Die Restluft wird vom Ölabscheider über das nun offene Ventil G abgeblasen. Der Druck im Ölabscheider bleibt dadurch konstant ca. 10% über dem Nenndruck. Beim Abstellen der Anlage wird der Systemdruck abgeblasen und das selbsthaltende Belastungsventil kehrt wieder in die in Abb. 94 gezeichnete Warmlaufstellung zurück.

6.7.4 Kombinierte Drehzahl- und Drosselregelung mit Abblasevorrichtung bei Nullförderung für einen zweistufigen trockenlaufenden Luftverdichter

Abb. 95 zeigt das Schaltschema einer zweistufigen trockenlaufenden Schraubenverdichteranlage. Die Luft gelangt über die Ansaugfilter C, über die Drosselklappe F und das Saugrohr G zum Niederdruckverdichter J. Vom Niederdruckverdichter strömt die vorverdichtete heiße Luft zum Zwischenkühler U und von dort in rückgekühltem Zustand zum Einlaß des Hochdruckverdichters K. Die auf Enddruck verdichtete Luft gelangt über das Überströmventil H zum Nachkühler X und schließlich zum Druckentnahmerohr R. Der Luftbehälter S steht ebenfalls unter Verdichtungsenddruck. Vom Luftfilter S führt die Leitung zum Regelsystem der Anlage. Die Verdichter besitzen zum Ausgleich der Achsiallast an den Verdichterlagern luftdruckbeaufschlagte Ausgleichskolben (siehe 7.) M und N. Im Normalbetrieb wird der Ausgleichskolben am Niederdruckverdichter vom Zwischenkühlerdruck und der Hochdruckverdichterkolben vom Verdichtungsenddruck versorgt. In den Leerlaufphasen sind die Ausgleichskolben drucklos.

Die Verdichterregelung weist zwei Systeme auf. Erstens ein

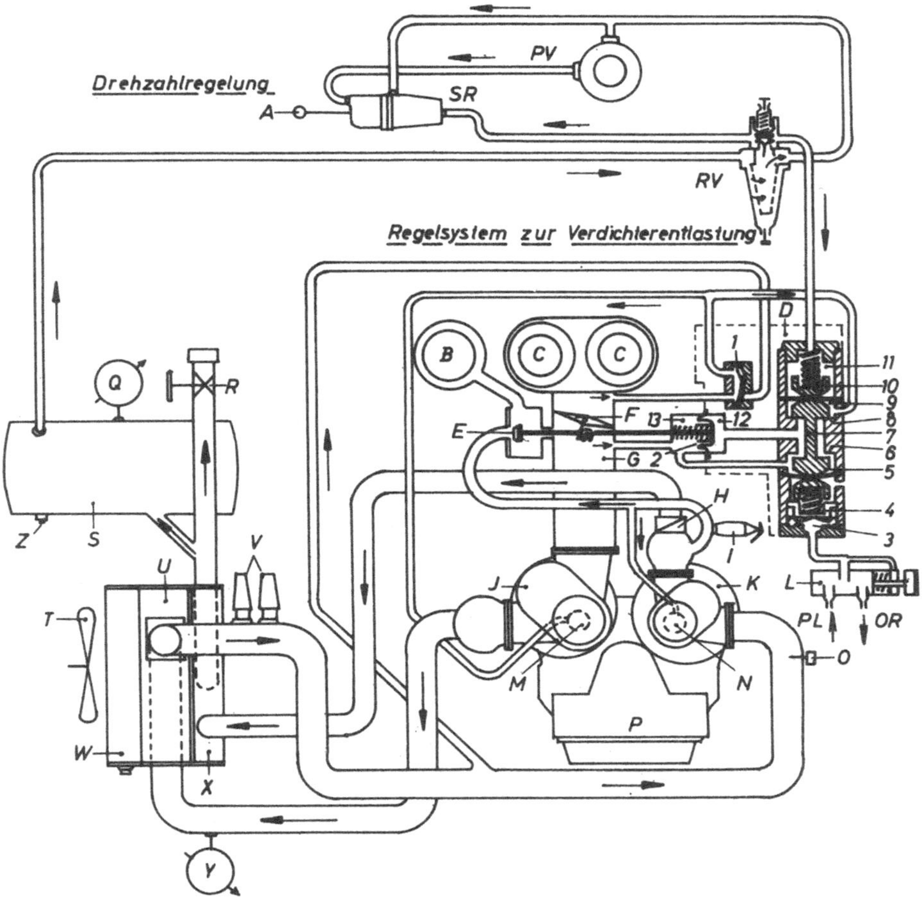

A Drehzahlverstellhebel
B Schalldämpfer
C Ansaugfilter
D Entlastungsventil
E Abblaseventil
F Drosselklappe
G Saugleitung
H Überströmventil
I Sicherheitsventil
J ND-Verdichter
K HD-Verdichter
L Belastungsventil
M Ausgleichskolben
N Ausgleichskolben
OR Ölrücklauf
PL Ölzulauf
PV Druckred.Ventil
RV Regelventil
O Sicherheitstemp.
P Übersetzungsgetr.
Q Manometer
R Entnahmeventil
S Luftbehälter
T Ventilator
U Zwischenkühler
V Entlastungsventil
W Ölkühler
X Nachkühler
Y Manometer
Z Kondensatablaß
SR Drehzahlregler
1 autom.3-Wegvent.
2 Verstellkolben
4 Startkolben
7 Steuerkolben
10 Entlastungskolben

Abb. 95. Schaltschema und Regelung einer zweistufigen trockenlaufenden Schraubenverdichteranlage (Atlas Copco).

Drehzahlregelsystem, bestehend aus dem Drehzahlregelzylinder SR und dem Druckreduzierventil PV. Dieses System wird direkt vom Behälterdruck (S) gesteuert.

Das zweite Regelsystem betrifft die Drosselregelung F und die Abblasevorrichtung E. Es erhält nur dann Steuerluft, wenn der Systemdruck so weit gestiegen ist, daß das federbelastete Druckregelventil RV öffnet. Das Ansprechen dieses Regelsystems bewirkt, daß einerseits der Antriebsmotor stets mit Minimaldrehzahl läuft und daß andererseits die Drosselklappe F geschlossen, das Abblaseventil E geöffnet und die Ausgleichskolben am Hoch- und Niederdruckverdichter drucklos werden. Die Anlage arbeitet über den Schalldämpfer B gegen Atmosphärendruck. Dieses Leerlaufsystem besteht aus dem Abblaseventil E und der Drosselklappe F, die beide vom Stellzylinder 2 betätigt werden. Die Steuerluft erhält der Stellzylinder über das Ventil D.

Wirkungsweise des Drehzahlregelsystems:

Abb. 96 zeigt einen Schnitt durch den Drehzahlregelzylinder SR

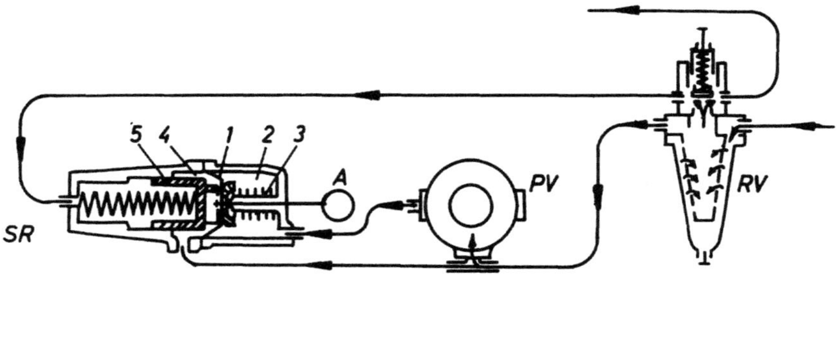

RV Regelventil
PV Druckreduzierventil
SR Drehzahlregelzylinder

1 Rollkolbenmembrane
2 Zylinderraum
3 Feder
4 Zylinderraum
5 Leerlaufkolben

Abb. 96. Schnitt durch den Drehzahlregler (Atlas Copco).

Der Kolben 1 mit Rollmembrane betätigt den Drehzahlverstellhebel des Dieselmotors. Im rechten Zylinderraum 2 wirkt ein über das Druckreduzierventil PV konstant gehaltener Druck und der Federdruck der Feder 3. Im linken Zylinderraum 4 wirkt der Verdichtungsenddruck. Der Kolben 5 erhält nur dann Luft, wenn der Leerlaufmechanismus über das Regelventil RV anspricht. Dann schiebt er den Rollmembrankolben 1 in seine rechte Endlage und schaltet den Antriebsmotor auf Minimaldrehzahl. Im Drehzahlregelbereich ist er jedoch unwirksam.

Ist der Verdichterdruck in S kleiner als der am Druckreduzierventil einstellbare Solldruck, so befindet sich der Rollmembrankolben in seiner linken Endlage; der Motor läuft mit Maximaldrehzahl. Steigt der Druck im Behälter S, so steigt auch der Druck in der Zylinderkammer 4 des Regelzylinders an. Er verschiebt den Rollmembrankolben gegen den Druck des Reduzierventils und gegen den Federdruck nach rechts; die Motordrehzahl fällt ab. Der Drehzahlregler funktioniert damit so, wie in 6.7.1 erläutert.

Läuft der Motor im Teillastbetrieb bereits auf Minimaldrehzahl und steigt infolge zu geringen Luftverbrauchs der Behälterdruck in S weiter an, öffnet das Regelventil RV. Damit erhält der Kolben 5 des Drehzahlreglers Druck und hält den Motor stets auf Minimaldrehzahl. Gleichzeitig spricht über das Ventil D (Kammer 11) das Leerlaufsystem an.

Wirkungsweise des Leerlauf- und Entlastungssystems:

Das Abblaseventil E und die Drosselklappe F werden vom Stellzylinder 2 betätigt (Abb. 94). Der linke Zylinderraum des Stellzylinders 2 hat stets Saugrohrdruck, ebenso die Kammer 5 des Ventils D. Der rechte Zylinderraum des Stellzylinders 2 weist entweder den gleichen Druck auf wie die linke Zylinderseite, dann ist die Drosselklappe wegen der in 2 eingebauten Feder geschlossen. Dies ist dann der Fall, wenn der Ventilkolben 7 in der in Abb. 94 gezeichneten Stellung ist. Ist der Ventilkolben 7 in seiner zweiten Endlage, dann erhält der rechte Zylinderraum des Stellzylinders 2 den Kammerdruck 9.

Der Kammerdruck 9 ist entweder Atmosphärendruck oder der

Zwischenkühlerdruck, je nach Stellung des Dreiwegeventils 1.

Der Ventilkolben 7 kann durch den Druck am Kolben 10 über das Regelventil RV oder durch Öldruck am Kolben 4 über Betätigung des Belastungsventils L umgeschaltet werden.

Wird der Motor gestartet und läuft im Leerlauf, ist die Drosselklappe zu und im Raum 12 und 13 herrscht Vakuum, da der Kolben 7 in der in Abb. 94 gezeichneten Stellung verbleibt. Der Motor kann unbelastet bei Minimaldrehzahl warmlaufen. Wird das Belastungsventil L betätigt, gelangt Drucköl nach 3 und verschiebt den Kolben 7. Im Raum 13 herrscht Vakuum, während im Raum 12 über das Dreiwegeventil 1 und über den Raum 9 Umgebungsdruck wirkt. Der Rollmembrankolben 2 öffnet die Drosselklappe und schließt das Abblaseventil E.

Der Verdichter arbeitet nun ungedrosselt bei Minimaldrehzahl und der Druck beginnt sich aufzubauen, das Überströmventil H öffnet. Bei steigendem Zwischenkühlerdruck schaltet das Dreiwegeventil 1 selbsttätig um. Damit erhalten erstmals die Ausgleichskolben M und N die Druckbeaufschlagung und im Raum 9 und 12 wirkt Zwischenkühlerdruck. Im Raum 13 herrscht Atmosphärendruck vom Saugrohr her. Die Drosselklappe bleibt offen, das Abblaseventil E zu.

Mit zunehmendem Behälterdruck (S) geht der Drehzahlregler vorerst auf Maximaldrehzahl. Der Verdichter arbeitet mit Vollast bzw. nach Erreichen des Solldruckes im Drehzahlregelbereich.

Steigt infolge verminderter Luftentnahme trotz auf Minimaldrehzahl laufenden Motors der Druck in S weiter an, spricht das Regelventil RV an. Der Kolben 10 erhält Druckluft und drückt den Ventilkolben 7 nach unten . Damit herrscht links und rechts vom Stellzylinderkolben 2 der gleiche Druck und die Drosselklappe schließt, das Abblaseventil öffnet, das Überströmventil H schließt. Der Verdichter arbeitet im Leerlauf gegen Atmosphärendruck. Dadurch fällt auch der Zwischenkühlerdruck ab und das Dreiwegeventil 1 schaltet um, sodaß die Ausgleichskolben M und N sowie die Kammer 9 drucklos sind. Steigt der Luftverbrauch nun wieder an, sinkt der Behälterdruck in S ab und das Regelventil RV schließt.

In 11 verschwindet der Druck und der Kolben 7 schaltet zufolge des in 3 wirkenden Öldrucks um. Der Verdichter läuft wieder an, wie bereits beschrieben.

7. Konstruktion und Ausführungsbeispiele von Schraubenverdichtern

7.1 Trockenlaufverdichter

7.1.1 Konstruktionselemente

Trockenlaufverdichter werden mit Läuferdurchmessern von etwa 100 mm bis 650 mm ausgeführt. Naturgemäß beeinflußt die Maschinengröße die konstruktive Ausbildung der Verdichter, insbesondere die Gehäuseausbildung. Die Verdichterläufer liegen üblicherweise horizontal und in den meisten Fällen nebeneinander.

Die Verdichtergehäuse bestehen meist aus zwei Baugruppen, dem Läufergehäuse und dem Einströmgehäuse (Abb. 97). Beide Gehäuseteile sind an der Läufersaugseite an einer vertikalen Teilfuge verbunden. Bei kleineren Verdichtern sind Einström- und Läufergehäuse einteilig. Bei größeren Verdichtern werden Einström- und Läufergehäuse noch zusätzlich horizontal geteilt, um das Einlegen der Verdichterläufer zu erleichtern, eine vertikale Teilfuge zwischen Rotorgehäuse und Ausströmteil wird manchmal vorgesehen (Abb. 102).

Bei nebeneinander liegenden Läufern ist die Ansaugöffnung des Verdichters in der Regel unten und die Auslaßöffnung oben. Dadurch wirkt der Gasdruck auf die Läufer von oben nach unten, gleich wie das Läufergewicht. Die bei größeren Verdichtern im allgemeinen verwendeten Gleitlager werden stets gleichmäßig belastet und Instabilitäten im Schmierfilm können vermieden werden. Der Nachteil dieser konventionellen Bauart liegt darin, daß bei der Förderung stark verunreinigter Gase oder bei Verwendung von Flüssigkeitseinspritzung als Spül- und Kühlmittel beim Abstellen der Anlage Flüssigkeit und Schmutzablagerungen aus dem Druckrohr in die Schrauben zurückfallen und ein Klemmen der Läufer oder Wasserschläge verursachen können.

Aus diesen Gründen werden für die Förderung von staubhaltigen Gasen oder bei Verwendung von großen Spülflüssigkeitsmengen Verdichter in der sogenannten "Überkopfbauweise" verwendet (Abb. 97). Ihr Einlaß liegt oben, der Auslaß unten. Alle Verunreinigungen und Flüssigkeitsmengen fallen in die Druckleitung.

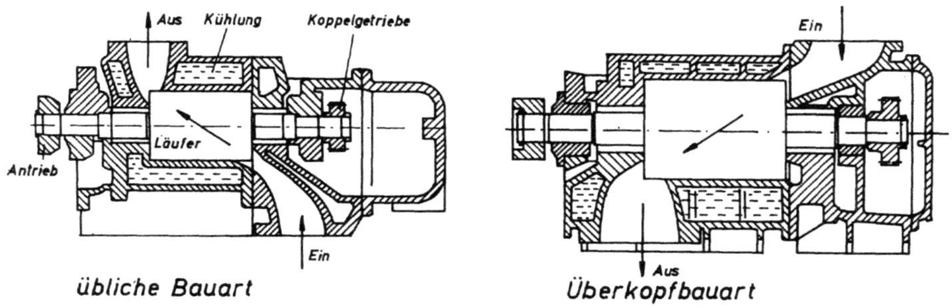

Abb. 97. Großer Schraubenverdichter in konventioneller Bauart und in Überkopfbauart (Schema).

Gehäusekühlung:

Während sich die Läufer bei Erwärmung im Betrieb annähernd gleichmäßig ausdehnen, ist dies bei den Gehäusen nicht der Fall. Um die Spiele im Verdichter klein halten zu können, muß die Wärmedehnung des Verdichtergehäuses verringert und durch Temperaturausgleich vergleichmäßigt werden. Dies geschieht durch Kühlung des Rotorgehäuses mit Kühlwasser oder fallweise mit Kühlöl. Die von der Kühlflüssigkeit abtransportierte Wärmemenge kann für die Endtemperaturen des Gases vernachlässigt werden. Die Einströmgehäuse bleiben im allgemeinen ungekühlt. Ein Ausfall der Gehäusekühlung hat eine Vergrößerung der Spiele zur Folge und führt im allgemeinen zu keinen unmittelbaren mechanischen Schäden an der Anlage.

Werden in Trockenlaufverdichtern Wasser oder andere Kühl- bzw.

Spülflüssigkeiten verwendet, wie dies bei Prozeßgasverdichtern oft üblich ist, bleibt die Gastemperatur an sich im Bereich von etwa 100° C und eine besondere Gehäusekühlung kann entfallen. Die natürliche Luftkühlung des stark verrippten Gußgehäuses reicht aus (Abb. 103). Die Gehäusekühlung kann ebenfalls bei Verdichtern mit kleinen Arbeitsdruckverhältnissen bis etwa $p_2/p_1 = 3{,}5$ auf Grund der geringeren Gaserwärmung entfallen (Siloverdichter) (Abb. 104).

Die Gehäuse müssen die oft hohen Gasdrücke ohne nennenswerte Verformungen ertragen. Sie sind deshalb sehr steife Gußkonstruktionen. Als Werkstoff findet im allgemeinen Grauguß Verwendung. Bei der Förderung aggressiver oder durch Festkörper verunreinigter Gase und bei Verwendung von Wassereinspritzung kommt es an Graugußgehäusen zu Korrosions- und Erosionsschäden. In solchen Fällen werden die Gehäuse aus Edelstahl gefertigt (17% Chromstahl). Das Gehäuse muß konstruktiv Platz für die Wellenabdichtungen, die Lager und das Gleichlaufgetriebe bieten. Im allgemeinen befindet sich das Gleichlaufgetriebe der Läufer an der Verdichtersaugseite im Einströmgehäuse und der Hauptläuferantriebsstummel an der Druckseite (Abb. 99, 103, 104). Bei zweistufigen Anlagen ist aber auch die umgekehrte Anordnung üblich (Abb. 105).

Das Gehäuse enthält auch die Auslaß- und Einlaßsteuerkanten. Auf ihre Gestaltung wurde in 3.8 eingegangen. Von der Funktion her kann dabei die Läufersaugseite des Haupt- und Nebenläufers auch radial offen bleiben. Bei offener Läufersaugseite im Gehäuse sinken die Einströmverluste, es kann aber zu beträchtlichen Ventilationsverlusten der am Umfang teilweise unabgedeckten Läufer kommen. Bei radialem Einlaß ist deshalb auf eine sorgfältige Gasführung zu achten.

Läuferausbildung:

Die Ausbildung der Läufergeometrie und die Herstellung der Verzahnung wurde bereits eingehend besprochen. Zur Konstruktion bleibt jedoch noch einiges nachzutragen.

Die Läufer werden in der Regel aus einem Stück samt Wellenzapfen geschmiedet. Kleinere Läufer werden auch aus dem Vollen herausgearbeitet. Als Werkstoffe dienen Kohlenstoffstahl, aber auch legierte Vergütungsstähle. Kugelgraphitguß und Bronzen finden fallweise Verwendung. Auf die Verträglichkeit des Läuferwerkstoffs mit dem Fördermedium ist zu achten (Kältemittel). Als Korrosionsschutz und zur Verbesserung der Abdichtung und der Notlaufeigenschaften können Läufer mit Teflon beschichtet werden. Ähnlich wie die Läuferzahnköpfe weisen oft die Läuferstirnseiten zwischen den Zahnlücken Dichtkanten auf.

Unmittelbar an die Läuferverzahnung schließen die Wellenzapfen zur Aufnahme der Wellenabdichtungen an, dann kommen erst die Lagerzapfen. Dies führt im Unterschied zu den einspritzölgekühlten Verdichtern zu größeren Lagerstützlängen, verbunden mit größeren Läuferdurchbiegungen.

Um die Verdichterspiele eng halten zu können, werden die Läufer von Trockenlauf-Schraubenverdichtern manchmal mit Öl gekühlt. Dadurch wird die durch die Wärmedehnung verursachte Längenänderung der Rotoren kleiner gehalten. Abb. 102 zeigt einen Schraubenverdichter mit Rotorkühlung. Die Rotorkühlung bringt einen beträchtlichen Bauaufwand und hat den Nachteil, daß bei Ausfall der Kühlung es leicht zum Anlaufen der Läufer an das Gehäuse kommen kann.

Lager und Schmierung:

Trockenlaufverdichter haben hohe Rotordrehzahlen, um die optimale Umfangsgeschwindigkeit an den Zahnköpfen zu erreichen. Dies macht die Verwendung von Wälzlagern auch im Hinblick auf die Lebensdauer problematisch, sodaß bei Trockenlaufverdichtern üblicherweise Gleitlager Verwendung finden. Jeder Läufer ist mit zwei in das Gehäuse eingesetzten, im allgemeinen ungeteilten Radiallagern und zur Aufnahme des Achsschubs mit einem Längslager versehen. Die Radiallager sind Weißmetallager oder auch Dreistofflager mit Stahlschale, Bleibronzeausguß und Weißmetallaufschicht. Als Spurlager dienen Kippsegment-Klotzlager oder auch Spurringe mit fixen Keilflächen zur Erzielung eines hydrodynamischen Tragens.

Zapfenschiefstellungen zufolge der Läuferdurchbiegungen machen sich besonders bei den Längslagern unangenehm bemerkbar.

Abb. 98 zeigt eine Lagerausführung mit selbsteinstellendem Druckring der Firma GHH.

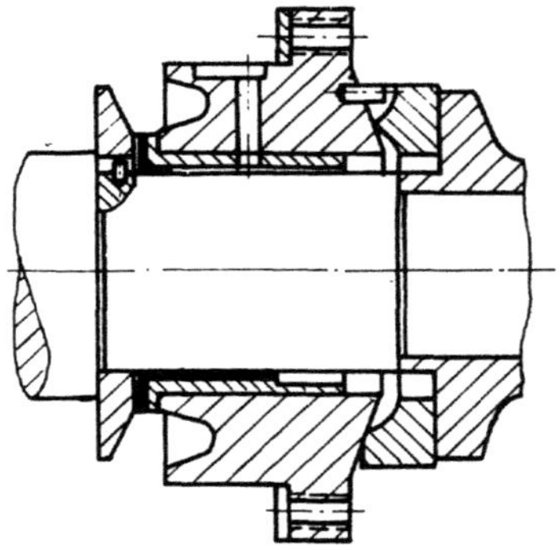

Abb. 98. Hals- und Spurlager eines Schraubenverdichters mit selbsteinstellendem Druckring (GHH).

In Hinblick auf ein konstantes,definiertes druckseitiges Stirnspiel werden die Führungslängslager in der Regel an der Verdichterdruckseite angeordnet. Die Wärmedehnung der Rotoren beeinflußt damit nur das für die Leckverluste unwesentliche saugseitige Stirnspiel.

Die Versorgung der Lager mit Schmieröl erfordert eine eigene Druckumlauf-Schmieranlage, bestehend aus Ölbehälter, Ölpumpe, Ölkühler, Feinfilter.

Bei großen Stationäranlagen werden meist zwei Ölpumpen vorgesehen, eine Hauptölpumpe, die direkt von der Verdichterantriebswelle angetrieben wird,und eine Hilfsölpumpe mit eigenem Elektromotor für das Anfahren der Anlage (Vorschmieren) und für den eventuellen Ausfall der Hauptölpumpe.

Trotz der theoretisch unbegrenzten Lebensdauer der Gleitlager wird oft versucht, kleinere Trockenlaufverdichter mit Wälzlagern auszurüsten, da sie einige wesentliche Vorteile bieten wie geringer Preis, einfacher problemloser Einbau, geringe Anforderungen an Schmierung, verminderte Reibungsverluste, geringere Spiele im Lager und damit geringere Spalthöhen im Verdich-

ter. Ihr wesentlicher Nachteil liegt aber in der eingeschränkten Lebensdauer zufolge der hohen Drehzahlen. Da die Lagerbelastung im wesentlichen von der Druckdifferenz zwischen Ansaug- und Verdichtungsenddruck abhängt, kann gesagt werden, daß Wälzlager bei kleineren Schraubenverdichtern für Druckdifferenzen bis etwa 3,5 bar und Arbeitsdruckverhältnissen von etwa 3 Anwendung finden. Als Radiallager werden meist Rollenlager verwendet. Die Achsial-Führungslager sind im allgemeinen Schrägkugellager. Sie werden oft paarweise vorverspannt an beiden Läuferenden angeordnet. Die Aufnahme des großen Läuferachsschubes stellt für die Wälzlager ein gewisses Problem dar.
Es wird häufig versucht, die Lager vom Achsschub zu entlasten. Dies ist besonders beim Hauptläufer, der ja den größeren Achsschub aufweist, sinnvoll (Abb. 83). Maßnahmen dafür sind: der teilweise Achsschubausgleich durch Verwendung großer Schrägungswinkel am Antriebszahnrad des Hauptläufers oder die Aufteilung des Achsschubes auf zwei Längslager durch druckluftbeaufschlagte Ausgleichskolben. Abb. 99 zeigt eine derartige Konstruktion im Prinzip (Atlas Copco).

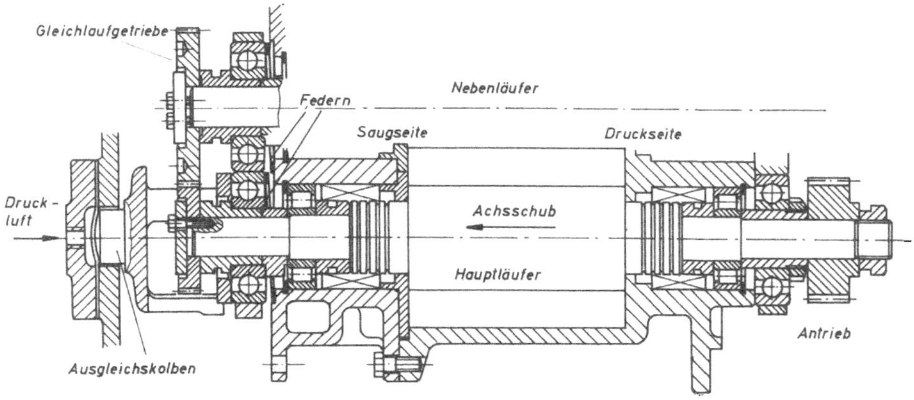

Abb. 99. Aufteilung des Achsschubes mittels druckbeaufschlagten Ausgleichskolbens (Atlas Copco).

Das druckseitige Schrägkugellager dient zur Längskraftaufnahme. Es ist auf einer Hülse montiert. Mit einer Mutter kann das Läuferstirnspiel der Druckseite leicht eingestellt werden. An der Läufersaugseite befindet sich ebenfalls ein Schrägkugellager, welches über die gewellten Federscheiben eine Verspannung der Lagerung bewirkt. Die Längslast wird so jedoch nur vom druckseitigen Schräglager aufgenommen. Um nun auch das saugseitige Drucklager zur Längskraftaufnahme heranzuziehen, wirkt auf den Außenring des Lagers über eine Druckplatte die über drei Arme übertragene Kraft eines Ausgleichskolbens, der seinerseits mit Druckluft beaufschlagt wird. Mit zunehmendem Verdichtungsenddruck steigt der Achsschub des Läufers, aber auch die Kraft des Ausgleichkolbens, sodaß mit zunehmendem Verdichtungsenddruck auch das saugseitige Drucklager immer mehr an Achsschub aufnimmt und das druckseitige Schräglager entlastet. Hinsichtlich Regelung des Ausgleichskolbendruckes siehe auch 6.7.4.

Ein weiteres Beispiel eines wälzgelagerten Trockenlaufverdichters zeigt die Abb. 104.

Wellendichtungen:

Der Verdichtungsraum muß von den Lagern bei Trockenlaufverdichtern getrennt werden. Dazu dienen vier Wellendichtungen an den Läuferenden. Die Gehäuse sind oft so ausgebildet, daß sie je nach Verwendung verschiedenartige Wellendichtungen aufnehmen können. Die Wellendichtungen haben bei Schraubenverdichtern zwei Aufgaben.

1. Die Ölabdichtung des Lagerraumes und 2. Die Abdichtung des Verdichterraumes. Die Ölabdichtung kann entweder mit Gleitringdichtungen u. dgl. oder mit Spritzringen und Labyrinthdichtungen mit Sperrluft geschehen. Die Art der Gasabdichtung des Verdichtungsraumes hängt vom geförderten Medium und von den Anforderungen an dessen Reinheit ab.

Prinzipiell finden dafür Labyrinthe, Kohleringdichtungen, Weißmetallringdichtungen und Gleitringdichtungen Verwendung. Darf das geförderte Gas nicht verunreinigt werden, wird das Leckgas der Wellendichtungen in den inneren Laternen zur Saugseite geleitet, das Leckgas der äußeren Laternen aber mittels Ejektor abgesaugt und abgeblasen. Darf das geförderte Gas geringe Verunreinigungen aufweisen, kann man in den Wellendichtungen Sperrgas verwenden. Bei Prozeßgasverdichtern mit Wassereinspritzung kann auch Sperrwasser in den Laternen zugeführt und in den Verdichter gedrückt werden. Der Sperrwasserdruck muß höher sein als der Verdichtungsenddruck. Abb. 100 zeigt eine Weißmetallringdichtung mit Sperrwasserbeaufschlagung.

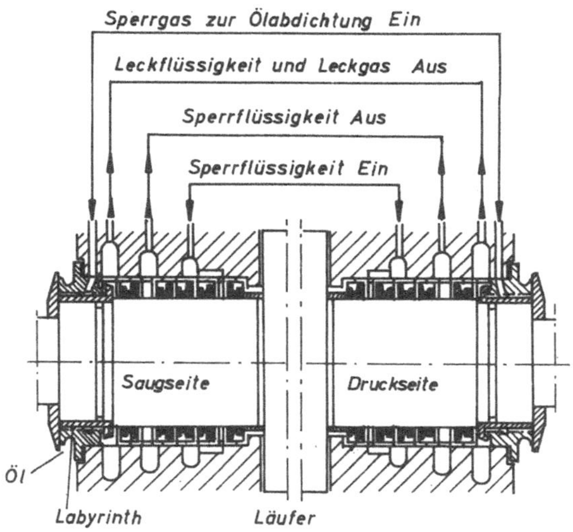

Abb. 100. Stopfbüchsenausbildung bei einem Prozeßgasverdichter mit Weißmetallringen (GHH).

Eine Anzahl in das Gehäuse eingesetzter Kammerringe bilden die einzelnen Dichtkammern, in denen sich lose, auf der Welle sitzende, mit Weißmetall überzogene Stahlringe befinden. Sie werden durch den Kammerdruck gegen die Kammerringe gedrückt und laufen im Betrieb nicht mit der Welle mit, werden jedoch von der Welle zentriert. Weißmetallringe haben gegenüber den Labyrinthdichtungen einen geringeren Wasserverbrauch, benötigen aber eine hohe Wasserqualität. In Abb. 100 wird der inneren Laterne Sperrwasser zugeführt. Es wird zum Teil in den Verdichter gedrückt und zum Teil zur äußeren Laterne, wo es wieder zurückgeführt wird. Das noch austretende Restwasser wird in der äußersten Laterne abgeführt. Die Ölabdichtung geschieht in Abb. 100 mittels Labyrinth und Sperrluft geringen Druckes. Die äußerste Laterne besitzt einen Spritzring und führt Sperrluft und Restsperrwasser ab.

Solche Wellenabdichtungen sind relativ aufwendig. Es wird ein Sperrwasserbehälter, zwei Sperrwasserpumpen, ein Sperrwasserfilter und ein Druckluftanschluß benötigt (Abb. 102, 103).

Das Gleichlauf-Koppelgetriebe:

Das Gleichlaufgetriebe befindet sich bei Trockenlaufverdichtern meist auf der Läufersaugseite. Es hat die Aufgabe, einerseits das geringe Nebenläuferdrehmoment von ca. 7 bis 10% des Gesamtmomentes zu übertragen (5.2) und andererseits den exakten berührungsfreien Lauf der Rotoren zu gewährleisten. Dazu muß das Flankenspiel der Gleichlaufzahnräder wesentlich kleiner sein als das Läuferflankenspiel. Fallweise werden auch die Gleichlaufräder in zwei Scheiben geteilt, sodaß das Flankenspiel der Gleichlaufverzahnung einstellbar wird (Abb. 101).

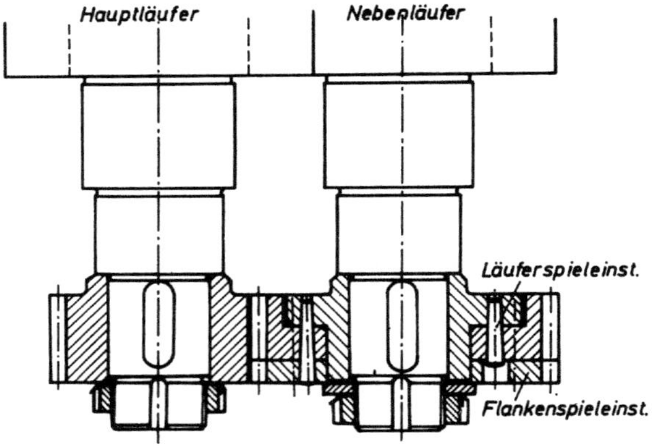

Abb. 101. Ausbildung des Koppelgetriebes eines Schraubenverdichters mit Zahnspieleinstellung (Schema) (GHH).

Damit auch das Flankenspiel der Läufer eingestellt werden kann, muß eine Verdrehbarkeit der Gleichlaufräder gegenüber den Verdichterläufern immer gegeben sein. Deshalb werden die Gleichlaufräder mit kraftschlüssigen Welle-Nabe-Verbindungen versehen (Preßsitze, Spannelemente, Langlöcher mit Klemmschrauben, Reibungsmitnahme an der Wellenschulter u.dgl.) (Abb. 99, 102). Abb. 101 zeigt die Ausbildung eines Gleichlaufgetriebes, welches sowohl eine Läuferspieleinstellung als auch eine Flankenspieleinstellung der Gleichlaufräder erlaubt. Nach erfolgter Einstellung werden die Teile durch Kegelstifte gegeneinander gesichert. Das eingestellte Flankenspiel der Rotorflanken darf sich auch im Betrieb, etwa bei geringen Längsverschiebungen der Rotoren gegeneinander, nicht ändern. Die Gleichlaufzahnräder sollten daher Schrägverzahnung mit dem gleichen Steigungswinkel und der gleichen Steigungsrichtung aufweisen wie die Verdichterläufer.

Antriebsanordnungen:

Schraubenverdichter können je nach verwendeter Antriebsmaschine direkt (z.B. Dampfturbinenantrieb) oder über ein Übersetzungsgetriebe betrieben werden. Bei kleineren Verdichtern kommt auch noch der Antrieb über Keilriemen in Betracht. Bei Verdichtern kleinerer Baugröße kann das Antriebszahnrad des Hauptläufers fliegend angeordnet sein (Abb. 99, 104).

Durch geeignete Anordnung der Zahnradstufe und durch einen geeigneten Schrägungswinkel der Räder können die Hauptläuferlager von Radialkraft und Achsschub teilweise entlastet werden. Der Reaktionsachsschub kann dann leichter in den langsam laufenden Lagern des Antriebsrades aufgenommen werden.

Bei größeren Schraubenverdichtern findet ein eigenes Antriebsgetriebe Verwendung (Abb. 102, 106). Zur Erzielung einer annähernd statisch bestimmten Lagerung von Läufer und Antriebszahnritzel sowie zur tiefen Abstimmung der Drehschwingungseigenfrequenz erfolgt der Antrieb meist über eine dünne, lange Torsionswelle (Abb. 102).

7.1.2 Mehrstufige Schraubenverdichteranlagen

Trockenlaufverdichter werden üblicherweise bis zu Arbeitsdruckverhältnissen von vier und Druckdifferenzen bis zu 7 bar einstufig ausgeführt. In allen anderen Fällen müssen zwei und mehrstufige Anlagen verwendet werden. Eine Ausnahme bilden die Verdichter mit Flüssigkeitseinspritzung, die höhere Arbeitsdruckverhältnisse verkraften. Die Vorteile mehrstufiger Anlagen sind:

1. Annäherung des adiabaten Verdichtungsprozesses an den Idealprozeß einer isothermen Verdichtung. Dadurch sinkt der Leistungsbedarf, der Wirkungsgrad steigt (vgl. 4.2, 4.3).

2. Die Gastemperaturen bleiben durch die Rückkühlung nach Verlassen der Niederdruckstufe auch bei hohem Arbeitsdruckverhältnis in erträglichen Grenzen.

3. Die Druckdifferenz zwischen Ansaug- und Verdichtungsenddruck wird für das Verdichterelement bei mehrstufigen Anlagen kleiner. Dadurch sinken die Lagerbelastungen und die Läuferverformungen.

4. Je größer das in einem Verdichter gefahrene Druckverhältnis wird, umso größer werden die inneren Leckverluste, sodaß die Ausnutzungs- und Wirkungsgrade sinken. Durch Aufteilung des Arbeitsdruckverhältnisses auf zwei oder mehrere Stufen, die jede für sich dem Ansaugvolumen entsprechend optimal ausgelegt werden können, tritt eine Verbesserung der Wirkungs- und Ausnutzungsgrade der Gesamtanlage ein.

Die Berechnung mehrstufiger Anlagen erfolgt je Stufe so wie bei einstufigen Anlagen, sobald der Ansaugzustand und der Enddruck des Gases je Stufe bekannt ist. Diese für die Berechnung der einzelnen Stufen notwendigen Angabegrößen hängen ab von der an sich beliebigen Aufteilung der Stufendruckverhältnisse und vom Grad der jeweiligen Zwischenkühlung.

Die Zwischenkühlung sollte möglichst wieder auf die Ansaugtemperatur der ersten Niederdruckstufe führen. Dies gelingt jedoch nicht immer. Die Austrittstemperatur am Zwischenkühler hängt davon ab, ob Wasser- oder Luftkühlung verwendet wird, welche Kühlwassertemperatur zur Verfügung steht und vom Platz, der für den Zwischenkühler vorhanden ist (Fahranlagen).

Die Wahl der Stufendruckverhältnisse kann nach mehreren Gesichtspunkten erfolgen. Für den Fall des idealen Kompressors mit rein isentroper Verdichtung und bei Förderung eines idealen Gases sowie bei Rückkühlung auf Ansaugtemperatur wird die Gesamtleistungsaufnahme der Anlage zu einem Minimum, wenn die Stufendruckverhältnisse aller Stufen gleich groß gewählt werden (optimaler Angleich an einen isothermen Verdichtungsprozeß).

$$\Pi = p_2/p_1 = \Pi_1 \, \Pi_2 \, \Pi_3 \, \ldots$$

$$\Pi_1 = \Pi_2 = \Pi_3 \, \ldots \tag{226}$$

Die Leistungsaufnahme jeder Verdichterstufe wird dann auch bei der realen Maschine annähernd gleich groß (vgl. Gl.(160)). Bei Verdichtern, in denen Kühlflüssigkeit eingespritzt wird, ist der Angleich des Verdichtungsprozesses an den isothermen Idealprozeß durch optimale Stufenaufteilung und Zwischenkühlung zur Erzielung eines guten Wirkungsgrades nicht erforderlich, da das eingespritzte Kühlmittel die Temperatur ohnehin annähernd konstant hält.

Dennoch bringt auch hier die mehrstufige Ausführung Vorteile im Hinblick auf die Lagerbelastung und die Verringerung der inneren Leckverluste. Die Stufendruckverhältnisse werden hier aber in bezug auf Lagerbelastung und Leckverluste anders gewählt als nach Gl. (226). Es gilt ganz grob für den Zwischendruck p_{zw} einer zweistufigen Anlage

$$p_{zw} \approx (p_2 + p_1)/2$$

Sind die Ansaugdrücke und Ansaugtemperaturen für jede Stufe bekannt, kann damit unter Voraussetzung konstanter durchgesetzter Gasmasse das Ansaugvolumen der Läuferzahnlücken für eine Hochdruckstufe angegeben werden.

$$V(\alpha_{VB})_{HD} = V(\alpha_{VB})_{ND} \, (\rho_1/\rho_1{}') = V(\alpha_{VB})_{ND}(p_1 \, T_1{}')/(p_{zw} \, T_1) \tag{227}$$

mit $V(\alpha_{VB})_{ND}$ ...Ansaug- Lückenvolumen der Niederdruckstufe, p_1, T_1 ...Ansaugdruck und -temperatur, p_{zw} ...Zwischendruck und $T_1{}'$ ...Ansaugtemperatur der Hochdruckstufe nach dem Zwischenkühler.

Bei der konstruktiven Gestaltung zweistufiger Schraubenverdichter gibt es zwei Bauarten:

Tandembauweise:

Bei der Tandembauweise sind die Läuferpaare hintereinander angeordnet (Abb. 106). Die Hauptläufer beider Stufen haben gleiche Drehzahl. Nach der Niederdruckstufe gelangt das Gas in den Zwischenkühler, der oft unter dem Maschinenfundament oder -rahmen liegt und von dort zur Hochdruckstufe. Die Läufer der Hochdruckstufe sind nach Gl. (227) bei etwa gleichem Längen-Durchmesserverhältnis kleiner, können daher bei dieser Anordnung nicht die optimale Umfangsgeschwindigkeit aufweisen, oder sie müssen mit ungünstigeren L/D - Verhältnis ausgeführt sein.

Bei kleineren Anlagen sind oft Hochdruck- und Niederdruck-Hauptläufer aus einem Stück gefertigt. Dies gilt auch für die Nebenläufer. Die Wellenabdichtung zwischen Hochdrucksaugstutzen und Niederdruckdruckstutzen kann dann im gemeinsamen Gehäuse durch einfache Labyrinthe erfolgen. Vier nach außen gehende Wellendichtungen entfallen.

Zwillingsanordnung:

Bei der Zwillingsanordnung liegen beide Verdichterstufen nebeneinander und werden mit verschiedenen Drehzahlen von einem zentralen Antriebszahnrad angetrieben (Abb. 105).

Diese Anordnung bietet den Vorteil des Baukastensystems für die Verdichtereinheiten, die optimale Abstimmung der Stufen auch in bezug auf Umfangsgeschwindigkeit sowie eine sehr platzsparende Konstruktion.

7.1.3 Ausführungsbeispiele trockenlaufender Schraubenverdichter

Von der Vielzahl der heute gebauten Schraubenverdichtertypen seien hier einige charakteristische Ausführungen wiedergegeben. Auf die besonderen Eigenschaften mancher Konstruktionen wurde in 7.1.1 und 7.1.2 bereits hingewiesen.

Über den Verwendungszweck und die Leistungsdaten geben die Bildunterschriften Auskunft.

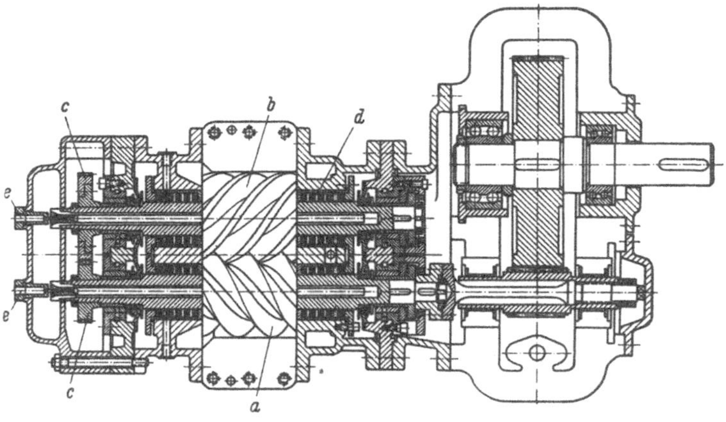

a,b ... Haupt- und Nebenläufer, c ... Gleichlaufzahnräder
d ..... Kohleringdichtungen, e ... Kühlölzufuhr z.d.Läufern

Abb. 102. Schnitt durch einen Trockenlaufverdichter mit ölgekühlten Läufern (Aerzener Maschinenfabrik) (aus Dubbels Taschenbuch für den Maschinenbau,Band 2, 13.Aufl. Berlin-Heidelberg-New York; Springer 1970).

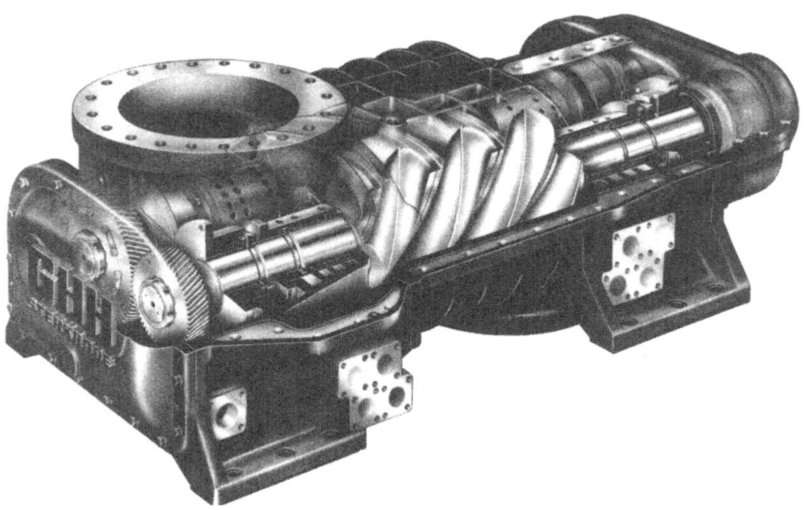

Abb. 103. Phantomzeichnung eines Prozeßgas-Schraubenverdichters trockenlaufend oder mit Wassereinspritzung in Überkopfbauweise für Volumsströme von 350 bis 40 000 m^3/h und für ein- und mehrstufige Verdichtung bis zu 40 bar Enddruck (Type GHH - SKÜL).

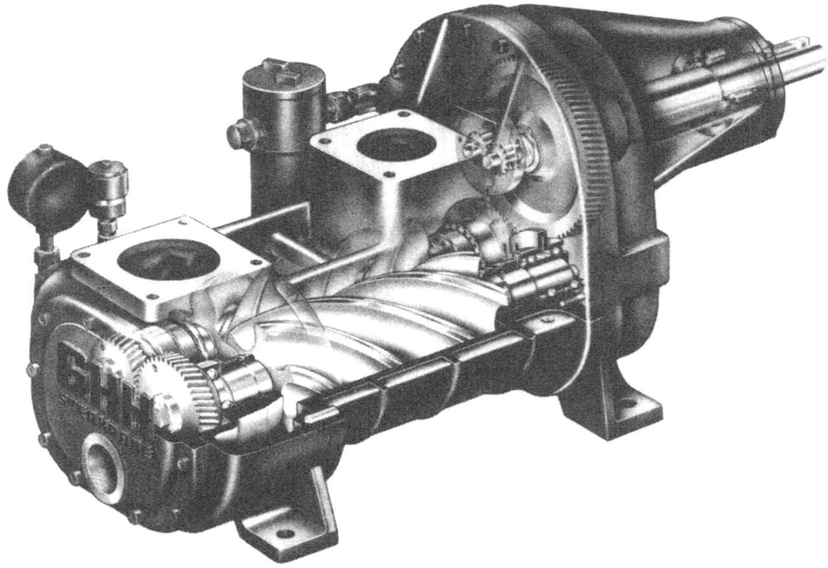

Abb. 104. Phantomzeichnung eines einstufigen trockenlaufenden Schraubenverdichters, vorwiegend für pneumatischen Transport Enddruck bis 2,5 bar (Typ SILU - GHH).

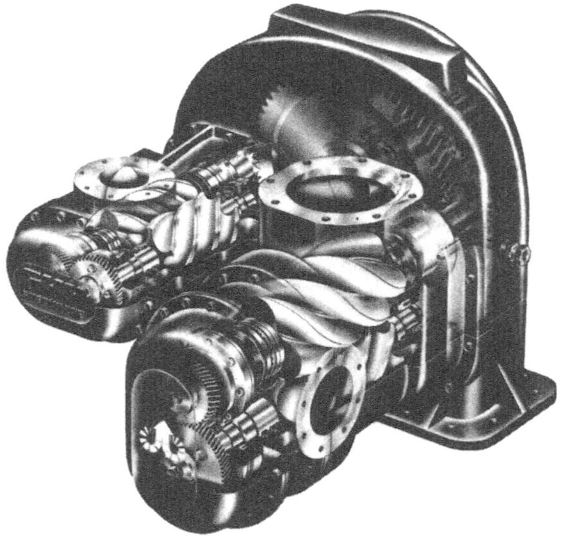

Abb. 105. Phantomzeichnung eines zweistufigen trockenlaufenden Schraubenverdichters in Zwillingsbauart zur Verdichtung von Luft, Enddruck bis 10 bar, Ansaugmengen 15 bis 230 m^3/min (Type SKT - GHH).

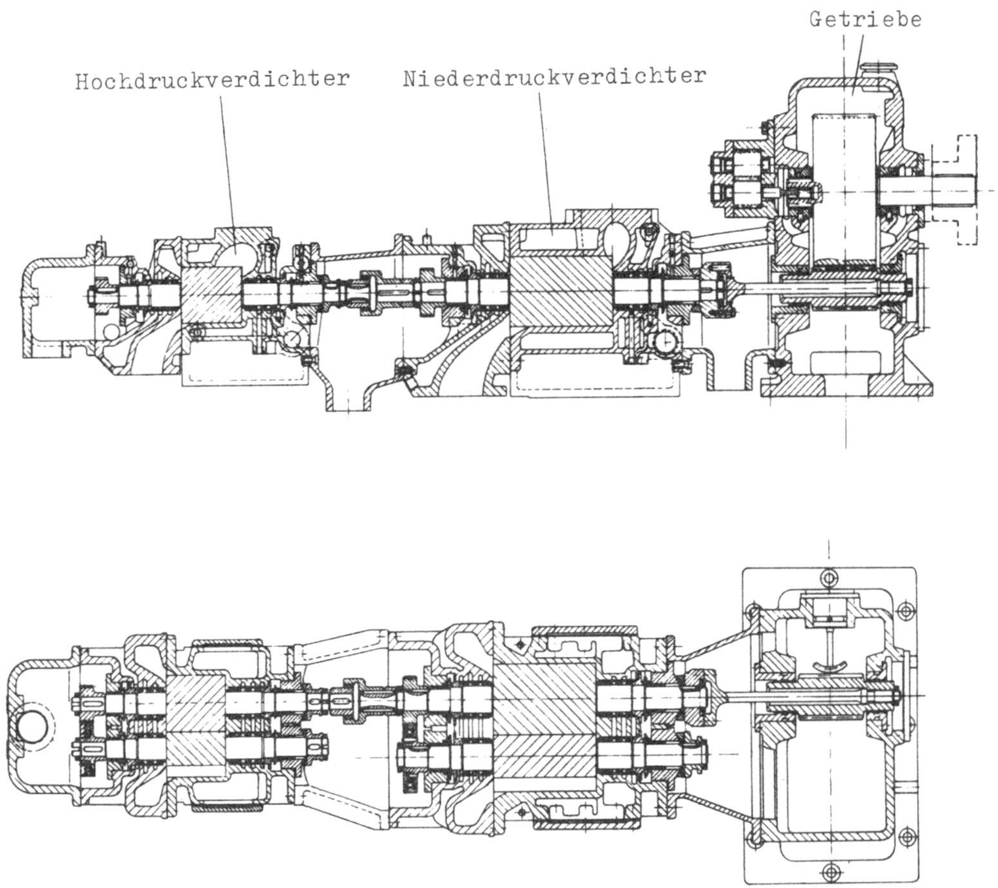

Abb. 106. Zweistufiger trockenlaufender Schraubenverdichter in Tandemanordnung (GHH).

7.2 Einspritzölgekühlte Verdichter

7.2.1 Konstruktion des Verdichterelementes

Gehäuse:

Einspritzölgekühlte Schraubenverdichter erlauben sehr einfache konstruktive Ausführungen. Das Rotorgehäuse mit den zwei Bohrungen für die Läufer ist ungeteilt und braucht wegen der Öleinspritzung nicht gekühlt zu werden. Es ist entweder an beiden Enden offen und wird durch Deckel, die die Läuferlager enthalten, abgedeckt (Abb. 111) oder es enthält an der Druckseite gleich die Lagersitze für die Wälzlager (Abb. 112).

Einspritzölgekühlte Verdichter sind immer in Überkopfbauart ausgeführt. Ihre Saugseite ist oben, die Druckseite unten. Wegen des eingespritzten Kühlöls kann eine Trennung von Lagerraum und Verdichterraum entfallen. Einspritzölgekühlte Verdichter benötigen keine Wellenabdichtungen an den Rotoren. Nach außen ist die Druckseite durch Deckel dicht abgeschlossen. Das Lagerschmieröl und das in den Lagerraum der Druckseite entweichende Öl-Gasgemisch wird zur Verzahnungsunterseite, die unter Ansaugzustand steht, abgeleitet.

Der Antrieb erfolgt hier mit wenigen Ausnahmen (Kältemittelverdichter) von der Saugseite her, entweder direkt oder über eine in den Verdichter integrierte Getriebestufe (Abb. 111). Solche Verdichter besitzen nur eine einzige Wellendichtung an der langsam laufenden Antriebswelle. Ist der Ansaugzustand gleich dem Umgebungszustand, wirkt kein Druckunterschied auf die Dichtung und einfache Simmerringe genügen. Ist der Ansaugdruck höher oder niederer als der Umgebungsdruck (Hochdruckstufen, Kältemittelverdichter oder Vakuumpumpen), muß das Getriebegehäuse, das selbst unter Ansaugdruck steht, mit einer Gleitringdichtung abgedichtet werden (Abb. 111). Lager und Getriebe werden mit Kühlöl geschmiert, das Öl fließt zur Saugseite des Verdichters und wird zusammen mit dem eingespritzten Kühlöl am Druckstutzen als Ölnebel im Gas abtransportiert.

Lager:

Wegen der niederen Drehzahlen einspritzölgekühlter Verdichter können Wälzlager verwendet werden; Gleitlager finden sich nur in manchen Kältemittelverdichtern. Die Radiallager sind im allgemeinen Zylinderrollenlager, die Längslager Schrägkugellager (Abb. 111). Abb. 111 zeigt eine Lageranordnung mit den Führungslagern an der Läufersaugseite. Diese ältere Konstruktion hat den Nachteil, daß das druckseitige Stirnspiel der Läufer sich mit der Wärmedehnung der Rotoren ändert. Bei Übertemperaturen durch kurzzeitigen Ausfall des Kühlölkreises kann es leicht zum Festlaufen der Rotoren im Gehäuse kommen. Deshalb werden heute vorwiegend die Führungslager an der Gehäusedruckseite angeordnet (Abb. 107).

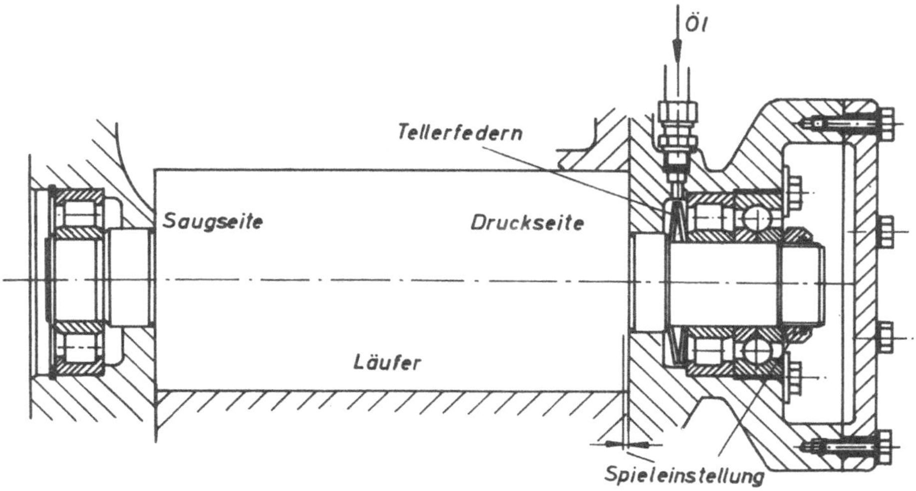

Abb. 107. Gestaltung der Läuferlagerung eines einspritzölgekühlten Schraubenverdichters mit den Führungslagern an der Läuferdruckseite (DEMAG).

Abb. 107 zeigt die Läuferlagerung eines modernen einspritzölgekühlten Schraubenverdichters. Zur Aufnahme des Achsschubes dienen Vierpunkt-Kugellager. Über die Wellenmutter kann die

Einstellung des Stirnspiels gegen den Druck der Tellerfedern leicht erfolgen.

Zum Ausgleich des Achsschubes der Läufer werden oft berührungslose, mit den Läufern mitlaufende Ausgleichskolben, die mit dem Öldruck oder Gasdruck beaufschlagt werden, angeordnet. Damit können etwa 40% des Achsschubes ausgeglichen werden. Die rechnerischen Lagerlebensdauern betragen dann 20 000 bis 50 000 h.

Antrieb:

Die Verdichtergehäuse der Getriebemaschinen (mit eingebauter Zahnradübersetzung) sind meist mit Normflanschen versehen, die eine direkte Verbindung des Kompressors mit einem Elektromotor in Flanschausführung oder mit einem Dieselmotor erlauben. Verdichter ohne Zahnradstufe können bei kleinen Leistungen, wie sie in fahrbaren Anlagen oft benötigt werden, auch über Keilriemen angetrieben werden (Abb. 113). Einspritzölgekühlte Verdichter dienen vorwiegend zur Drucklufterzeugung. Sie werden aber auch als Verdichter für Kältemittel in Kühlanlagen und Wärmepumpen eingesetzt. Sie finden dort in ungeregelter Ausführung als Grundlastmaschinen bzw. mit Drehzahlregelung Anwendung oder werden mit einer Schieberregelung ausgerüstet (vgl. 6.6 und Abb. 88).

7.2.2 Zweistufige einspritzölgekühlte Verdichter

Einspritzölgekühlte Schraubenverdichter erlauben wegen des annähernd isothermen Verdichtungsprozesses einstufig Arbeitsdruckverhältnisse bis etwa 1:13 und Vakua bis 95%.

In den Verdichtungsraum kann genügend Kühlöl eingespritzt werden, um die Verdichtungswärme auch bei höheren Arbeitsdruckverhältnissen von 1:22 bis 1:25 bei Verdichtungsendtemperaturen von nur 80 bis 100° C abzuführen.

Bei so hohen Druckverhältnissen wachsen aber auch die Druckunterschiede zwischen Druck- und Saugseite und damit die Lagerbelastungen. Ebenso steigen die inneren Leckverluste an, sodaß zweistufige Anlagen notwendig werden. Eine Zwischenkühlung zwischen Niederdruck-und Hochdruckstufe kann entfallen. Derzeit finden zweistufige Schraubenverdichter mit Öleinspritzung ohne Zwischenkühlung Verwendung für Drücke über 12 bis 13 bar bis zu Drücken von etwa 22 bis 25 bar, also für Hochdruckverdichter, oder aber auch im Druckbereich der einstufigen Anlagen von etwa 12 bar, wenn es darum geht, die inneren Leckverluste im Hinblick auf die Erzielung optimaler Wirkungsgrade, zu verkleinern. Für die Aufteilung der Stufendruckverhältnisse gilt das in 7.1.2 Gesagte. So weisen etwa zweistufige Verdichter für Enddrücke von 22 bar einen Zwischendruck von ca. 8 bis 10 bar auf.

Durch eine zweistufige Anordnung kann bei einspritzölgekühlten Verdichtern und 8 bar Enddruck gegenüber einer vergleichbaren einstufigen Anlage die Fördermenge um etwa 2,5% gesteigert und die Leistungsaufnahme um etwa 5 bis 6% gesenkt werden.

Zweistufige einspritzölgekühlte Verdichter werden meist in Zwillingsbauart ausgeführt (Abb. 112). Durch den Antrieb über ein zentrales Zahnrad können beide Stufen hinsichtlich Läuferausbildung und Umfangsgeschwindigkeit optimiert werden. Kühlöl wird im allgemeinen nur in der Niederdruckstufe eingespritzt.

Das Anflanschen von zwei Verdichterelementen an ein Antriebsgetriebe ermöglicht die Verwendung von einstufigen Bautypen auch für die Niederdruckstufen bei zweistufigen Anlagen (Baukastensystem). Es ist aber auch möglich, beide Verdichterstufen mit ihren vier Läufern in ein einziges Gehäuse einzubauen.

7.2.3 Der Kühl- und Schmierölkreislauf bei einspritzölgekühlten Schraubenverdichtern

Kühlölkreislauf ohne Ölpumpe:

In der Mehrzahl der Verdichteranlagen finden Kühlölkreisläufe ohne Ölpumpe Verwendung. Dabei wird das Druckgefälle zwischen Verdichtungsenddruck und dem Druck an der Einspritzstelle zur Aufrechterhaltung des Ölflusses benutzt. Abb. 108, aber auch Abb. 94 zeigen solche Ölkreisläufe.

Herzstück der Ölversorgungsanlage ist der Ölabscheider 5 in Abb. 108 bzw. S in Abb. 94. Er besteht aus einem Behälter, welcher unter Verdichtungsenddruck steht. Das vom Verdichter gelieferte Öl-Gasgemisch wird mittels Prallplatten- oder Zyklonabscheidung vorerst grob getrennt, anschließend strömt das Gas durch einen Gewebe- oder Glasfiber-Feinabscheider, wo die fast völlige Trennung von Öl und Gas erfolgt (Restölgehalte ca. 7 bis 10 ppM). Gleichzeitig bildet der Ölabscheider das Ölreservoir der Anlage. Von diesem Ölreservoir gelangt das heiße, aus der Druckluft abgeschiedene Öl, welches unter Verdichtungsenddruck steht, über den Ölkühler V in Abb. 94, über eine Öldrossel 27 zur Einstellung der Einspritzmenge, zum Feinfilter R und schließlich über das druckluftgesteuerte Ölrückhalte- oder Ölstopventil T zu den Einspritzstellen am Verdichtergehäuse.

Ein thermostatgeregelter Kühlerbypaß P sorgt für eine konstante Öleinspritztemperatur. Das im Feinabscheider anfallende Restöl wird ebenfalls über eine Drossel (30) der Einspritzstelle zugeleitet. Über einen Ölverteiler an der Einspritzstelle wird ein Teilstrom des Kühlöls zur Lager- und Zahnradschmierung abgezweigt.

Da sämtliche Schmier- und Einspritzstellen im Verdichter geringeren Druck aufweisen als Verdichtungsenddruck und das verbrauchte Schmieröl zur Verdichtersaugseite rückfließt, ist eine Ölpumpe nicht erforderlich.

Zur Aufrechterhaltung einer einwandfreien Funktion des Ölkreislaufes bedarf es jedoch einiger Zusatzeinrichtungen:

1. Das Druckhalteventil

Das Druckhalte- oder Mindestdruckventil L am Abscheider sorgt dafür, daß im Abscheider stets ein gewisser Mindestdruck vorhanden ist, auch wenn der Verdichter gegen Ansaugdruck ins Freie fördert, damit der Ölkreislauf auch dann aufrecht erhalten werden kann.

2. Das Ölrückhalte- oder Ölstopventil

Das Ölstopventil T in Abb. 94 ist ein Servoventil, welches vom

Verdichtungsenddruck am Druckstutzen vor dem Rückschlagventil U gesteuert wird und den Ölzufluß zum Verdichter unterbricht, sobald der Verdichtungsenddruck auf Umgebungsdruck abfällt. Das Ölstopventil verhindert damit ein Vollfüllen der Schrauben mit Kühlöl beim Abstellen der Anlage, wenn der Verdichter nicht mehr arbeitet, der Druck am Druckstutzen also gleich dem Ansaugdruck wird, im Abscheider jedoch noch der volle Systemdruck aufrecht erhalten ist.

3. Das Rückschlagventil

Das Rückschlagventil U in Abb. 94 verhindert das Rückströmen der Druckluft aus dem Abscheider in den Verdichter beim Abstellen der Anlage. Dadurch wird verhindert, daß der Verdichter, versorgt mit Druckluft, als Preßluftmotor zu drehen beginnt.

In Abb. 108 ist der Ölkreislauf in anschaulicher Form dargestellt. Der Kühlerbypaß, das Ölstopventil und der Feinfilter sind bei der in Abb. 108 dargestellten Anlage in einem Bauelement, dem Durchflußregler 7, vereinigt.

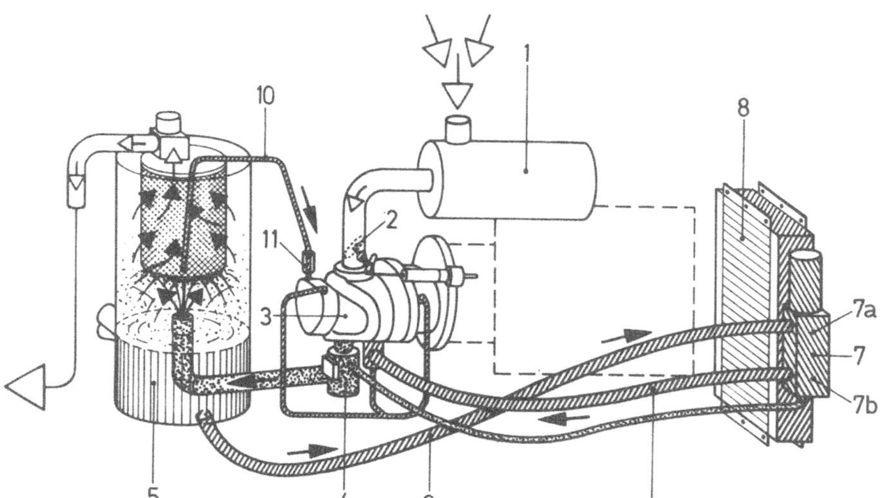

Abb. 108. Kühl- und Schmierölkreislauf bei einem einspritzölgekühlten Schraubenverdichter ohne Ölpumpe (Sullair).

Als Sicherheitseinrichtungen sind neben dem üblichen Sicherheitsventil am Ölabscheider und den beiden Rückschlagventilen vor und nach dem Ölabscheider ein Temperaturwächter am Verdichterdruckstutzen unbedingt erforderlich. Temperaturen des Öl-Luftgemisches von über 100° C sind unzulässig und die Anlage muß bei solchen Betriebszuständen sofort automatisch abgestellt werden.

Der pumpenlose Kühlölkreislauf ist in seiner Funktion sehr einfach und ermöglicht bei Behältermindestdrücken im Ölabscheider von 3 bis 4 bar bereits einen ausreichenden Kühlölfluß. Übliche Einspritzmengen sind ca. 8 bis 10 l/m^3 angesaugter Luft.

Die eingespritzte Ölmenge steigt bei solchen Anlagen etwa linear mit dem Verdichtungsenddruck und ist unabhängig von der gefahrenen Verdichterdrehzahl. Die spezifische Ölmenge nimmt daher mit abnehmender Verdichterdrehzahl bzw. Fördermenge zu.

Von Nachteil bei pumpenlosen Ölkreisläufen ist das verzögerte allmähliche Einsetzen der Ölförderung beim Anfahren des kalten Verdichters mit steifem Kühlöl.

Kühlölkreislauf mit Ölpumpe:

Ein pumpenloser Ölkreislauf erfordert die Verwendung von hinsichtlich Schmierung unempfindlichen Wälzlagern. Er ist für Gleitlager ungeeignet. Überdies kommt es beim Anfahren kalter Maschinen kurzzeitig infolge ungenügender Kühlölmengen zu starken Temperaturanstiegen am Druckstutzen (150 bis 200° C) mit der Gefahr der Selbstentzündung des Öl-Luftgemisches. Diesen Nachteil beseitigt die Verwendung einer Ölpumpe im Kreislauf.
Abb. 109 zeigt schematisch einen Kühlölkreislauf mit einer vom Verdichter angetriebenen Zahnradpumpe.

Ölabscheider:

Die Ölabscheider bestehen aus druckfesten Behältern und dienen neben ihrer Hauptaufgabe als Grobabscheider und Feinabscheider noch als Ölbehälter und bei kleineren Anlagen oder Fahranlagen auch oft als einziger Luftbehälter. Bei kleineren Anlagen genügt ein Behälter, der stehend oder liegend angeordnet ist und neben dem Prallplattenabscheider noch die Feinabscheiderpatrone enthält (Abb. 110, linkes Bild).

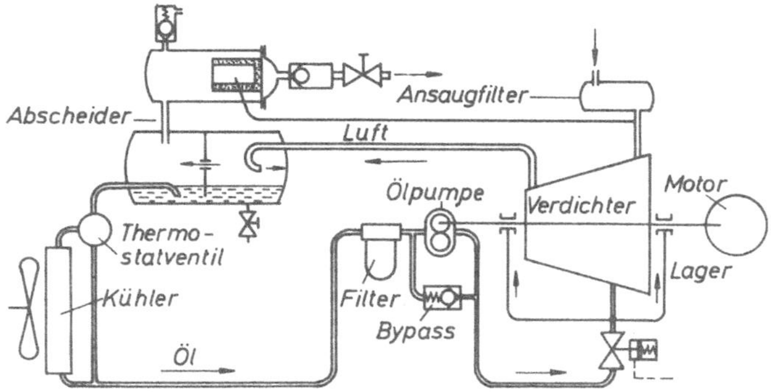

Abb. 109. Kühl- und Schmierölkreislauf bei einem einspritzölgekühlten Schraubenverdichter mit Ölpumpe (Schema).

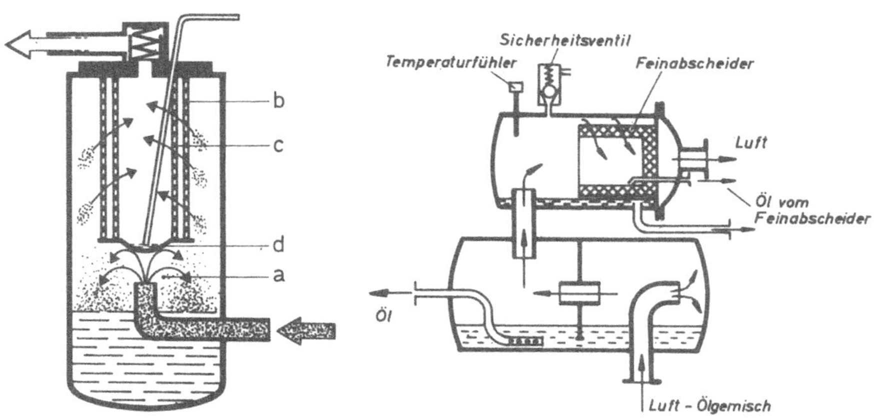

a Prallplatte b, c Feinabscheider d Ölabsaugung

Abb. 110. Schema eines stehenden und eines liegenden Ölabscheiders (Sullair).

Bei größeren Anlagen wird der Ölbehälter vom Feinabscheidebehälter getrennt, um größere Beruhigungsräume zu haben. Eine Ausführung eines solchen Abscheiders in liegender Bauart findet sich in Abb. 110 (rechtes Bild).

Durch den Grobabscheider allein kann bereits über 99% des Öls aus der Luft separiert werden. Der Feinabscheider besteht aus Gewebe oder Fiberglas und hat praktisch unbegrenzte Lebensdauer.

Als Kühlöle werden dünnflüssige Motorenöle (SAE 10) oder Hydrauliköle verwendet. Infolge der feinen nebelartigen Verteilung und infolge hoher örtlicher Erwärmung des Kühlöls ist dieses einer erheblichen Belastung ausgesetzt. Es ist nach etwa 2000 Stunden zu erneuern. Um den Kondensatausfall im Ölabscheider zu verhindern, soll die Abscheideröltemperatur den Wert von 60 bis 70° C nicht unterschreiten. Ist die Drucklufttemperatur von 60 bis 70° zu hoch, müssen Nachkühler verwendet werden.

Ölkühler:

Der Ölkühler ist ein Luft- oder Wasserkühler. Er hat die Aufgabe, die im Öl abtransportierte Wärme abzuführen. Die Kühlerleistung errechnet sich aus Gl.(169) zu

$$P_{Öl} = P - P_{Geh} - (Q\ \rho_1\ c_{pm}\ (t_2 - t_1))/60 \qquad (228)$$

Von der rechten Gleichungsseite kann die Leistung der natürlichen Gehäusekühlung grob abgeschätzt werden.

$$P_{Geh} = \alpha_{Geh}\ F_{Geh}\ (t_2 - t_1)$$

α ... Wärmeübergangszahl Gehäuse - Umgebung (W/m^2°), F_{Geh}...abstrahlende Gehäuse- und Abscheiderfläche, $(t_2 - t_1)$... Temperaturdifferenz zwischen Gehäuse und Umgebung.

Ferner ist bekannt: Die Verdichterantriebsleistung P, das Fördervolumen Q, Ansaugdichte und -temperatur des Fördermediums ρ_1 und t_1 sowie seine spezifische Wärme c_{pm}. Die Verdichtungsendtemperatur t_2 stellt sich je nach Auslegung des Kühlölkreislaufs ein, darf jedoch, wie bereits erwähnt, nur im Bereich

$$65° \leq t_2 \leq 95°$$

liegen.

Bei gewählter Verdichtungsendtemperatur t_2 kann aus Gl. (228) die Kühlerleistung $P_{Öl}$ berechnet werden. Weiters gilt:

$$P_{Öl} = (Q_{Öl}/60)\ \rho_{Öl}\ c_{Öl}\ \Delta t_{Öl} \qquad (229)$$

mit $Q_{Öl}$ (m^3/min) eingespritzte Ölmenge, $\rho_{Öl}$ (kg/m^3) Dichte des Öls, $c_{Öl}$ (J/kg°) spezifische Wärme des Öls und

$$\Delta t_{Öl} \approx t_2 - t_{Öl}$$

mit $t_{Öl}$ als Öleinspritztemperatur. Die Ölaustrittstemperatur aus dem Verdichter ist annähernd gleich der Verdichtungsendtemperatur t_2 (vgl. 4.4.1).

In Gl. (229) sind die Einspritzölmenge und die Öleinspritztemperatur wählbar. Die Einspritzmenge muß im Hinblick auf einen guten Verdichterwirkungsgrad festgelegt werden (vgl. 4.4.3), sodaß aus Gl. (228) letztlich die Öleinspritztemperatur $t_{Öl}$ errechnet werden kann.

Für die Auslegung des Ölkühlers sind damit die Daten: Kühlerleistung $P_{Öl}$ (W), Kühlereintrittstemperatur t_2, Kühleraustrittstemperatur $t_{Öl}$ gegeben.

Grob kann mit Gl. (228) wegen des im allgemeinen geringen Wärmeinhaltes des Fördermediums gesagt werden, daß annähernd die gesamte Kupplungsleistung P des Verdichters als Wärme im Ölkühler abgeführt werden muß.

7.2.4 Ausführungsbeispiele einspritzölgekühlter Verdichter

Die folgenden Abbildungen mögen einen Überblick über Ausführungen von einspritzölgekühlten Luftverdichtern geben. Das Schnittbild eines Kältemittelverdichters findet sich in Abb. 91.

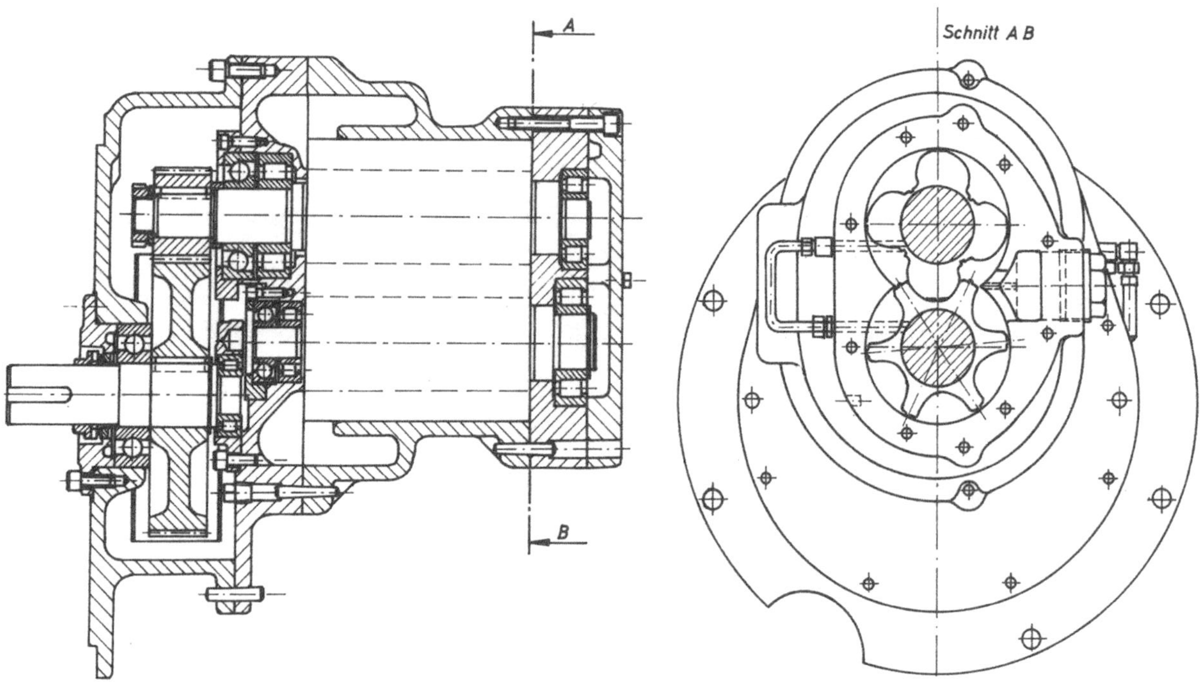

Abb. 111. Schnitt durch einen einspritzölgekühlten Luftverdichter für 5 m^3/min mit Wälzlagern und Führungslagern an der Saugseite (Sullair, ältere Bauart).

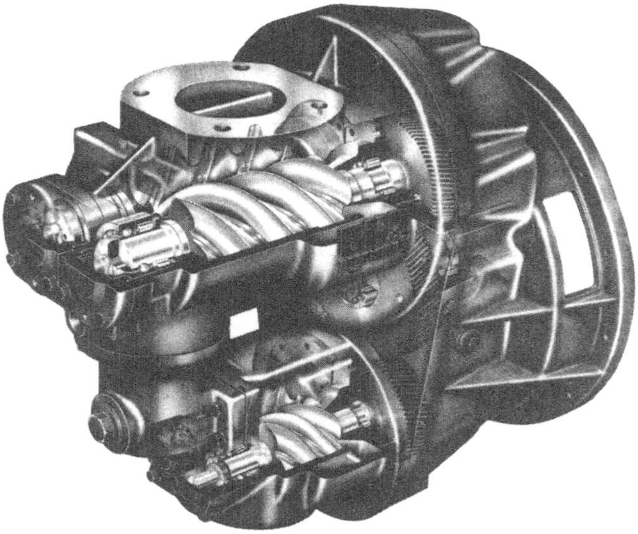

Abb. 112. Phantomzeichnung eines zweistufigen Schraubenverdichters mit Öleinspritzkühlung. Maximaler Enddruck 24 bar, Ansaugmengen 6,85 bis 28,5 m^3/min ohne Zwischenkühlung (Typ SKF - GHH).

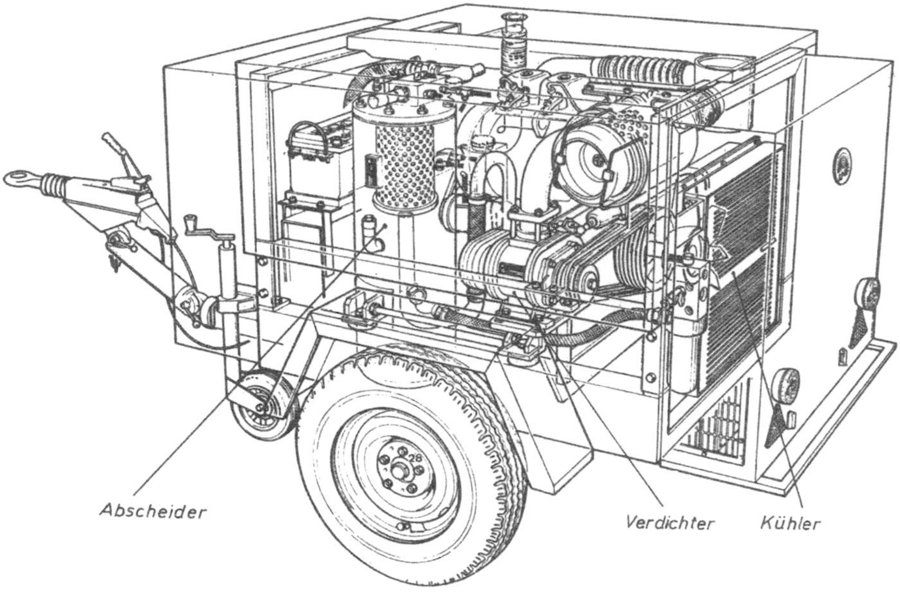

Abb. 113. Fahrbarer Schraubenverdichter kleiner Leistung mit Öleinspritzung und Keilriemenantrieb in schallgedämmter Ausführung (LMF).

7.3 Schallabstrahlung und Schalldämmung

Schraubenverdichter sind sehr laute Maschinen. Die Hauptlärmquelle entsteht durch den periodischen Ausschubvorgang der Zahnlücken an der Steuerkante. Überdies treten durch Ablösungen und Wirbelbildungen in den Gaskanälen Strömungsgeräusche hinzu. Aber auch Lager und Zahnradstufe bedeuten Lärmquellen. Dies führt dazu, daß Schraubenverdichter ein breitbandiges Geräusch mit besonderem Hervortreten der höheren Frequenzen abstrahlen.

Besonders Trockenlaufverdichter benötigen sowohl Ansaug- als auch Auslaßschalldämpfer. Durch sorgfältige Rundung aller Kanten und durch Herabsetzung der Strömungsgeschwindigkeiten können die Strömungsgeräusche gemildert werden.

Die langsameren einspritzölgekühlten Verdichter sind infolge der dämpfenden Wirkung des Kühlöls leiser.

Sekundäre Schallschutzmaßnahmen durch Kapselung sind jedoch in der Regel erforderlich. Die vorherrschenden hohen Frequenzen des abgestrahlten Geräusches lassen sich durch Verkleidungen mit schalldämmendem Material (Schaumgummi u.dgl.) sehr gut abmindern. Bei Verkleidungen sind auch die Luft-Ein- und Auslaßöffnungen zur Maschinenkühlung als Schallschleusen auszubilden.

Die Maschinen müssen am Fundament oder Rahmen schallisoliert aufgestellt werden (Gummielemente). Auch die Rohrleitungen sind schallisoliert zu verlegen. Durch überlegte Luftführung innerhalb der Kapselung können thermische Überlastungen der Anlage vermieden werden.

Abb. 114 zeigt das Frequenzband eines Trockenlaufverdichters ohne Schallhaube und mit Schallhaube. Eine Verbesserung des Schallpegels von 105 dB(A) auf ca. 77 dB(A) konnte erzielt werden.

Die Schalldämmung an Schraubenverdichteranlagen ist besonders bei Fahranlagen (Baustellenverdichter) von Bedeutung.

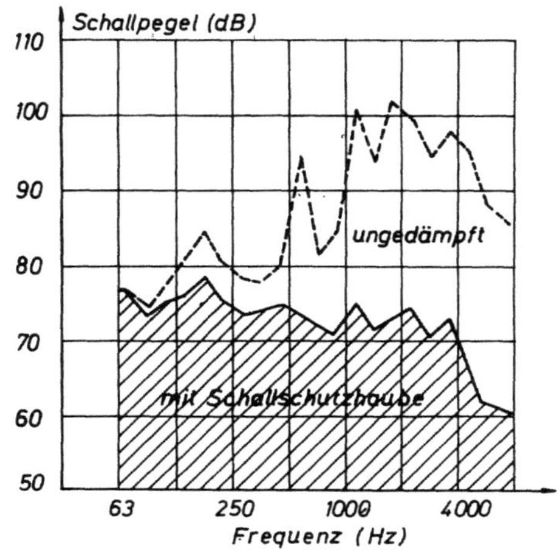

Abb. 114. Frequenzanalyse eines ungedämpften und eines schallgedämmten Schraubenverdichters (GHH).

Abb. 113 zeigt die konstruktive Ausbildung eines fahrbaren Verdichters in schallgedämmter Ausführung.

Bei mit Elektromotor betriebenen einspritzölgekühlten Schraubenverdichtern kleinerer Leistung kann der Lärmpegel bis auf ca. 60 dB(A) in 1 m Abstand herabgesetzt werden.

Literatur

1 Lysholm A.: Rotary Compressors, US Patent Nr. 2,243 874, 3. Juni 1941

2 Lysholm A.: A New Rotary Compressor, Proceedings of the Inst. of Mech. Engineers London Bd. 150, 1943

3 Fischer W.: Production Design of Modern Axial Flow Positive Displacement Rotary Compressors, ASME Paper 59-OGP-3, 1959

4 Lysholm A., Smith B., Wilson W.: The Elliot - Lysholm Supercharger, SAE-Journal - Transactions Bd. 51, 1943

5 Wilson W., Crocker J.: Fundamentals of the Elliot - Lysholm Compressor, Mech. Engineering 1946

6 Nilsson H.: Helical Rotary Engine, US Patent 2622787, 1952

7 Wurm I.: Konstruktion und Berechnung des Schraubenkompressors, Strojirenstvy Bd. 10, 1960 S. 179 (Prag)

8 Kammerer H.: Betriebliche Merkmale der nach dem Verdrängerprinzip arbeitenden Verdichter, GHH-Sterkrade (unveröffentlicht)

9 Kattentidt H.: Die Entwicklung von Luftverdichtern Girardet-Spezial, Verdichter, Juli 1976 S. 6-8

10 Weissinger W.: Versorgungslösungen in der Drucklufttechnik, Ölhydraulik und Pneumatik 20. Jg. (1976) H.7, S. 480-484

11 Eckhardt O.F.: Schraubenverdichter, Industrieanzeiger 84.Jg. 1962, Nr. 53, S. 1297-1300

12 Kattentidt H.: Kompressoren morgen, Druckluftpraxis 2.Jg. 1970, H.6, S. 5-9

13 Wichert K.: Characteristics of Helical Rotary Positive Displacement Compressors, ASME-Paper 61-HYD-18, 1961

14 Rinder L.: Optimierung und Betriebsverhalten der Läuferverzahnungen für Schraubenverdichter mit Öleinspritzkühlung, Habilitationsschrift der TU Wien 1978

15 Rinder L.: Wirkungsgrad- und Liefergradoptimierung an einspritzölgekühlten Schraubenverdichtern mit Hilfe eines Prozeßrechners, ÖIZ 21. Jg.(1978) H.4, S.114-119.

16 Hauri H.: Trends im Verdichterbau, Technische Rundschau Nr. 44 (1976) S. 17

17 Konka K.H.: Drucklufterzeugung mit Schraubenverdichtern, Techn. Mitteilungen 70. Jg. H. 10/11 (1977) S. 696-701

18 Wunderlich W.: Ebene Kinematik, BI-Hochschultaschenbücher 447/447a, Mannheim, Wien, Zürich, Bibliographisches Inst. 1970

19 Bronstein I., Semendjajew K.: Taschenbuch der Mathematik, Leipzig 1963, Edition Leipzig.

20 Wunderlich W.: Darstellende Geometrie I u. II, BI-Hochschultaschenbücher 96/96a und 133/133a, Mannheim, Wien, Zürich, Bibliographisches Inst. 1966/1967

21 Greve H.: Über die Arbeitsweise und Berechnung von SRM-Schraubenverdichtern. Dissertation TU Hannover 1971

22 Baehr H.D.: Thermodynamik, 3. Aufl., Berlin, Heidelberg, New York, Springer-Verlag 1973

23 Engel L.: Drucklufthandbuch, Essen, Vulkan-Verlag 1971

24 Svenska Rotor Maskiner: Data-Book (unveröffentlicht)

25 Huhn J, Wolf J.: Zweiphasenströmung, Leipzig, VEB Fachbuchverlag 1975

26 Wallis G.B.: One-dimensional Two-phase Flow, New York, McGraw-Hill 1969

27 GHH-Sterkrade: Berechnung von GHH-Schraubenverdichtern (unveröffentlicht)

28 Sakun I.A.: Schraubenkompressoren, Leningrad, Maschinenbauverlag 1970 (russisch)

29 Trutnovsky K.: Berührungsfreie Dichtungen, Düsseldorf, VDI-Verlag 1964

30 Klein R.: Schraubenverdichter für den Einsatz in Wärmepumpenanlagen, GHH-Sterkrade

Sachverzeichnis

GPSR Compliance

The European Union's (EU) General Product Safety Regulation (GPSR) is a set of rules that requires consumer products to be safe and our obligations to ensure this.

If you have any concerns about our products, you can contact us on ProductSafety@springernature.com

In case Publisher is established outside the EU, the EU authorized representative is:

Springer Nature Customer Service Center GmbH
Europaplatz 3
69115 Heidelberg, Germany

Batch number: 10584556

Printed by Printforce, the Netherlands